火焰中的秘密

没有方程式的化学书

（1）

[德] 延斯·森特根　著
[德] 维达利·康斯坦丁诺夫　绘
王萍　万迎朗　译

人民文学出版社　天天出版社

著作权合同登记：图字 01-2021-1356 号

图书在版编目（CIP）数据

火焰中的秘密：没有方程式的化学书：全三册 / (德) 延斯·森特根著；(德) 维达利·康斯坦丁诺夫绘；王萍, 万迎朗译. -- 北京：天天出版社, 2021.9
ISBN 978-7-5016-1727-2

Ⅰ. ①火… Ⅱ. ①延… ②维… ③王… ④万… Ⅲ. ①化学史－世界－青少年读物
Ⅳ. ①O6-091

中国版本图书馆CIP数据核字(2021)第137566号

责任编辑：孙 艺　　**美术编辑：**邓 茜
责任印制：康远超 张 璞

出版发行：天天出版社有限责任公司
地址：北京市东城区东中街 42 号　　**邮编：**100027
市场部：010-64169902　　**传真：**010-64169902
网址：http://www.tiantianpublishing.com
邮箱：tiantiancbs@163.com

印刷：三河市博文印刷有限公司　　**经销：**全国新华书店等
开本：880 × 1230　1/32　　**印张：**19.75
版次：2021 年 9 月北京第 1 版　　**印次：**2021 年 9 月第 1 次印刷
字数：291 千字　　**印数：**1-10,000 册

书号：978-7-5016-1727-2　　**定价：**78.00 元

前言：从炼金开始！

“炼金术是研究火的作用以及由此产生的现象的一门艺术，它通过对自然原料的奇妙转化和加工为人类效劳。”这是杰出的医生和炼金术士帕拉策尔苏斯的观点。他革新了当时的医药学，并因为其高超的医术而被看作那个时代的伟大魔法师。正如帕拉策尔苏斯所说，尽管他宣称自己能炼金，但他绝不把炼金术仅仅看作是炼制黄金的技艺。对他而言，炼金术用火来思考，借助火来改变。火之于他并非是危险和破坏，而首先是一种创造性的力量。炼金术士们用火来认识自然并完成他们的使命——“只有炼金术能解开自然物质内在本质的奥秘，由此必然引出结论，不识炼金术，便难解自然之谜题。”

这样理解炼金术的话，你就能立即明白，现代化学的建立并没有导致炼金术消失，而是让它面目一新。烟雾缭绕的煤炉被本生灯、微波炉和电炉所代替。即使披上了新技术的外袍，火依旧是化学实验室的中心。现代化学仍然依循先人之道，旨在让人们理解物质及物质变化，促使物质的形态发生转变，从而让该物质派上更好的用场。诚然，为了达到这些目的，我们思想上和技术上的辅助手段都已经与古典时期、中世纪时期和文艺复兴时期迥异。

现代化学没有放弃炼金术，只是扩大了炼金术的范畴。现代化学不再试图炼制贵金属，而旨在将普通物质改良。时至今日，人们变废为宝的愿望比以往任何时候都更加明确。这种类型的炼金术永远能发挥效用！人们甚至能以空气为原料生产化肥来提高作物产量，把煤炭变成钻石，从黑乎乎的焦油中提炼昂贵的颜料和药品，从砂石中制造出人造宝石。炼金术士们留下的知识为现代化学奠定了基础。仅仅就现代化学反应过程中不可或缺的强酸（盐酸、硫酸和硝酸）而言，它们都是炼金术的产物。

炼制黄金的想法在今天看来或许荒诞不经，可在本书中我们将一再发现，它其实非常符合逻辑。许多仍活跃在现代化学中的精华内容都潜藏在炼金的思路中。世人皆知，炼金术士们并未得偿所愿。迄今为止没有人用其他物质直接炼出真金，但由此发现了其他可能更重要的化学反应过程。“炼金术士们”于是赚取真金白银，发财致富——有时是个人获利，更多时候则是团体盈利。他们不断左右历史的发展。瓷器研发成功使德国萨克森人变得富足，而此前通过进口中国瓷器谋利的荷兰及英国商人很快变得穷困潦倒。这发生在炼金术大行其道的17世纪，本书中我们会回顾那段日子。

19世纪德国人发明了一种从廉价材料中化学合成极重要的植物染料靛（蓝）的工艺。此项发明带来经济和政治上的巨大变革。规模庞大的印度靛蓝种植园一夜之间变得无利可图，原先由英国人一手掌控的整块商业领域土崩瓦解。化工巨头巴斯夫集团所在地——莱茵河边的路德维希港则随之崛起，发展势头迅猛。难怪英国人会把“该死的德国发明”挂在嘴边。我们之后还会深入探讨氨合成，它是令智利支柱产业硝石开采短期内衰败破产的导火索。

这些化学反应不仅影响经济发展，还和政治权力纠缠不清。炼金术士和化学家们可以让弱者变强，也可以让强者一朝失势。类似故事在历史上层出不穷，所以炼金术士们极其强调自身行为的道德责任感。几乎所有炼金术书籍里都明确要求读者，不仅要认真对待化学反应过程，更要严于律己。炼金术士应该冥想、祷告、斋戒和接济穷人。这些现代化学中可惜早已被淡忘的道德高要求起初还和炼金术神秘术语紧密相关，他们坚信这样能确保危险的知识不会轻易落入他人手中。

在某些人眼里，点金石不仅能把水银变成金子，同时也是一种良药。中国的炼金术士们希望通过服用它来延年益寿，甚至长生不老。众所周知，这个终极目标同样遥不可及。然而，在疾病治疗方面炼金术士和化学家们一样功不可没。帕拉策尔苏斯就把寻方问药作为炼金术士最重要的钻研目标，他扩大了药物品种范围，除了源自动植物的传统药物以外，蒸馏罐和炼丹炉也能生产灵丹妙药。尽管其中不乏错误做法，但还是持续丰富了药品宝藏。其毒药学说直到今天还具有指导性。帕拉策尔苏斯认为炼金术士们不但不要避开毒药，反而应该充分认识和利用它，因为剂量适当且对症的毒药亦可治病救人。从那以后，炼金术士的医药研究之路就再没有中断过。许多疾病被治愈或者得到控制。自帕拉策尔苏斯的时代开始，所有医学进步几乎都和化学有着千丝万缕的联系。当今世界里，医学进步并非服务所有人，受益的多为发达国家的富人。这极大违背了炼金术士们，尤其是帕拉策尔苏斯的初衷。他在世时不仅治疗达官显贵，也热心救助贫民乞丐，并立下遗嘱把所有财产捐给穷人。

对炼金术士来说，只有与整个宇宙的运行相契合，寻找点金石之旅才可能大功告成。因此他们对行星的运行和星座的位置极为关注。实验是在炎炎夏日还是凛冽冬天完成至关重要。在他们看来，要想正确应用材料，就需要掌握它在整个自然界乃至整个宇宙中的作用。所以他们会把物质纳入生机勃勃的自然界中，相信地球上的金属就如同纯酿，随着年岁的沉淀而弥足珍贵。铅转变成银，银熟化为金。只是和葡萄美酒相比，金属的成熟要缓慢得多，其过程不以年计，而是以世纪为单位，用火则可以加快进程。这些设想将炼金术士的实验室和宇宙相连。他们所面对的并非没有生命的无机物，更多则是有生命的世界，正如炼金术士本人也归属于这个世界。他们的追随者——现代化学家们却不遵循这样的思维方式。现代化学家们不再是道通天地的全才，他们自命为专家。道德伦理在现代化学教科书里无足轻重。现代化学自身的局限性使得它更适合于现代资本主义社会体系，因为该体系建立在劳动分工基础上，遵循隔行如隔山的基本原则。这必定让人们目光极为短浅。过去几十年里发生的化学丑闻就是这种急功近利行为的结果。好在现代化学通过生物地质化学和生态化学与炼金术的整体观重新建立了联系。即便人们只是站在实验室里做着不太起眼的事情，比如用刮刀尖将白色粉末溶解于溶剂中，也必须始终具备全局观念。

化学是一门古老的艺术。除了大学和化工实验室里，森林、户外、厨房和锻工坊里都会出现物质转变。是的，正如帕拉策尔苏斯所言，大自然本身就是炼金术士，她会为物质转换提供熔炉，并在一段漫长的时光中加以淬炼。这就是炼金术士和化学家们需要掌握一把通向自然界的特殊钥匙的原因。

本书主要围绕炼金术和化学展开，我们将在小故事里讲述化学物质，还讲述炼金术士和化学家们。我们不仅要在日常活动场所中寻找这些故事，要进入擦拭得光洁明亮、摆放着精致仪器和记录着神秘分子式的实验室，更要去探寻亚马孙丛林深处，造访中国南部山区并寻找印度神庙中的火炉。为什么是这些充满神秘风情的地方呢？正如前面所说，化学并没有消除炼金术，而是用新的方式方法传承它。其实，炼金术也算不得化学最古老的起源。炼金术源自更古老的梦想和目标，源自人类对火的冀望和梦想。

炼金术士并非最早将火用于物质转换的人。人类使用火的历史可以说和人类自身的历史一样悠久。自人类诞生之初，火就被用来加工食物、制造颜色、生产和改良工具。虽然炼金术和化学都在城市里得到发展，但森林中也存在化学。现代化学史侧重讲述欧洲，略略带过中国和埃及的做法有失偏颇。难道地球上的村落和森林里的火堆中就从没有过新发现吗？美洲印第安人对化学就没有贡献吗？印度尼西亚和澳大利亚土著民族呢？非洲人呢？我们不把他们看作发明者，而只是原料供应者：有一些物质首先在他们那儿“出现”，我们从他们那儿“购买”，这些原材料就是他们的“贡献”。这简直大错特错！欧洲人从非欧洲人那里进口或者掠夺的不是“原始材料”，而是创意。橡胶、巧克力、奎宁都不只是原料，不是现成的东西，而是精妙的发明！没有这些在欧洲得到进一步改进和发展的发明，让我们变得富强的工业就无从谈起。相反，来自美洲的黄金和白银只带来一时繁荣，不过是让欧洲的货币变得更值钱、更沉重而已。

源自森林的化学使用森林里随处可见的东西制造出墨水、彩色玻璃、肥皂、颜料和药物，有属于自己的完美。现代实验室化学如果缺乏运转良好的发电站，没有自动化的远程操作系统，少了电脑和网络，就一筹莫展，根本难以与森林里的化学媲美。所以我们必须向人类学学者探询，必须重视中国人的贡献。化学绝不是欧洲的现象，哪里有火苗跳跃，哪里就有化学家的身影！

当我们把视线从化学教材上移开，把整个星球尽收眼底，就会大有所获。我们遵循漂泊不定、四海为家的帕拉策尔苏斯的谆谆教诲——“人们必须辗转不同国家，在全世界范围内探求技艺”，因为科学知识散布天下。帕拉策尔苏斯每到一处都渴求新知。他向所有人虚心请教，不分贵贱贤愚。各行各业的人，从助产士、农民、精力旺盛的民众到制革工人、烧炭工，甚至小偷、罪犯、刽子手和暴君，都让他获取了些许经验。他最热衷并喜爱追问的是关于火的知识，他孜孜不倦地通过实验来探索自然。

化学和炼金术实践达成一致。它的踪迹遍布四方，从亚马孙平原浓密丛林中的枝叶小屋［在那里人们用烟熏乌鲁库里棕榈树（Urucuri）果实的方式使树木汁液变成橡胶］，一直到莱茵河畔的化工厂（这里则用煤炭和石灰合成橡胶）。从一个火炉到另一个火炉的旅程就构成了本书的篇章。我叙述的故事里涉及多种变化，既有物质的转变，也有人类的变迁。人能够改变物质，反之，物质同样能改变人。物质谜团重重。人们无法一眼看出它们是单一物质，还是混合物质：也许黄金是化合物，而水只是由单一元素构成？而它们究竟是什么，正是化学家们通过实验要找出的答案。炼金术士们自称为揭示谜底的人，并把自己和必须解开斯芬克斯之谜的悲剧英雄俄底浦斯相提并论。谜在化学教育中占据中心地位，并照例是毕业考试的重点问题。化学家们终身和谜团相伴，这些谜团往往过于错综复杂，以至于化学家们为之忘却和舍弃了其他一切。

按照故事发生地点，全书被分成三组：首先，讲述来自森林的故事；其次，寺庙、堡垒和城堡中的故事，也包括炼金术士们的故事；最后讲述现代化学。

我希望这些叙述能拓宽大家的眼界。所有人都在使用，并且有目标地改变物质。人们主要使用火的力量来促使物质改变。化学无处不在，在地球上任何角落，无论过去还是现在，只要有人把东西架在火上，各种化学现象就在上演。

如果没有欧洲以外民族的发明，只凭借欧洲那点微不足道的化学工业的话，我们今天生活的世界将完全两样：没有橡胶，汽车和自行车就不会存在；没有奎宁，就没有最早且最有效对付疟疾的药物；可口可乐工业更是天方夜谭。

和化学试剂相关的还有很多值得一读的书籍。人们把和物质打交道的化学研究形式称为“白大褂化学”。我们绝非故意忽略或贬低“白大褂化学”，但本书另有侧重点。早在白大褂成为化学家工作服之前，甚至早在衣物发明之前，人们就已经在和物质打交道了。因此我们把“森林化学”放在“白大褂化学”之前。物质是我们的开路者，也是历史的英雄，我将在第一部分里讲述相关内容。

在故事部分之后，实验部分将展示森林原住民、炼金术士和化学家们所致力研究的谜团、物质和化学进程。它们无须借助化学药品起作用，而是利用每个人在林间或垃圾桶里都能找到的物质发生反应。这给露天化学提供了很多思路，引导我们更深入地理解自然，并向周遭世界投去新的一瞥。化学将我们和自然以及全世界人类紧密联系在一起，而不是让我们彼此分离。我们理解化学，才能领悟自身。

目　录

森林里的化学

当人们在高度发达的城市文明之外，见识到森林里五花八门的发明时，不禁好奇地问，创意究竟从何而来？森林里的原住民既没有文字，也没有专业化的头脑风暴，更谈不上严谨的研究计划和井然有序的实验室，他们如何得到这些想法的？

答案是：森林本身就是灵感的源泉。

托人类的福，今天的森林大都已然空空如也，阴森冷寂。动物们远远瞥见人类身影，立即仓皇逃走。要知道，过去并不是这样的，就算现在，也不是全世界都如此。古老神话中的诸神和英雄，往往借助充满灵性的动物来教会人类诸多方法。巴西普鲁斯河附近的印第安人说，他们的祖先留意到一种猛禽，它在攻击猎物之前会用利爪在某种有毒的灌木树皮上抓蹭。于是，印第安人也用树皮摩擦箭，由此发明了箭毒。事实上，许多森林里的发明都是人们观察动物行为后得到的启发。正如帕拉策尔苏斯所意识到的，动物们是有独创性的炼金术土。蜜蜂分泌蜜蜡，酿制蜂蜜和其他物质；马蜂用木头造纸；鹦鹉吞食某种泥土来防止中毒。动物们生病后会找寻对症草药，许多动物还知道某些特殊植物具有麻醉作用。人类使用火也得益于对动物的观察。以为用火是人类首创的看法是错误的。猛禽和狐狸就特意找寻被火烧过的地方，因为烤熟的食物尤其美味。人类跟随动物的脚步，从它们身上学习并进一步发展技能。于是人类学会了如何留存火种，并最终知道了如何生火。

和拥有专业研究实验室的城市相比，现代科技文明从森林里获得的启迪一点也不少。接下来我们将细说这一点。

象粪纸

“摸一摸！这是非常好的纸，一流的！”我手里拿着一张报纸大小的纸，除了看上去略微泛黄，它几乎和一张普通信笺毫无二致，“这是大象粪便做成的。”担任慕尼黑海拉布伦动物园园长多年的兽医亨宁·维斯纳随即说道。一位名叫迈克·布加拉的肯尼亚人为了进行动物保护宣传，发明了象粪纸。而维斯纳现在要讨论的并不是动物保护的话题。

象粪纸在他看来更像是一项化学命题的证据。“大象只消化了胃里食物的30%，因此它们必须整天进食。

大象排泄物中含有大量能用来造纸的纤维素。”

亨宁·维斯纳，矮个儿、敦实，动作敏捷且肌肉强劲。之前我满以为他只是经验丰富的兽医，一位随身带着大象来复枪和麻醉吹箭筒，穿梭在热带稀树草原的无畏英雄。然而眼下，他展现出从化学角度研究生物进化的满腔热忱。仅仅基于人们能用大象粪便造纸这个事实，他就断言大象必然走向灭绝："大象灭绝的宿命并不受人类猎杀与否的影响，从长远来看，它们终究要消失殆尽。”那么，象粪纸和它们的宿命到底有什么关系呢？维斯纳认为应该在大象胃部的生物化学状况上寻找线索，“它的消化功能实在太差，这是一种有缺陷的系统。大象无法分解植物营养中的纤维素。它缺少一个反刍胃。”

维斯纳还给我展示了手掌大小的可怕的象牙。所有这些象牙都是他亲手拔下的，至今他仍能如数家珍般地叫出象牙主人的名字。我在上面并没有看出龋齿。如这根的咀嚼面的构造很少见，是一种很复杂的模式。“这是槽牙，”维斯纳解释说，“用来研磨植物尤其完美。大象其实是一台巨型造纸机。吃下去纤维素，排出来经过细致研磨后的纤维素。大象只吸收了甘甜的汁液和淀粉，这些部分只占植物营养的三分之一。您知道，这实在少得可怜！大象无法打破纤维素中的β键。”维斯纳严肃地看着我，而我正绞尽脑汁回想纤维素[1]的化学结构式。“β键，您能理解吧？大象消化不了它们，只能走向灭亡。”

纤维素是木头腐烂变质后残留下来的白色物质。书写纸、厕纸和餐巾纸都由纤维素制作而成。因为纤维素由单糖构成，可以作为营养物质。但纤维素彼此联结的方式非常高明（借助β键），很少有生物能打断这个联结。某些蜗牛、蚂蚁、银鱼、部分细菌和少数几个霉菌掌握了这门技艺。于是它们无须为生计担忧，大自然里的食物供应源源不绝。纤维素可以说是大自然的主打产

1　纤维素是单糖以β-1，4-糖苷键连接成的稳定多糖。——译注

品，经年累月都是如此，没有其他物质的产量能与它匹敌。而大象是少数几种完全无法利用任何纤维素的动物之一。维斯纳说，这可是一个极大缺陷。尽管大象体格强壮，聪明又威风，却败在了毫不起眼的小小化学键上。

它们自己显然满不在乎，仍旧不紧不慢地每天生产100千克的纸张原料，心不在焉地嗅一嗅。最后，聪明而敏感的大象把纸张的发明权也拱手让给了另一种动物。

马蜂是一种大象和人类都不太待见的动物。谁会喜欢这种昆虫呢？它们蜇人，在夏天尤其令人讨厌。和能生产蜂蜜、蜜蜡和其他实用产品的勤劳的蜜蜂相比，马蜂显得野蛮而粗俗。它们在天上四处乱飞，追逐甜食，尤其喜欢叮咬肉类。它们流连于花丛，看似为花儿的美丽所倾倒，实则在打探哪里有粗心大意的苍蝇或者蜜蜂，可以扑上去吃掉。它们也喜欢烤肉，有时甚至能咬下比自己身体还大的一块肉，也有的时候那块肉实在太大，它不得不忍痛割爱。这样的情形在夏天屡见不鲜。早期，肉贩子会在店铺里特意把一块肉赏给马蜂，比如搁上一块马蜂最喜欢的鲜嫩肝脏。他们这么做绝不是因为喜欢马蜂，而是借马蜂赶走苍蝇。苍蝇更容易让肉类腐烂变质，因为它们在肉里产卵并很快孵化出蛆。马蜂帮忙看着肉铺，苍蝇有所忌惮，自然远远避开。

第一位以马蜂为重点研究对象的学者是法国贵族雷内·安东尼（1683—1757）。他拥有一座城堡、一座公园、壮观的鹿角收藏品和古怪的脾气。他对狩猎、风流韵事和其他贵族式的爱好无动于衷，一门心思钻研昆虫。他的仆人们不用忙于筹备奢华派对，但必须帮他抓昆虫，而且他专门训练了一位男仆去捅马蜂窝。那个可怜的家伙把自己全身裹得严严实实，仍然不免被马蜂蜇伤，连他的主人有时也不能幸免。雷内·安东尼第一个确定，马蜂窝是由纸制作而成的，而这些纸直接源自木头。从当时的法国殖民地加拿大，他还弄来加拿大马蜂窝。这种马蜂窝不像欧洲的那么易碎，由更有韧性的厚纸板制成。当时，欧洲人生产纸张的原料是全棉或者亚麻布衣物的破布。人们先将破布撕开，用水浸泡捣碎，使之发酵成为细碎纸浆，最后造出纸来。雷内·安东尼观察到马蜂的做法巧妙多了。

夏天马蜂四处乱飞，啃咬任何木制的腐烂窗框，在上面形成小球，并粘连起来成为巢穴。在1719年巴黎科学协会的一次演讲中，雷内·安东尼建议人们模仿这种机智的动物："它们似乎在提示我们，为什么不尝试一下直接用木料做漂亮的纸张呢？"如此一来，人们可以绕过加工破布带来的成本高昂的问题。100年后，欧洲人终于按照马蜂的方法直接由木材生产出了纸张。木材比旧衣服更易获取，因此，这种造纸方法大大增加了纸张的供应。现在人们可以印制更多书籍。全世界范围每天都有整片森林被砍伐，以满足全球书写及卫生用纸的需求。

用木料制作纸张的发明是人类观察动物所获得的最重要的化学创意之一。许多物质和物质转换都能追溯到动物身上。动物不仅生产许多新奇的东西，比如丝线、蜜蜡、蜂蜜、各种毒药等，而且能以奇妙方式利用物质。正如我们之前所讲过的，大部分森林里的发明或许都来自动物行为对人的启发。制作陶器、使用毒药、酿酒以及许多其他技艺既非某位天才灵机一动，也不是机缘巧合，它们更多来源于动物对人类的启迪。至于动物如何学到这些技艺，则是一个值得探讨的问题。有人说，动物的各种行为来自本能，这意味着自然而然的行为和与生俱来的能力。但总有那么一个时间点，第一只马蜂开始制作纸张，固定成习惯后才成为本能。人类绝不能轻易否定动物的首创性。

有些动物显然比其他动物脑子更灵活。也许正因如此，大象害怕马蜂。是的，大象害怕一切带刺的东西。亨宁·维斯纳说："大象特别胆小，只要人们拿着一根注射器站在旁边，哪怕上面是极其细小的针头，它们就吓得屁滚尿流。"根据他的说法，大象消化系统很差，这得归因于其进化中的结构缺陷。其他种类的植食动物，比如偶蹄目的牛和山羊，较之大象都有明显优势。它们也缺乏能分解纤维素中β键的化学物质，但是它们擅于让掌握这项技术的生物为己所用。维斯纳解释说："山羊有一个反刍胃，相当于一间细菌酒店，细菌们能帮助山羊分解纤维素，释放糖分。所以羊粪里面完全不含纤维，无法用来造纸。"维斯纳预测："山羊必定会比大象更易于存活，即便人类更爱护后者。"如他所说，山羊的演化更进了一步。象牙是一方面，象粪纸则是另一方面，结局早就已经注定。"山羊甚至可以吃纸，能吃掉报纸、书籍！"维斯纳换了个姿势，但手上始终拿着巨大的象牙，并用它指着他园长办公室中那高高的书架，"山羊能把它们全吃下，毫不费劲地消化完。"当然，"满腹经纶"不会让它们变得睿智，但纯粹从化学角度来看，这已是天赋异禀。

红色

如果你在无人清理的海滩上徜徉，便会惊讶地发现原来大海里漂着这么多东西：大小不一的彩色塑料制品（绿色塑料绳、聚苯乙烯泡沫块、鱼钩、硬脂塑料和塑料袋），中间还夹杂着油轮泄漏后出现的黑色原油黏稠物。

就在两个塑料瓶之间，我的女儿梅拉拾起一块红色石头。“这颜色就像洞穴里的颜色。”她说。我把被海水打磨得溜圆的石头放下，认为它不过是一块光滑的砖块而已。但它不是砖块，红色里还微微泛着紫罗兰色。事实上，它的颜色和我们几天前参观过的铁托布斯蒂略洞穴里史前马匹壁画的色彩如出一辙。梅拉热爱小马，曾目不转睛地凝望过壁画。我们在荫凉的白色砂岩岩壁下停下来，发现这圆石子可以像粉笔一样用来画画。

我立即开始寻找，很快在沙滩周边的岩石上发现了更多更大的红色石头。它们曾被包裹在雪白的岩石中，有着极其不寻常的色彩。这就是铁托布斯蒂略艺术家们绘制不朽作品的原材料啊！

我在沙滩上捡了8000多克这种美妙材料。色泽艳丽的红色石头便随我们从这里出发，旅行了上百公里，穿过西班牙北部，和我们在其他沙滩上拾取的黄色及红色碎石做伴，被用刊载着西班牙新国王菲利普加冕报道的《西班牙日报》厚厚包裹起来，最后和我们一起飞回了巴伐利亚。

阿尔塔米拉洞窟[1]里的赭石绘画发现者也不是成

1 该洞窟位于西班牙北部的坎塔布利亚自治区，为史前人类活动遗址，1985年被列入世界遗产名录。——编注年人，而是孩子。1868年，一位西班牙业余考古学家唐·马赛林洛（1831—1888）正研究岩洞。他对于洞穴顶不感兴趣，主要勘察地面以搜寻史前骨骼或旧石器时代石斧。他五岁的女儿陪伴其左右，她在洞穴里不用猫着腰。“mila，mila！”（西班牙语“看！看！”）她突然叫起来，她瞥见父亲压根没有留意到的东西——壁画。

时至今日，由于参观者络绎不绝，此壁画已经严重褪色。但是当我们细细端详那柔和的线条和画面时，仍然不免百感交集。它的艺术形式很完美，寥寥几笔就让一匹马、一只鹿或一头野牛栩栩如生，更重要的是，你仿佛突然穿越了漫漫时空，和久远的亘古相连。想象一下，就在我脚下的地面上，20000年前也曾站着一个孩子，他把手紧紧按在洞穴墙壁上，用中空的鸟骨头把红色粉末吹上去，这样湿润的墙壁上便留下了指缝轮廓的红色印记。然后他的爸爸也在墙壁上留下了手掌印记，接着是他的妈妈。彼时彼刻，易碎材料的粉末拓印了他们的手印，它们经历千年时光的洗礼，留存至今。

这种以前叫作代赭石色，现在大多被称为赭红的红颜色，相信是人们有意识辨认和寻找的最初颜料物质。它之所以引人注目，不仅因为其特定用途，更因为它和真实血液颜色有着令人心悸的相似性。当人们在海水中清洗沾满赭石粉末的双手时，水面荡漾着被新鲜伤口涌出的鲜血晕染般的血红色。将它想象为凝固的、古老或者充满魔力的血液，也和早期人类生活异常贴近。也许他们认为赭石是强大神灵的杰作？赭红色无疑有着精神意义，能激发人们思考和讲述。这种颜色到底从何而来？有没有可能鲜血曾经流到石头里，血色才从岩石中沁出来？有时候，红色赭石尝起来真的有血腥味，尤其当它所在位置周围有含铁的地下泉水不断向外喷涌的时候。人们于是感觉像是在啜饮地球的血液。

远古人类把赭石作为制陶颜料来源，肯定也作为化妆品。他们用赭石粉末漂染灰色头发，还把赭石粉末撒在死去的人身上，也许这样的“血液储备”能帮助他复活？再或者，赭石粉末也能用来标记狩猎区的道路？澳大利亚原住民直到今天还在用赭石入药。

赭石有很多类型，有的颜色更黄些，红色的也有不同色调。越是鲜红的赭石无疑越珍贵，因为它稀少得多。如果人们用火加热黄色赭石，它会变红。通过火的作用，它“成熟”了。这个观察结果距离发现金属只有一小步之遥。这意味着，赭石是把人类引向人工提炼的材料，即金属的自然物质。

远古人类使用赭石之后很长时间，又渐渐发现了蓝色和绿色颜料，即我们今天所说的孔雀石和蓝铜矿。它们在自然界里更加罕见。红色和那些已经引起人们注意的黄色碎石，相对容易被找到。与此相反，淡蓝色和绿色石头只在较少地方出现。我们可以想象这些石子的发现者多么珍视它们，因为它们的颜色好比湛蓝的天空。我们还可以再设想，某位找到这样石头的洞穴居民突发奇想把它放在烧红的炭上，好让它的颜色变得更深，就像他们对赭石所做过的一样。而当粉末刚开始变成黑色时，他肯定大失所望。接下来，更强的高温又带来了新的转机，炭的表面披上了一层闪烁的物质，它还能融合成球，这种闪烁的物质就是铜。人们是在用火对绘画颜料进行实验时发现金属的吗？我认为极有可能。无论如何有一点很肯定，颜料、上色以及脱色过程，从一开始就和化学密不可分。

箭毒和氢氰酸

长期以来，奥里诺科河旁的拉埃斯梅拉达是西班牙人在热带雨林中的前哨，这里直到今天也渺无人烟。吸血昆虫和以往一样，日复一日地成群飞过天空，以至于被发配到这里的可怜的西班牙人声称，自己被判处遭受“蚊子酷刑”。1800年5月21日德国伟大的自然科学家亚历山大·洪堡（1769—1859）在艾梅·邦普兰（1773—1858）的陪伴下来到拉埃斯梅拉达。这是他亚马孙雨林之旅的终点和转折点。

洪堡和邦普兰刚抵达时，正遇见当地土著印第安人打猎归来。他们还拿了一种藤本植物的树皮，这是专门用来制作箭毒的。为了庆祝一次成功的狩猎活动，他们的庆功派对一直开到深夜。

第二天早上，洪堡散步穿过村庄时看到一位印第安人已经在劳作了，昨夜他没有喝得酩酊大醉。“我们太幸运了，”洪堡记录道，“遇到一位正在用新鲜采集的植物配制箭毒的老印第安人。他就是当地的化学家。”洪堡走上前去。这位大师以茅草屋为实验室，正用明火烹煮毒汁，这个场景让旅行学者洪堡头脑里立即闪回弗莱贝格的化学实验室，那是他学生时代练习分析和合成物质的地方。茅草屋里设备一应俱全：容器、漏斗、三脚架，不过原材料不同。“我们在他那里看到由陶土制成的煮锅在熬煮植物汁液；看到利用平浅容器较大的表面积来蒸发水汽；香蕉叶子被卷成锥形，是在利用纤维来过滤液体。改装成化学实验室的茅草屋里处处井然有序，保持高度整洁。”而村庄里被称作制毒大师的人，也与欧洲化学家相仿。“他表情生硬拘谨，声调呆板迂腐，就是人们曾嘲讽过的欧洲药剂师的那副模样。”洪堡没有记录这位制毒大师的名字。

当对方发现面对的是同行时，话匣子就打开了，开始没完没了地絮叨专业知识：“我听说你们掌握了制作肥皂的秘密，同时也能做出黑色粉末，这种粉末的缺点是如果一击未中，会弄出很大动静把动物们吓跑。”肥皂和黑火药是雨林里的大师所推崇的东西！肥皂代表美观和文化，黑火药则是破坏和战斗的象征。欧洲人常说，他们能征服美洲得归功于印第安人压根不懂的黑火药。然而拉埃斯梅拉达的制毒大师显然对它不屑一顾，他有更好的产品：“箭毒是我们父亲教给儿子，世世代代传承的东西，比你们生产出来的玩意儿好得多。它来自植物汁液，能静悄悄地杀死敌人，最后对方都不知道怎么死的。”

印第安人特意比较了本土产品和欧洲著名化学品，并强调自己的更胜一筹。为了进一步解释黑火药在热带雨林里远不如箭毒的原因，他指出了欧洲人武器的致命弱点：有声响其实在提醒对方迅速逃离。箭毒则不然，吹箭筒悄无声息，就算没命中，也不会打草惊蛇，还可以继续瞄准。除此之外，箭毒还有第二个优点，它能让目标身体肌肉彻底松弛，心肺功能停止。在狩猎树上的动物，比如猴子或树懒时，这一点至关重要，避免它们出于本能紧抓住树枝，不让自己摔下来。最后一点，箭毒的原材料就长在森林里，而黑火药不是，为此人们必须找寻和购买它们。

印第安人的骄傲不无道理。正如洪堡所强调的，茅草屋被打造成像模像样的实验室。毒药原材料是一种藤本植物树皮。他们先把树皮捣碎，汁液过滤，小心翼翼地熬制，直到汁液黏稠如糖浆。洪堡给出如下配方：“首先，把水浇在磨碎成纤维状的藤本植物树皮上制作冷萃液，在数小时的时间里，淡黄色液体会一滴滴从叶子漏斗里滴下来。滤液就是毒液，但首先要在大的黏土容器中通过蒸发浓缩，才含有剧毒。”

读了洪堡的描述，人们不由自主想问：青蛙呢？大家都听说过的箭毒蛙，那些动物园里见到的，甚至某些动物市场能买到的青蛙不是用来制毒的吗？什么时候该把它们扔到热汤里？

答案是，根本不靠什么青蛙。虽然在亚马孙丛林里蛙类也有大作用，尤其是用它制作一种迷幻类毒药。这源自一种特别的蛙被人激怒后所分泌的物质，我们之后再探讨。事实上，的确有些印第安土著居民会用蛙毒来涂抹弓箭，但它完全是小生境产品。和有毒植物相比，毒蛙数量实在稀少，所以通用和盛行的箭毒都靠烹煮特定植物制成。

原来不用毒蛙！这还不是唯一让人震惊的地方。还有另一点，箭毒可以吃！至少洪堡这样认为。他描写说，实验室大师最后要求他品尝汁液。他是第一个尝箭毒的欧洲人。制毒大师本人要尝毒，以确定出品质量。箭毒的有效成分属于生物碱科，与咖啡里的咖啡因、香烟里的尼古丁或者汤力水里的奎宁是近亲。这些成分有一个共同点：味道苦。只要没有牙龈出血，吞下的箭毒显然对人类没有毒性。印第安人其实把它当作一种健胃苦味酒，某种程度上好比亚马孙的温德尔贝格酒[1]。

洪堡将旅途中一切所得都打包带上，巨大坚果、岩石样本以及他在洞穴里发现的一整具印第安人木乃伊，还包括拉埃斯梅拉达毒药大师的箭毒液，之后几天他便和伙伴踏上了漫漫归程。他谨慎地把空腔里填满毒液的小南瓜包裹在衣物中间，存放在个人行李之中。他悉心保存毒液的举动险些让自己遭殃。因为容器并不密封，导致毒液流出来滴在袜子上。洪堡是爱干净的普鲁士人，准备穿袜子时留意到了污迹。幸亏这位男爵在雨林里对穿着也丝毫不马虎。要知道当时他的脚被沙蚤叮咬后抓破流血，倘若再穿上带有污迹的袜子，很有可能就毒发身亡了。

印第安人处理这种物质的手法非常细腻：他们只取用植物特定部位研磨捣碎，在提供浓缩需要的热量时慎之又慎。于是制作过程中毒液不仅浓缩了，效果也许还

1 德国生产的一种名酒，味苦，含草药成分，有助消化。——译注

进一步增强。之前蕴藏在汁液里的另一半毒性也通过熬煮活跃起来，释放出箭毒生物碱。

他们强力熬制时还往箭毒汁液里加入洋葱汁，使其更黏稠，易于适量涂抹到箭头上。这种毒液膏能长年保存，毒性不会因时间而减弱。

箭毒大多用在吹箭筒的箭上，捕猎生活在树梢的野鸡、鹦鹉、猴子和树懒。印第安人毫不介意食用中毒后的动物，甚至认为被毒死的动物肉比其他的更鲜美。正因如此，人们也用箭毒杀死活捉的动物。洪堡说，奥里诺科河边的一位传教士让人每天把鸡送到他休息的吊床边，他亲手用毒箭送它们上西天。

藤本植物的毒素也能用在鱼身上，人们只需要将捣碎的植物汁液滴到水里——印第安人称之为“催眠水”，鱼便会昏迷或者被毒死，然后人们就能轻而易举地用手打捞它们。

如果没有南美土著，这些箭毒便会一直不为人所知。之后，箭毒的应用在欧洲大陆又开启了第二次辉煌历程。中箭毒其实是麻痹致死，箭毒能让肌肉放松的特性，使之很早就被应用到医学上。人们自然会去验证箭毒能否缓解肌肉过度紧张的疾病。尤其对于引起下颚痉挛抽搐的创伤性破伤风，使用箭毒后的肌肉松弛效果在关键时刻能挽救生命。

数十年的时间里，人们都在手术时应用箭毒。外科手术时，让病人肌肉尽可能放松很有必要。现代医学中，医生已经不再使用箭毒生物碱。现代药物是这种成分的变体，而来自雨林的毒药的化学结构为人们寻找新物质提供了范例。所以说现代医学从雨林的制剂里受益良多。

可惜我不曾像洪堡一样在亚马孙地区长时间游历，也不曾亲眼见过箭毒的加工过程。但是对其逆向反应，也就是亚马孙的解毒技术，我倒有些直观印象。

克劳斯·希尔伯特，这位德国籍巴西裔考古学家曾多年和我一起研究土著民族采用的物质转变方法。他让我见识到许多不寻常的化学反应。我俩在巴西下亚马孙地区大都市贝伦举办的一次国际研讨大会上结识。那里是克劳斯的出生地，他用亚马孙河水洗礼过，在德国和巴西都工作过。会后他带我去河边的贝伦百年市场维罗佩索大集市漫步。数不清的鱼贩正在售卖刚从亚马孙河中捕捞上来的新鲜水产。这里也出售木薯（*Manihot esculenta*）。卖木薯的角落位于水产品大厅后面，大厅里尽是品种多到令人眼花缭乱、个头大得惊人的淡水鱼。大厅旁边是船码头，黑色猛禽不时俯冲下来叼走被扔弃的残鱼烂虾。克劳斯站在一个大帐篷前，空气中弥漫着一股刺鼻的氢氰酸的气息，一口大锅里绿色的玩意儿在咕嘟咕嘟翻腾，冒着气泡。

“这是在做木薯，”克劳斯说，“亚马孙地区的主粮。几年前德国有一本书叫作《我们在服毒吗？》。在亚马孙，吃木薯再正常不过了。”

木薯是印第安人的主食，它是大戟属农产品。它和那些生长在花园里的更小的大戟属植物是近亲，这类植物的显著特点是，一旦受伤就会流淌出有毒的乳状液体。大戟[1]属，光名字听起来就不太妙，事实上也的确如此。木薯植物的乳汁里含有氢氰酸与糖结合形成的化合物亚麻仁苦苷。植物一旦受到伤害，乳汁和其他组织里储存的亚麻苦苷酶就会聚在一起，水解它们并释放出剧毒氢氰酸。不小心咬到苹果核的人就会尝到一种怪味，那就是氢氰酸。人们仔细研究过木薯植物的氢氰酸武器，它由两部分组成。氢氰酸并非直接存在于植物中，因为它对植物本身也有害。植物将两种原材料分装在不同的容器里保存。

当毫不知情的动物悠闲地啃食木薯美丽的树叶，或者咬到块茎时，两种原材料聚集合成毒素，所以那些动物哪怕只吃了一个拳头大的新鲜木薯块茎，都会一命呜呼。然而，它竟然是土著民族的主食，早在哥伦布发现美洲新大陆之前，他们就已经吃了很多年了。木薯的白色块茎含有大量淀粉，能提供有效能量。木薯很快从南美出口到了其他热带地区，在全世界范围内广为传播，

1 大戟的德文单词是Wolfsmilchgewächs，意为狼乳植物。——译注

是超过4亿人口的主粮。

富含氢氰酸的“野木薯”（*Mandioca Brava*），在几乎所有热带地区都比仅含少量氢氰酸的变种“甜木薯”更受欢迎，而“野木薯”也能带来更高收益。吃有毒植物难道不是很疯狂的主意吗？只有少数害虫啃噬毒素丰富的木薯，连野猪对它们都不敢问津。而我们恰恰相反，对于经济作物中含有的各种毒素，传统农业栽培方式是把这些都清除干净，包括去掉所有不想要的副作用。印第安人则简单多了，他们让作物保持原貌。

那么他们究竟如何去除农产品的毒素呢？

一位身着汗衫的年轻巴西人站在巨型绞肉机后面，把含有毒素的绿色木薯叶子放进去。绞肉机机身上用活泼的字体写着“耶稣”一词。他往机器上面放入绿色叶片，绿色粥状物从机器下面流出来，这个过程中产生大量氢氰酸，连空气中都充满了苦涩的气味，河上的微风把有毒的气体吹走。“一整天都这样干！”克劳斯说，他的童年时光常常就在市场周围度过，“首先，把这些玩意儿在绞肉机里绞碎，接着把它们熬成粥。不过可不只是煮一两个小时，而是煮整整一星期。最后人们得到一种绿色的菜饼，叫作曼尼可巴[1]。”克劳斯解释说。

“印第安人吃这些根茎。它们营养丰富，但也蕴含更多毒素。对此，印第安人的解决办法是，先让植物根部腐败，变得更软，然后碾碎它们并放在管里挤压出毒汁。人们接住这些有毒汁液，用来给肉类防腐。磨成碎屑的根被放在一边，等氢氰酸在空气中挥发，最后烘烤。”于是人们得到口感有弹性的面粉，也就是木薯粉，在巴西几乎所有食物都会用到它，它的味道好极了。

“另外有两个帐篷专门售卖印第安式压榨机兼过滤器。这种过滤器其实就是一根软管，软管越拉越细，就可以根据习惯需要，压出非常稀的粥。其实不是压，更像是拉！”管子里装着磨碎的材料，并被挂在墙壁或者树木上。下面放着木墩子，一家人就坐在上面。随着管子越拉越紧，汁液就流了出来。

---

1 Maniçoba音译，即一种以木薯叶为原料的饼状食物。——译注

人们如何想到做这样的榨汁机呢？“苏里南的阿拉瓦克人说，”克劳斯讲述道，“曾经有位阿拉瓦克人观察到蛇吞下猎物的过程，于是他发明出模仿蛇身体动作和花纹的软管压榨机。”

其真实性我们无从考证。但可以确定一点：对于所有靠植物为食的人来说，去除毒素意义非凡。许多植物都在所谓次生代谢过程中产生毒素。不然它们何以保护自己不被啃食呢？动物们可以游开、跑掉或飞走，植物们只能待在原地。于是它们发育出尖刺、荆棘、树皮，变得坚硬和坚韧，并生产毒素。只有少数几种植物和果实能不经过加工，让人直接食用。因此，如果没有掌握解毒工艺，人们就会面临饥馑。

晚上我们坐在河边的一家小馆子里，畅饮一种名叫塔卡卡（Tacaca）的当地特色饮料。“这也是用有毒根茎压榨出来的汁液，因为熬煮了足够长时间，毒素全都挥发了。”在壮丽而又沉静的河流上，夜鹰正滑翔着猎食昆虫，河面上不时有大鱼鳍浮现，难道是著名的亚马孙粉红淡水豚？茫茫夜色中我们无法辨认。餐馆的霓虹灯下我却分明看见饮料里有一小截香草枝。“放心咬一口吧。”克劳斯建议说。我听从了建议，觉得舌头顿时一痒，接着好像被牙医打针了一样麻木。克劳斯咧开嘴笑着说：“这是来自厨房的问候。人们把它叫作佳布（Jambu），是按照传统放入塔卡卡的一种香草。它无毒，味道本来就是这样。”这种带有麻醉功能的药草提醒我们，毒物和食品之间的界限并非如我们想象的那样不可逾越。人们能将毒物入药，能种植、收获并加工有毒植物，最后把它们端上餐桌。

雨林啤酒

汉斯·斯塔登（1525—1576）著作的最早版本就躺在那儿，书名简直妙不可言——《野性的、暴露的、愤怒的食人族在美洲新世界风景的真实历史和描述》，1557年狂欢节期间印制于马尔堡。表情庄重的独眼图书管理员把这本书放在一辆小车上，推到我们桌边。他把两个黑色大泡沫垫子放在一起，戴着白手套把这珍贵的宝贝摊开在上面。这是一本用生僻古德语写成的小书，哥特体活字印刷，用粗糙的几乎有表现主义色彩的木刻版画来装饰。斯塔登的作品是有关南美洲的早期人类学著作之一，其首版更是稀世珍宝。“好激动啊！感觉太棒了！巴西大图书馆里面都没有这本书，我还从来没把它捧在手上过！”克劳斯，我之前提到过的巴西考古学家轻声地说道。

因为奥格斯堡图书馆里藏有第一批描述新世界的旅行日志，我从亚马孙回来后不久，克劳斯也来了奥格斯堡。在发现美洲新大陆时期，奥格斯堡是当时德意志民族神圣罗马帝国最重要和最富有的城市。当年这里生活着富足的商人富格尔和韦尔泽家族，他们为西班牙国王的美洲探险和欧洲战争提供了必要的经济资助。当时，奥格斯堡人在全球范围经营业务，所以他们密切关注新世界的动静。一方面，出于对于有轰动效应的新鲜事物的好奇；另一方面，这些实实在在和他们切身经济利益相关。也许他们能从新世界的奇珍异宝中大赚一笔？有一阵子，甚至今天的委内瑞拉都归奥格斯堡人所有，因为查理五世[1]把它租给了富庶的奥格斯堡商人韦尔泽家族。出于上述几点原因，人们热衷于在奥格斯堡收集旅行日志。许多关于新世界的报告都在奥格斯堡——当时欧洲印刷工业的中心——首次印刷成书。奥格斯堡的市立和国家图书馆拥有数量相当可观的介绍巴西的古籍宝藏。

汉斯·斯塔登是一位德国火药制造商，后来也制作硝石，他曾经在巴西海岸服兵役。1554年，斯塔登被图皮南巴族印第安人囚禁并抓到其村落里。这些印第安人是食人族，斯塔登凭借黑森州人的机灵劲儿把自己伪装成萨满，通过一系列惊人事件表现自己通灵的本领，劫持者反而又惊又怕，最后只得把他放走，由此斯塔登逃过了成为美餐的厄运。

斯塔登的故事精彩非凡，所以继德语版之后很快出了一个拉丁语版本，加之著名版画家马蒂亚斯·梅瑞

1 查理五世（1500—1558），1516年加冕为西班牙国王卡洛斯一世，1519年成为神圣罗马帝国皇帝。——译注

恩为它绘制了具有高度艺术感的铜版画插图，它得以在全世界范围流传。斯塔登是一位来自黑森州洪贝格的年轻人，这个地名很多德国人都只在交通电台的路况播报里听到过。他在靠近今天巴西乌巴图巴的葡萄牙要塞前方的小岛驻守。一次森林狩猎时，他遭遇了印第安人袭击。印第安人把他掳走，他们作势咬自己的胳膊，示意斯塔登等待他的命运将会是什么。本来这帮人打算直接在沙滩上把他杀了吃掉，幸亏抓住他的兄弟俩为究竟谁该吃他争执不下，他才捡了一条性命。最后兄弟俩决定干脆把斯塔登作为礼物献给酋长，斯塔登的奇遇才得以继续。到了村庄里，尽管斯塔登极力挣扎，他那一把漂亮的大胡子还是被石制尖刀剃得精光。这点印第安人和我们一样，不喜欢食物里面还有毛发。接着他们开始把斯塔登喂肥，因为酋长已经下令，打算在大型派对上把他宰了吃掉。

斯塔登得到了一顶茅棚、一张吊床和一个女人。这个女人的工作是给他烹煮丰盛的食物。于是他有几星期的时间来深入观察印第安人的日常生活。和他一起被俘虏的人也被抓到村子里，于是很快他就见证了血腥的仪式。斯塔登用尽办法劝说部落酋长不要吃人肉。可是对方根本不理解，相反还邀请他一同品尝摆在他面前篮子里的、新鲜出炉的香喷喷的人手。“人绝不可以吃人肉！”斯塔登尖叫着。酋长却说：“可我根本不是人，我是一头美洲豹！这味道好极了。”

斯塔登的劝说无济于事。这时救星来了。一位法国商人出现在村庄里。此人和图皮南巴族人关系密切，而他又是占据这个城市的葡萄牙人的敌人。斯塔登对绑架者反复解释说，自己不是葡萄牙人。这多少也是事实，可印第安人并不相信。“目前为止，所有来这儿的人都哭哭啼啼地说自己不是葡萄牙人。”当他再一次试图借这个理由死里逃生时，酋长对他说，“他们都在撒谎。”

当那个法国商人现身时，斯塔登径直朝他冲过去，用葡萄牙语苦苦哀求，请法国人看在耶稣基督的分上救他一命，去向印第安人谎称他也是个法国人！可斯塔登终究是德国人，法国商人把他推开，用法语同他说话。斯塔登一脸茫然的神情充分暴露出他不懂法语。商人无动于衷地对印第安人说：“你们可以吃了他。”由此可见，当时德法人民之间的交情可不怎么样。

法国基督徒教友不肯施以援手，斯塔登觉得自己命不久矣。不如逃跑？印第安人对他看得很紧啊。随着时间推移，求生本能促使他开始理解看管者的世界观。讲道德或威胁对他们行不通，但他们惧怕超自然的神秘力量和魔术。斯塔登捕捉到了自己的一线生机。斯塔登，一位虔诚的基督徒，开始在印第安人面前扮演拥有强大通灵本领的萨满。他充分利用了印第安人世界观里没有偶然事件这一点。在他们眼里，自然界里发生的一切事情的背后都有超自然的神秘缘由。有一天，当印第安人带他一起捕鱼时，风云突变，转瞬电闪雷鸣，暴雨倾盆而下。浑身湿透的斯塔登向同行的人解释，这是神灵的惩罚。印第安人却也有敏锐的推理：既然神灵能降祸，那么自然也能终止。于是他们要求斯塔登祈求神灵，让风暴平息。斯塔登近乎绝望地祈祷上天，结果风暴竟奇迹般结束了。印第安人目瞪口呆。

然而，斯塔登让他们更为震惊，并具有决定性意义的一次亮相发生在夜间。他又一次逃跑失败后，在村庄广场上万念俱灰地盯着月亮，觉得月亮看起来都面目可憎。正好从旁经过的图皮南巴族酋长问他在做什么，他灵机一动说道："月亮发怒了。""那它到底生谁的气？"印第安酋长很想知道。"当然是你！"斯塔登用不容置疑的口吻回答。这番话几乎触怒了这位酋长，可同时也让他牢牢记住了斯塔登在月光下说的话。几天以后，酋长和家人生病了。对此斯塔登解释说，病根就在酋长想要把他杀了吃掉的想法上。酋长回答说，他知道月亮生气了，也绝不会忘记斯塔登在月夜里的那番话。他郑重承诺，就算别人把斯塔登杀了烤熟了，他也绝不张嘴。这下斯塔登总算取得了阶段性胜利。随后，斯塔登决定为酋长祈福，尽管家庭成员中有人病死，而酋长的确痊愈了。当他下次又生病时，仍坚持要斯塔登为他祈福保平安。这个时候，印第安人确信斯塔登是一位充满神秘力量的巫师，绝不应该被吃掉。

后来法国人又来到村庄，他十分诧异这位德国人居然还健在。这次他心软了，向印第安人解释说自己第一次弄错了，现在确信，斯塔登其实是同盟者。

斯塔登渐渐成为一位受人敬仰的人物。他编造了父亲生病的谎言，声称自己不得不违背诺言而要回家时，终于获准搭乘下一艘船回乡。他即将离开的时候，全村的人都聚集起来为他送行。人们最后一次拥抱他，热泪滚滚。

这就是汉斯·斯塔登的传奇。如今，乌巴图巴是巴西大都会圣保罗以南备受青睐的温泉疗养胜地，以100个漂亮的沙滩和若干梦幻酒店招揽四方游客。这其中还有一间公寓式酒店名叫图皮南巴，人们尽管安心在这儿下榻，该地区早就没有印第安人的踪迹了。

然而斯塔登的奇遇和物质转换有什么关系呢？他在一本著作后寥寥数语的附录里记载了他被绑走后的日常

生活，细致描述了印第安人的技术成就和发明。我们在其中可以读到关于捕鱼、吊床以及木薯植物的内容。许多印第安人日常生活的情况都是由斯塔登首次对外披露的，正因如此，其著作成为历史学家和人类学家最重要的知识来源。

斯塔登和当时许多其他人不一样，没有成为在美洲大肆掠夺的麻木不仁的战士，那些人只知道炫耀军功和杀死的印第安人数量。斯塔登有独立思想，更有作为一名学者的眼光。

作为典型的德国人，他对热带雨林中酿造的啤酒饶有兴趣。正如今天人们参加慕尼黑啤酒节品酒，他能用行家的眼光来鉴赏雨林啤酒。他更想了解其生产制作过程。在其著作的第二部分里，他向我们展示了一种全新的啤酒酿造工艺，这和《德国啤酒纯度法》没有丝毫联系。

这是一种奇异的啤酒，人们品味它，佐以特别的烤肉。在印第安村落里，斯塔登多次借着参加大型节日的机会品尝这种酿制啤酒。“酒非常厚重，但味道不赖。”印第安人生产这种派对用酒精饮料的过程，和其他所有生产酒精的方式有着天壤之别。人们为了得到酒精，需要用糖。所有含糖汁液都可以酿酒，于是我们有了葡萄酒或苹果酒。我们还能用粮食酿造啤酒。但粮食不能直接变成酒精，尽管粮食里面含有的淀粉由糖分子构成，它需要借助特殊的酶才能分解。我们的小窍门是让粮食长出胚芽。胚芽通过特定的酶把淀粉转化为糖。木薯里含有大量淀粉，但一丁点儿糖都没有！所以欧洲传统酿造工艺在这里行不通。印第安人有自己的秘方。

这个过程分成多个步骤。首先切下木薯根部煮熟解毒，斯塔登写道，然后让年轻女子咬下木薯根部，并把它吐到一口陶土锅里。之后加热，注水混合，再把这样的液体倒到一个更深更大的陶土容器中，把容器的一半埋进土里。这时候啤酒开始发酵，印第安人会让它发酵两天。“接着他们开始痛饮，直到烂醉如泥。”每家都自己酿酒。每逢村庄里过节，和我们这儿一样，男人们会穿过整个村镇挨家挨户讨酒喝，一直喝到所有存货清空为止。

在斯塔登被监禁在图皮南巴400年后，“唾液啤酒”的化学秘密终于被揭晓。人类唾液里含有特定蛋白质，就是淀粉酶，它能把木薯根里的淀粉分解得更小，从而转变成糖分。如果我们把粮食做成的糊状物在嘴里咀嚼很长时间，就会发生这种淀粉转变为糖分的变化，我们能品尝到这种变化的味道。除了用到了啤酒酿造中从没用过的物质——唾液，印第安人转变物质的方法最妙之处在于，他们留意到该物质在特定温度下能发挥其最大活性。斯塔登描述道，印第安人会把吐出来的糊状物再次加热，而且加热到一个明显低于沸点的特定温度。今天，我们知道淀粉酶在78℃时能够发挥最大活性。

印第安人的唾液啤酒又一次充分证明，在激发人类丰富的想象力方面，没什么能够和酿酒相比。甚至有人持有这样的论调，人类正是为了酿造啤酒才开始了农耕生活。出于对啤酒由始至终的热爱，他们决定定居！不少历史学家甚至认为面包其实是酿酒工艺的副产品。

可惜直到今天，中南美洲印第安人的食人传说仍在阻碍我们审视他们特有的化学技术能力及独创性。他们看起来就是不开化的野蛮民族，给了征服者们名正言顺的借口，以残忍的方式迫使这片大陆屈服。

美洲中南部的民族杀死敌人，这点还勉强可以接受，可他们竟然还吃人，这便罪不可恕了。其实这不过是惺惺作态，在当时的欧洲，吃人肉不足为奇，下至乞丐上至贵族，都经常这么做。只不过人们并不会吃掉整个躯体，往往只吃很少一部分。当时药店出售标记为“木米亚”（Mumia）的药品，有时就是被磨成粉末状的埃及木乃伊。“木米亚”被认为有治愈力，因为人们相信能经年累月保存的人类躯体，必定留存着相当多的生命活力。人们大多从刽子手那儿得到“木米亚”，因为刽子手会不时贩卖死人的身体来获得额外收入。有些医生特别推崇用绞刑犯人的身体来制作木乃伊产品，因为人们对于埃及木乃伊的状况全然不知，比如当时此人怎么死的，是否曾经沾染恶疾。

服用“木米亚”时，病人往往还要灌上一口葡萄酒。因为偶尔出现胃痛症状，于是又改用“木米亚”栓剂。“木米亚”几乎包治百病，其中主要治疗消瘦，也就是伴有体重骤减症状的疾病。从11世纪以来，欧洲食人事实确凿。直到1920年代，大型医药公司还在售卖以“木米亚”为名的人肉药。所以欧洲人真的没有什么资格站在道德制高点上批驳美洲食人族。

话虽如此，一说到可怕的食人族，人们不禁毛骨悚然。食人以及黄金这两大标志，掩盖了美洲印第安人其他发明创造的光芒。其实，来自新大陆的生产方法和物产具备极高独创性，在经济上创造的价值远远高于美洲过去输出并仍在源源不断输出的黄金和白银总量。

唾液啤酒只能算地方特产，在西方并没有盛行。但如果没有橡胶、奎宁，没有箭毒，没有巧克力、玉米、土豆，那么现代工业和现代科学，或者干脆说现代世界会全然不同。所以直到今天，发现美洲新大陆时代的古老书籍依然值得我们去探索研究。巴西考古学家克劳斯·希尔伯特去过古老的奥格斯堡图书馆以后说：“我们必须追根溯源，因为许多印第安人曾经掌握的技术今天已经失传。假如你在森林里发现一处很不错的考古发掘地，从地底下挖出了不起的陶器，把它展示给隔壁村庄的印第安人时，他会说：‘是的，我们祖先做的，可我们现在做不出来了。’这就是征服美洲留下的致命打击。今天的印第安人往往极其自卑。”

蛙　药

“这是什么？”一个阴雨绵绵的日子，西亚马孙丛林深处印第安村落中，新闻记者彼得·高曼正坐在房东巴勃罗的小木屋里。巴勃罗是生活在秘鲁和巴西交界处的马赛族印第安人。高曼利用下雨天学习语言课，他不断指向房间里的各式物件，一一了解它们的印第安名称。最后他指着高高悬挂在壁炉上的塑料袋问道：“这是什么？”“坎珀（Kampo）。”主人边说边把袋子取下来，从里面掏出一根涂抹黄色物质的木棍。这就是蛙药。高曼非常好奇，想进一步了解它的用途。巴勃罗走到火边取出一根发红的木棍，二话不说抓住高曼的胳膊用烧红的炭烫了一下。高曼尖声惊叫，转眼工夫巴勃罗就已经把黄色物质涂抹在了伤口上。

药马上就发挥了效用。高曼写道："我的额头温度升高，心脏搏动加速，血流快速涌动。突然，我能感觉到自己身体里的每条静脉与动脉，感受它们如何扩张，体会以前绝不可能感知的血液流动。我的胃开始抽搐，呕吐并伴有严重腹泻……最后我不省人事地倒下了。我又忽地觉得自己正用四肢奔跑着咆哮着，就像有野兽附身，它似乎想通过我的身体表达什么。这感受无与伦比。但它很快就过去了。最后我只能感受到血液涌动，心脏似乎要爆裂，心跳越来越快……"之后高曼沉沉睡去。这次迷幻之旅最有趣的部分出现在他睡醒以后，他觉得所有感官突然比以往敏锐多了："我能听到从很远的地方传来的声音。嗅觉和视觉比以往任何时候都灵敏。身体变得力大无穷，这感觉持续了一整天。我能整天跑步，不知饥渴。我所有感官都被调到最高档位……

我甚至能抢在动物之前，先察觉到它们。”

马赛印第安人巴勃罗给记者用的奇妙药品来自一种可爱的青蛙，学名巨人叶蛙（*Phyllomedusa bicolor*），它是一种双色叶蛙。它生活在热带雨林的树上，和我们在宠物市场上能买到的叶泡蛙属于同一个科。

每一位从事环境研究的人都认识这种青蛙。并不是因为环境学者要使用蛙药，以便更敏锐感知周围世界，而是这种绿得发亮的雨林蛙类睁圆双眼的形象最好地诠释了危机四伏、毫无保障的自然界。所以它的生动形象频频出现在演讲和宣传册里。

在亚马孙神话中，青蛙扮演了重要的魔幻角色。也许因为它的两栖生活，抑或是它硕大无神的双眼，像极了正在施法的萨满。所以亚马孙陶器中不乏青蛙雕像或青蛙造型。我的收藏品里就有一只古亚马孙陶制无腿青蛙，这是在一个古老的哥伦布时代印第安部落的遗迹里找到的。

如果人们激怒树蛙，它的身体会释放出一种有毒的黄色分泌物。印第安人称之为蛙乳。他们把树蛙固定，用一把木刮刀把黏液刮下来晾干用作药材。这期间还得让树蛙活着，因为印第安人认为杀死它们会遭到报复。这些树蛙往往驯服地生活在村庄附近。蛙药在巴西也被叫作青蛙疫苗，其实它只是外表和普通免疫药品相似而已。蛙药不能预防疾病，功效是在数小时或几天时间里改变人的大脑意识。

印第安人尤其重视蛙药，因为它能让感官更敏锐，身体更强壮。一些运气不佳的猎人和猎狗也爱使用它，以期在未来狩猎更成功。在巴西城里蛙药一度风靡，直到几年以前，有位市民因一次强烈的“蛙药之旅”而升入“极乐世界”，这种药才被禁用。

青蛙分泌物也引发科学界的关注，意大利药学家仔细分析和研究它。他们已将从中获取的几种物质申请了专利，并用在了制药上。青蛙药品对于欧洲人来说并非全新事物。早在中世纪，针对心脏衰弱开出的药方就有某种蟾蜍的皮肤。

在亚马孙尤其在美洲中南部，印第安人发现了许多能改变人类大脑意识的物质，“青蛙疫苗”算其中之一。我们从美洲获悉的精神类物质就有100多种，烟草、可卡、巧克力都是典型代表。生活在热带雨林中的民族在其他类别的发明中都没有贡献出如此丰富的热情和创意。灵魂和灵魂旅行显然是其最重要的关注点。

橡胶

美国总统、诺贝尔和平奖得主西奥多·罗斯福（1858—1919）在尝试第三次入主白宫失败后，决定前往阿根廷和巴西进行一次语言学习之旅。巴西政府建议他和正准备亚马孙热带雨林深度探险之旅的上将及学者坎迪多·龙东（1865—1958）结伴而行。罗斯福同意了，于是这位重量级的人物带上儿子，还有一支19人组成的探险分队消失在密林深处。六个月以后，也就是1914年4月末，当罗斯福再度现身时，虚弱不堪，立即被送去就医。一个多月时间里他的气力只够轻声细语，森林让他付出了不小的代价。

尽管如此，他在回忆录中热情洋溢地描述了此次冒险旅程，章节命名为“穿越巴西蛮荒之地”。整个旅程的高潮部分出现在探访位于热带雨林心脏部位的里奥·撒克里河畔帕雷西印第安人部落。这里是鳄鱼、美洲豹、貘和品种丰富的鸟类的栖息地。罗斯福形容该地区的印第安人是“乐天派”，整日欢歌笑语，身强体壮，唯一缺陷就是满口坏牙。有些印第安人甚至穿着交换得来的或者传教士赠予的裤子和衬衣，但始终保持传统生活方式。

就在丛林中间，罗斯福亲眼见证了一次极为稀罕的事件。印第安人聚起来举办球赛！球赛用的是一只由橡胶树汁液加工而成的中空橡胶球。他们组成两支球队，就像排球比赛一样面对面站着，只是中间没有球网。球被放在球场中央的土堆上后，比赛就开始了。

他们当然不按欧洲或者美国的排球规则竞赛。印第安人不用手和手臂击球，而只用头。球放在地面上，一名球员跑过去，一个鱼跃把球顶向高处。另一人接住球并继续顶起来，球经常低空飞行到对手场地。罗斯福描绘道："往往球会来来回回十几次，直到有足够力量飞过所有对手的头顶，落在后方。"于是胜利的球队欢呼得分，比赛重新开始。

罗斯福对印第安球类比赛惊叹不已，他说从没看过能与之媲美的事物。然而事实上，这种比赛在南美球类运动中拥有悠久的历史。它们有着诸如tlachtli，pok-ta-pok，ollamalitzli或者batey的名字，所有观看过比赛的欧洲人都感到震惊。

比赛的主要目的就是让球进入对方场地，而对方又无法把球传回来。但无论如何不能用手或者用脚去碰触球。帕雷西印第安人玩球的时候用头顶，但也会有所变化，比如在墨西哥，人们用屁股，目的是让橡胶球从一个很小的洞穿过墙去。墨西哥某些地区至今还保留着这种设施，人们看到它，总会觉得能成功得分简直不可思议。即使用手，要把球扔进或打进一个向上的开口中也非易事，更别提只能用屁股了！西班牙征服者认定是巫术在起作用。所以曾经在墨西哥城观看过这种比赛的西班牙修士莫托尼亚（1482—1568）这样形容一位被公众拥戴的天才球员："他们为之欢呼雀跃，此人肯定拥有魔鬼的技艺，才能够用他的臀部让球穿过石头上的开口。他一定召唤了魔鬼来帮他进球。在场所有人都惊讶得合不拢嘴，从这么小的入口把球射进去无异于奇迹。"虔诚的西班牙人立即禁止这种超自然力的竞赛。尤其失败球队偶尔还会被用于献祭，这完全不符合欧洲公平竞争的原则。因此，这类比赛只在美洲中南部的偏远地区进行，直到20世纪才有人类学家再次发现了它的踪迹。

在西班牙征服者看来，超自然的不仅是球员及其能力，更是球本身。球是由橡胶这种当时的欧洲人全然陌生的物质做成的。西班牙人觉得橡胶的特性非常古怪。巴托洛梅·德拉斯·卡萨斯（1485—1566）认为橡胶球能弹跳15分钟。另一位西班牙征服者奥维耶多（1478—

1557）报告说，他曾经在伊斯帕尼奥拉岛（地处今天的海地和多米尼加共和国）上看到过："它比我们的气球弹跳能力强得多，人们把它抛到地上，它就会反弹起来，之后自行又弹起来，反复多次。"橡胶是一种稀奇古怪的事物，它似乎能把并不相容的特性融合在一起：它的形状可改变，同时又不可改变，人们可以把橡胶圈朝着任意方向拉伸延展，但只要一放手，它又瞬间恢复原形，仿佛有记忆功能。因此橡胶似乎是活着的和死去的事物之间的联系。发现者觉得有记忆功能的事物像含羞草一样神奇。这种植物有"感觉"，一旦有人触碰它的叶片就会合拢下垂。

至于印第安人制作橡胶球的过程，自命为发现家的人却没有太大兴趣去探索。奥维耶多认为："他们用到一种树脂，并且往里面添加了尽可能多的东西。"人们在伊斯帕尼奥拉岛并没有发掘出神秘物质的秘密。因为西班牙征服者以基督徒方式对待守护这秘密的印第安人，在大发现仅40年后他们就几乎完全灭绝了。尽管征服者荷南·考特斯将一些阿兹特克球员用船运回西班牙，尽管他们在塞维利亚，就在卡尔五世国王的眼皮子底下展示了用臀部击球的高超技艺，尽管德国画家克里斯托弗·韦迪茨（1498—1560）就好像今天的足球评论员一样，把赛事用语言和图画全程记录下来，西班牙人仍然认为印第安人的比赛是魔鬼的邪恶技艺。他们只顾寻找黄金白银，根本不认为美洲真正的财富蕴含在土著居民的发明创造上，反而将这些创造和野蛮挂钩。

所以就和这种比赛本身一样，橡胶球在长达几个世纪的时间里被欧洲人置于脑后。在发现和征服中南美洲250多年以后，终于又有访客把它带到欧洲。法国人查尔斯·玛丽·德·拉·孔达米那（1701—1774）受法国科学会委派去南美旅行考察。

这位法国学者在亚马孙观察到当地定居的奥马瓜居民（同样今天已绝迹）用一种叫作生胶的物质，生产出许多看起来不可思议的东西，比如鞋、大衣、圆圈、气球，特别是小橡胶瓶，绑上中空的鸟类骨骼就可以用作注射器。这些对欧洲人来说是完全陌生的事物！德·拉·孔达米那发现，印第安人在注射器中灌入温热的药茶，直接注射到臀部以更好地发挥效用。“每位头领都对客人奉上这样的注射器，”法国人说，“是礼貌好客的表现。”

因为德·拉·孔达米那把故事写得精彩跌宕，他的旅行日志在欧洲引起轰动，畅销一时。该书把人们的注意力再次吸引到生胶这种奇特的物质上。现在橡胶注射器在医学范围广泛使用，比如用在吸奶器上。橡胶球和橡胶管在化学实验上的应用也很快变得不可或缺。最早的飞行器——孟格菲侯爵的热气球就使用橡胶密封。其他来自亚马孙地区的橡胶产品在北美和欧洲也越来越受到青睐，它们主要是印第安人在贝伦地区生产的，这里距离亚马孙河注入大西洋的入海口不远。他们为葡萄牙军队生产橡胶制军用背包，还向纽约、巴黎和伦敦出口橡胶靴。许多精良的橡胶制品，从橡胶圈到雨衣，最初都是印第安人发明的。

生胶，或称为橡胶，是从不同树木的汁液（胶乳）中得来的。每个人都见过这样的汁液，比如它会来自蒲公英，或许多办公室里都有的“橡皮树”，甚至还有一些蘑菇。在欧洲、亚洲和非洲都生长着一部分能够提供乳胶的植物。然而橡胶靴并非这些地区的人的发明，而是由南美洲印第安土著居民在大约3500年前发明的。正如我们在美洲中部出土文物中所看到的，他们使用橡胶球都已经有这么长时间了。

乳汁状的液体从树上流淌下来时，很快就凝结成乳酪般的块状，这也是橡胶的典型形态。人们可以把它卷成能弹跳得很高的小橡胶球。然而，球在阳光下变得黏糊糊的，而且还会发霉。所以，要把树上的汁液变成经久耐用的产品，人们必须对它进行加工，否则它就只能用作火把。

印第安人研究出两种可以被称为生物硫化的处理方法。第一种是把橡胶乳液和一种具有神经活性的植物月光花（*Ipomoea alba*）汁液混合在一起。橡胶汁液凝固成凝乳状，并可进一步塑造成固体产品。第二种方法更有效且常用。它源于一种把乳胶以特定方式进行熏制的创意。具体如何操作呢？例如印第安人想要做一双橡胶鞋，他们先用砂质黏土做出脚的形状，放到板子上晾干。接着用还带着绿色的树枝燃起烟熏用的火堆，朝里面再扔进去几个名为乌鲁库里的棕榈树果实。现在把黏土脚模浸泡到橡胶乳液里，并把它置于热烟中。黏土上面形成一层薄薄的橡胶薄膜。等它干透以后，把脚模再浸泡到乳液里，接着再熏制一次，这样，一只橡胶靴子渐渐成形了。靴子不仅如同"贴脚定制"，而且闻起来就像上等威斯特法伦[1]熏制火腿。这样的橡胶靴子结实耐用，人们可以在任何天气穿着它，经年累月不坏。

为什么印第安人的烟熏方法能够成功？从化学角度来看，在噼啪作响的烟火中熏制是一个异常复杂的过程。中间产生的化合物已经证实的就可能远超过一万种，还包含许多高度活性的物质，比如醋酸、甲醛、亚硝气体、

1 威斯特法伦为德国的一个州。——编注

苯酚和水杨基酸，它们会阻止腐败。谁要是想拥有化学药品大杂烩，就应该试试烟熏。烟里面基本涵盖了所有需要的化学药品，尽管剂量可能并不合适。烟里面还含有大量抗菌物质，对细菌和真菌非常有效，因此能让易腐败变质的东西变得稳定和易于保存。另外，烟含有大量炭黑，使得橡胶不会在阳光照射下变得脆弱易折。

全世界的人们都懂得熏制鱼和肉，以便于储藏。然而只有南美人想出烟熏液体的主意，用这种方法制成耐用且实用的产品，诸如球、橡胶鞋、橡胶玩具、橡胶容器或注射器。生胶绝不是妙手偶得的发现，而是蕴含丰富创意的化学发明。

正如前文所说，亚马孙橡胶制品在19世初期成为时尚潮流，亚马孙印第安人在这一时期生产了大批产品。欧洲人也试图生产橡胶制品。但他们没有橡胶树（*Hevea brasiliensis*），橡胶乳汁又不方便进口，于是他们将晾干的橡胶乳汁再次浸泡在松节油里，做出形状后再次晾干。但这样制成的产品容易发霉，并且黏黏糊糊。他们缺乏印第安人让产品变得牢固耐用的生物硫化步骤。理论上说，欧洲人可以和印第安人一样，把完成后的橡胶制品拿来烟熏。然而，他们发现了一种在工业上更容易投入生产的全新替代品。

1832年普鲁士化学家弗里德里希·路德多夫（1801—1886）证明了硫能让橡胶变得耐久。几年以后美国人纳沙尼尔·郝沃德（1807—1865）和查理斯·古德耶（1800—1860）进一步精化了硫的应用。他们在化学硫化方面的研发开辟了橡胶工业的现代化道路。很快，橡胶制品在全世界范围里流行开来。没有橡胶就没有自行车和汽车，电器绝缘体上要用到橡胶，雨衣和橡胶鞋更离不开它。橡胶是工业化和机动化进程中必不可少的。因此，100多年时间里，橡胶在欧洲和北美几乎无处不在。

罗斯福看热带雨林里的比赛时就见到过橡胶球，但他显然只觉得比赛新奇，压根没注意到球的特别之处。

罗斯福自认为是观赏印第安球类比赛的第一位白

人。其实，之前就已经有征服者和发现者作为观众了。拉斯·卡萨斯乘坐“哥伦布号”将第一个橡胶球带回欧洲大陆，球到了塞维利亚就不知去向，也许被哪个孩子拿去玩了。

所以这位前美国总统压根儿不是第一个，或者正相反，他是最后一位看到原汁原味印第安球类技艺的白人。

但印第安人经过上千年训练的球感流传了下来，并继续在拉美足球艺术家们的身上得以延续。

中南美洲印第安人发明的几种物质

◆ ◆ ◆

可可豆（巧克力）：可可树结出的无滋无味的可可豆经过酸发酵后出现了层次丰富的香味。按照最早的阿兹特克人[1]的配方，发酵的豆子被磨成粉末，加上热水、香草和糖冲泡成可口的饮品。

烟草：烟草的叶子经过发酵后，被卷成雪茄烟。

橡胶：由橡胶树和其他植物的乳液制成，通过烟熏使其性能稳定。

箭毒：大多数时候由马钱属藤本植物汁液制成。

铂金：厄瓜多尔的印第安人发现和加工了这种贵金属，之后其他地方也相继出现。

麦斯卡尔酒：印第安人不仅喜爱酒精饮料，还把酒精蒸馏成烈酒，麦斯卡尔酒直到今天还在全世界盛行。

---

1 墨西哥人数最多的一支印第安人。——编注

可可豆（巧克力）
箭毒
橡胶
可卡
麦斯卡尔酒
铂金
香草
黑曜岩制品
木瓜蛋白酶
烟草
胭脂虫
口香糖

可卡：人们在亚马孙西北部收集可卡木的叶子，然后和烧过的钙盐一起吃掉，这样会释放出其中的有效成分。现在玻利维亚还和以前一样允许食用可卡叶子。可卡因是一种高纯度药剂，它用不同溶剂萃取可卡叶子制成。直到今天，可卡因在医学上还用于局部麻醉。西格蒙德·弗洛伊德建议戒除海洛因，但是喜欢可卡因使人大脑兴奋的特点。正因为可卡因致人上瘾，在大多数国家都被禁用。

木瓜蛋白酶：阿兹特克和其他民族的人都用番木瓜果的外皮和汁液来软化肉类。今天人们从番木瓜果的果皮和核里面萃取木瓜蛋白酶，制成肉类软化剂销售。

胭脂虫颜料：这种寄生在仙人掌上的虱子拥有一种红色色素。人们把它捏扁就能得到这种色素，正如土著人所做的一样，这样能得到自然、环保，但不太符合动物保护主义要求的色素。

口香糖：墨西哥人心果树未成熟的果实汁液含有口香糖的原材料，然而现在市面上的口香糖大多是用原油制成的。

香草：新世界里最成功的香味，提取自一种热带兰花发酵的果实。欧洲兰花的果实，在花朵凋谢的时候也会发出像香草一样的味道。

黑曜岩制品：美洲中部的民族使用这种欧洲罕见的火山碎石来打磨特别锋利的剑和刀刃。今天在某些特别的手术中还会用到黑曜岩制成的手术刀。

奎宁：这种物质是治疗疟疾的良药。它来自一种树木的树皮，从古代开始，印加人就用它做退烧药。

生命之树的茶饮

“12月，船员中突然爆发了一种症状古怪、前所未见的疾病。有几人浑身乏力，腿部发炎浮肿，肌腱抽紧，颜色漆黑如炭。接着，症状开始向上依次延伸到臀部、胸部、肩膀、手臂和脖颈。最后侵袭到口部，牙龈腐烂脱落露出牙根，然后牙齿全部脱落。”

1553年法国探险家及航海家雅克·卡蒂亚（1491—1557）和全体船员在一座叫作斯塔达科纳的易洛魁人村庄过冬。当年的村庄就是今天加拿大大都会魁北克所在地。那里曾是一片人烟寂寥的土地，坐落在圣劳伦茨河边，被绵延不绝的森林环抱。卡蒂亚说，110人中只有不到10人还算健康，11人已经死去，50多人看上去病入膏肓。

坏血病最典型的特征就是虚弱、心神不宁和身体迅速衰竭。皮肤变成黄色或者黑色。下颚出血，牙齿脱落，嘴里生出令人作呕的恶臭。病人出现严重腹痛，接下来肺部和肾脏疼痛。全身上下到处是出血点。这种疾病往往是致命的。

在大发现时期，坏血病是折磨几乎所有船员的疾病。当葡萄牙人瓦斯科·达·伽马从里斯本出发绕过非洲向印度航行时，他随行的160名强壮船员中有100人被坏血病夺去了生命。许多自然科学家和医生都致力于研究这种让人一筹莫展的疾病，他们所用的治疗方法无非是传统的放血和输血疗法。也有人一再推荐使用新物质，其中大多是新提取出来的物质。例如炼金术士约翰·鲁道夫·格劳伯在其著作《航海家的慰藉》一书中写到用盐酸；英国神学家兼化学家约瑟夫·普里斯特利

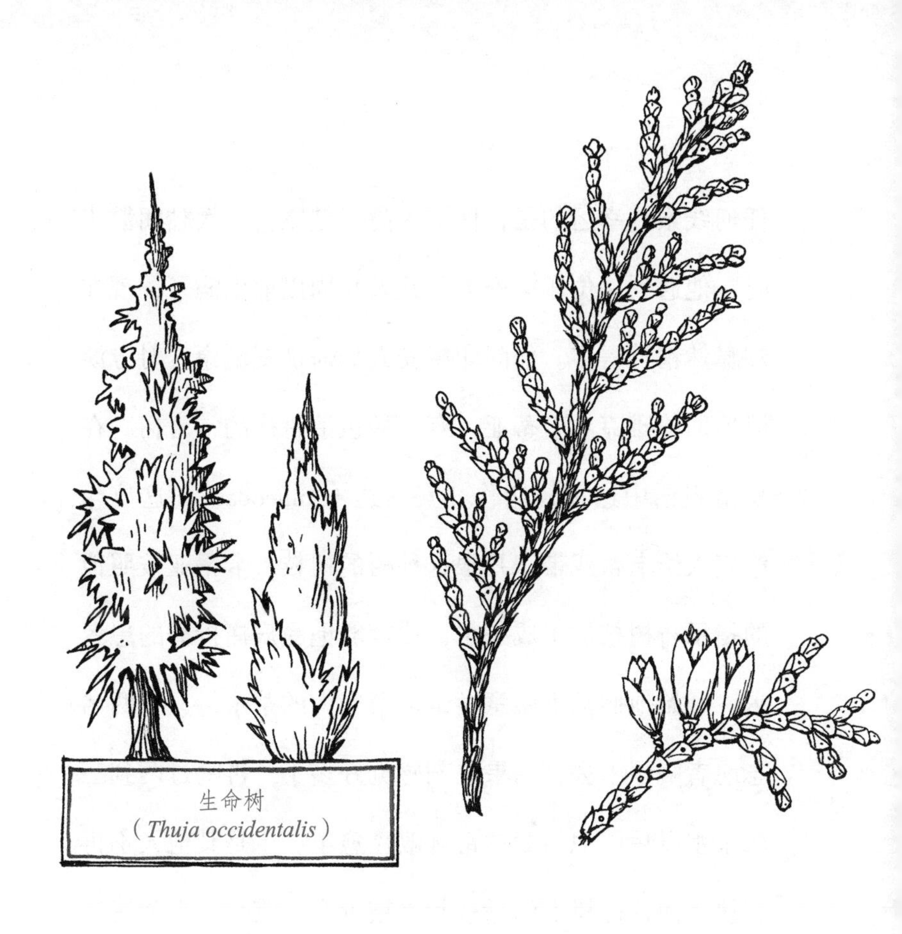

生命树
（*Thuja occidentalis*）

则向海军领导机构的第一勋爵桑维爵士建议使用人工制作的碳酸水，因为里面含有的气体有治疗功效；还有人推荐使用硫酸。另外，经常通风，用铜制器皿代替铁制器皿的建议也层出不穷。但最终都无济于事。

卡蒂亚束手无策，他让人解剖了一名刚刚病死的船员的尸体，从那些面目全非的瘆人的内脏器官上找不到任何线索。幸运的是，他本人尚很健康。一次林间散步时，他遇到一位印第安人，此人几周以前生病了，现在却显然精神得多。他问印第安人如何恢复健康，对方淡淡地回答雅克·卡蒂亚，有一种包治百病的常青树。在易洛魁语中这种树叫作“安内达（Annedda）”。这位印第安人给卡蒂亚带来几根这种树的树枝。卡蒂亚按照他的指示将树枝加工成茶水，让全船饱受病痛折磨的患者喝。开始他们都不愿意尝试印第安人的茶水，只有两名志愿者喝了下去，结果立刻感觉好多了。再喝过两到三次茶水以后，他们竟然奇迹般痊愈了。于是其他人不再固执，而这棵树上的绿枝几乎被扯光。雅克·卡蒂亚描述道，法国最负盛名的医学院里的医生们共同研究出来的药物一年以来的药效，都不及这棵树在一星期里发挥的效用大。卡蒂亚几乎挽救了整个船队。他们熬过了加拿大的严冬。作为对神奇药物的感谢，他在5月起锚出发时诱骗了一小队易洛魁人，甚至包括其首领唐纳克纳，上船前往法国，结果易洛魁人在法国很快染疾死去，再也没能回到故土。

又过了一段时间，这种名为安内达的树木种子被传到法国，因其包含药用作用被叫作生命树（arbredevyi）。生命树的称呼流传至今，其学名则是北美香柏（*Thuja occidentalis*）。经过修剪后，它们就不再长高，形成了浓密的绿色灌木。只有在少数几个公园里，它们才能无拘无束地向上生长，达到卡蒂亚所描写的那种令人咂舌的高度。

今天我们知道坏血病是一种营养不良疾病，适当饮食能够有效预防发病。柠檬、橘子和酸菜都能防止疾病爆发或治疗疾病。传统药物，比如坏血病药草或者水田芥能达到同样疗效。1928年人们终于查明食物中与之相关的最有效成分是抗坏血酸，由匈牙利化学家阿尔伯特·森特·哲尔吉（1893—1986）提炼出来。无论把它叫作抗坏血酸，还是维生素C，新鲜水果和许多蔬菜、酸菜中都含有这种物质。摄入哪怕不足10毫克的维生素C，也能在很长时间内极有效地预防坏血病。

化学家和诺贝尔和平奖得主莱纳斯·鲍林（1901—1994）就用卡蒂亚团队神奇获救的故事解释了维生素C的重要作用。实际上，每100克生命树里含有大约45毫克维生素C，这和柠檬或橙子的维生素C含量是一样的。鲍林醉心于维生素C的研究，在卡蒂亚探险旅行400年之后，只要看到正处在坏血病早期的美国同胞，他就会建议他们大量摄取维生素C。

尽管如此，生命树中维生素C的含量只部分解释了这轰动的治愈故事。为什么他们疾病缠身，却能在一星期内奇迹般复原？为什么印第安人对卡蒂亚保证生命树包治百病？为什么卡蒂亚报告说，有两名除了坏血病以外，还患有梅毒的水手最终也痊愈了？为什么竟然是全体船员？难道生命树里除了维生素C还有其他秘密？

对加拿大幸存下来的印第安人来说，生命树和从前一样，始终是最神圣的药物。他们不仅将它看作维生素C的源泉，更是一种精神依靠。他们把生命树称为“祖母”，借此表达印第安人对它的最高敬意。直到今天，他们仍谆谆教导孩子们，只要有生命树，任何走投无路的时候都可以向它寻求帮助。树木能提供救急的食物（树木内侧树皮可以食用），可以提供治愈许多疾病的良药，树枝可以做弓或者火把。生命树还能帮他们找到水源，因为生命树向来生长在离水源不远的地方。另外它还能带来精神慰藉和庇护。生命树的油可以用来祈福，在桑拿中涂抹它也很实用。

现代化学家对生命树又进行了分析鉴定，确定其所含的有效成分远远不止维生素C。人们在其中发现大量抗菌物质，既可以杀灭细菌，也能够消灭病毒。人们用它制作出来的油里面含有一种叫作苧醇崖柏醇的物质，不仅能治病，还可以用于驱虫。

用树枝制作的茶不仅含有大量维生素C，更含有一些能强化维生素C效用的物质，以及含有大量被叫作精氨酸的氨基酸，能进一步加速治愈过程。印第安人绝对有充分的理由对这种我们只在花园里当作绿色围墙的树木高度敬重。

肥　皂

肥皂就是洪堡遇到的那位印第安化学家所说的欧洲人两大奇迹发明之一。和散发着臭味的黑火药相比，肥皂是浅色的芳香物品，印第安人很看重它，尽管他们觉得和箭毒相比它仍稍逊一筹。

肥皂和黑火药、白色和黑色、芳香和恶臭、干净和肮脏、整洁和混乱、文化和战争——这两种物质共同代表欧洲，代表欧洲的文明，它们彼此反差强烈，又互为补充。

几乎每个家庭都有肥皂，人们在日常生活中常要用到它。因为司空见惯，以至于我们并不清楚它奇特的性质。它们就像石头一样躺在我们的水槽边，往往还是龟裂的。一旦用水打湿，肥皂仿佛得到新生，滑溜溜的就像水里的鱼一样从我们手中跑掉，消失掉。如果继续摩擦它，气泡以及厚厚的肥皂泡就会挂在它身上。

空气、水和污物，这些通常彼此分离的事物，被肥皂以一种新形式组合、混合在一起，最后我们的手洗得干干净净。当我们的手变脏，甚至黏糊糊的，感觉无法再抓住东西时，肥皂能够把所有脏东西去掉，让我们重新感到舒适。

显然肥皂是欧洲的发明[1]，亚洲、澳洲和美洲都没有人知道它，即便古希腊人和古罗马人也不知道肥皂为何物。这样说似乎不可思议：肥皂并非高度发展的文明的产物，它不是城市的特色，而更多来自北方[2]的黑暗森林。故事背景是在古老的橡树下，日耳曼人和凯尔特人

1　据史料记载，最早的肥皂起源于西亚的美索不达米亚。本书中提到的高卢人发明肥皂，是欧洲广为流传的说法。——编注

2　这里的“北方”指今天的法国。——编注

第一次在铜壶中搅拌出一种泡沫状汁液，他们称之为肥皂。这个词有日耳曼语的词源，而今天已经全世界范围广为传播。

大多数人可能通过《高卢英雄历险记》这部系列漫画听过或者读到过凯尔特人的习俗。这个奇迹罐子是不是像洗衣桶一样往外冒肥皂泡呢？漫画里仔细描述了这个民族的传统习俗，在古罗马时期这些高卢人定居在今天法国境内。

漫画里用更多细节描写了一位希腊探险家波塞冬尼斯（前135—约前51）。波塞冬尼斯好比古代的洪堡。他是第一位以哲学家身份进行探险之旅的人，只为探索科学奥秘。他在意大利布林迪西上船，沿着地中海北部沿岸朝西航行。期间他多次上岸和当地居民交流。最后，他穿过了直布罗陀海峡和充满传奇色彩的海格力斯立柱[1]，而那后面便是一片无际的开放海域。他旅行的足迹

1　海格力斯立柱是指直布罗陀海峡两岸边耸立的海岬，传说是希腊神话中的英雄海格力斯切开阿特拉斯山脉时形成的。——编注

一直远到加的斯[1]，在那里他成为第一位研究退潮和涨潮现象的学者，证明潮汐变化是由月亮引起的。就像2000年后的亚历山大·冯·洪堡，波塞冬尼斯在当时极负盛名，和许多权贵过从甚密。波塞冬尼斯积极活跃的一生止于罗得斯岛，享年80多岁。

波塞冬尼斯往西的旅程一直延伸到今天的马赛，当时是罗马的海港。他在那里拜见了罗马地方长官，并长途跋涉进入位于腹地的凯尔特人居住区。这些凯尔特人又被叫作高卢人，虽已臣服，但终究成不了罗马人。波塞冬尼斯曾经这样形容他们的外貌细节：“他们下巴上的胡子倘若没有刮掉，也会留得极短。而在脸颊上，他们却热衷于留下长长的髭须，甚至都遮住了嘴。其民族服饰令人印象深刻：彩色条纹大礼服，花朵图案装饰的裤子，菱格上衣，衣服被分割成密密的彩色正方形。他们戴的金属头盔有着很强的装饰性，能够让头盔的主人华丽亮相。因为那上面很快就会长出角来，接着是鸟

1 加的斯位于直布罗陀海峡两侧，现在是西班牙的重要渔港。——编注

儿……”《高卢英雄历险记》里的小小高卢村庄让全世界人都见识到他们充满想象力的服饰。波塞冬尼斯描述过的高卢人的餐桌礼仪，也因为高卢英雄漫画变得家喻户晓：“他们在干草堆上放上离地面并不高的木桌子吃饭。一顿饭面包很少，肉类很多。他们吃得很干净，就是狼吞虎咽的吃相比较难看。他们用双手，抬起整个手臂来啃咬食物。如果聚餐，他们会围坐成一圈……”

我们都知道高卢人喜欢收集罗马人头盔，这个习俗也通过波塞冬尼斯而进入到漫画中，只不过《高卢英雄历险记》的作者把它稍作修改。因为起初高卢人收集的并不是头盔，而是头颅。正如波塞冬尼斯所形容的，他们是头颅猎手：“他们把战死的敌人头颅割下来，悬挂在战马脖颈处。把血迹斑斑的战利品交给受训的年轻骑士……高卢人还把战利品钉在门廊墙壁上，就好像对待猎来的野兽一样。”一如今天那些得意非凡的猎手，喜欢把猎物的头制成美观的标本悬挂在起居室的墙壁上。对古代高卢人来说，这是炫耀自己功勋的恰当方式。波塞冬尼斯说，它还常是苦行僧学习的一部分，他们必须与战利品对视，起初他们看过去不由得心惊肉跳，最后也完全能“习以为常，视若无睹了”。

波塞冬尼斯首次向世人描绘了凯尔特人引人注目的发型。他们身材魁梧，肤色浅白，头发往往是金色或者红色。他们还谈不上有真正的发型设计，毕竟当时根本没有现代的发胶喷雾。凯尔特人把石灰抹在头发上，向后梳，使得深金色的头发变成浅金色，棕色头发变成红色，而且头发会变得像马的鬃毛一样粗。他们在受到威胁时会把头发向上梳，形成高高耸起的尖刺一样的造型。凯尔特人在战争中特别喜欢哗众取宠。石灰在空气中慢慢变成灰浆，于是发型也就变得坚硬如石头。真正的汉子！凯尔特人就是用他们那坚硬的发型来营造出一种令人望而生畏的形象！人们不由要问，罗马人究竟如何战胜了这些铁“头”铮铮的小伙子？也许关键并不在于发型有多么无懈可击，而在于坚不可摧发型下的脑袋里装着什么。

波塞冬尼斯也是第一个观察到凯尔特人使用肥皂的人，他详细描述了整个过程。起初肥皂并不用于身体清洁，而只是发型工具，因为肥皂泡沫能把头发染成淡金黄色，并让它们全部朝一个方向梳。凯尔特人用脂肪和灰烬煮出肥皂，用肥皂泡做出蓬松鬈发。

在希腊人波塞冬尼斯眼里，这个发型产品相当古怪。尽管希腊人（及罗马人）文明程度高，之前却从来没见过肥皂。他们的方法是往身上抹油，借助刮石工具把油、灰尘、汗水和污物清理下来。这个身体护理过程非常节水。哪怕当时的人们经常泡澡，但从来没有在泡澡的时候用过肥皂。

这种能发泡的物质是北方野蛮民族的发明，而且看来已经成为其特长，人们可以购买被征服的森林民族调制的肥皂。这位高贵的希腊人究竟如何看待这一新鲜事物，我们不得而知。他继续旅行，直到最后到达加的斯，在那里吃到金枪鱼，研究潮汐。回家以后他撰写了《大洋和它的居民们》。在古典时期这部旅行日志家喻户晓，人们反复阅读和摘抄它，可惜今天只留下断编残简。

罗马人和博学的希腊人征服了凯尔特人后见识到的肥皂，迅速在帝国风靡起来。自认为高人一等的罗马女人们，艳羡那无比美丽的金色头发，使用尽可能多的肥皂碱液来将深色头发漂浅。当时罗马女人的时尚潮流是戴上日耳曼女人剪下的假金发，或者只把几缕金色头发编到头发上。甚至有些男人都向往金发。卡拉卡拉大帝不时会戴上金色假发，据说是为了取悦主要由高大强壮的金发日耳曼人组成的禁卫军。

肥皂从欧洲传到了全球，它是凯尔特人和日耳曼人的神奇物质，在铜壶里面搅拌并不会使它变得特别强效，但会让它保持新鲜和干净。

樟脑

完成一路向西的长途旅行之后，让我们再把目光投向东方。一想到东南亚和印度，人们的脑海里马上会浮现出绚丽的色彩，还有各种昂贵的香料和香精：檀香、麝香、龙涎香。浓郁的芬芳过去是，今天仍然是欧洲游客进入伊朗、印度和东南亚城市后非常着迷的东西。在印度教和佛教的宗教礼仪中，香味起到了至关重要甚至是决定性的作用。所有印度庙宇里，芬芳的松香气息袅袅升上天空。古印度有对香水和化妆品进行研究的科学，叫作味论[1]。印度诸神中的伽内什喜欢香味。他恰好也有着几米长的鼻子，是半象半人混合体。

直到今天，大多数传统香料和香精仍来自亚洲南部，西班牙探险家和征服者对美洲香料大失所望，当地香料市场除了香草以外乏善可陈，和众人熟知的东方香料完全不可同日而语。

樟脑的气味渗透力极强。在印度教寺院中，樟脑直到今天都不可或缺。节日里，当一位婆罗门在寺庙拱顶的暗处给象头神或湿婆或毗湿奴做祷告时，他会在仪式的高潮时分伴随着锣声和钟声点燃一块樟脑。樟脑燃烧时散发出芳香气息，明亮的火苗闪烁跳跃。印度教教徒把樟脑燃烧的火苗看作神灵的标志，信徒会用手指从火苗上划过，接着碰触闭上的眼睛。他们认为人类灵魂就在眼睛里，试图如此这般把火苗中的神灵传送到自己的灵魂中。

---

1 味论（Gandhasastra），是古代印度很重要的一门学问，涉及舞蹈、喜剧、诗歌，但和香料及香味关系不大。本书作者有望文生义之嫌。——编注

樟脑在欧洲并不神圣，但它作为药物享有盛名。正如18世纪一位作家所写，人们用它来治疗瘟疫、牙痛、各种原因引起的发烧以及梦游症，还治疗忧郁、胡思乱想和产后躁郁。至于它的来源，欧洲人莫衷一是。有人认为这其实是炼金术士的合成产物，其他人又认为樟脑来自土壤，更有人声称，当某种树被闪电劈中时，樟脑凭空出现。

最后人们查清楚，樟脑树生长在印度尼西亚，尤其是苏门答腊岛上。游客沿着它的轨迹寻找，最终呈现在他们面前的是一片完全陌生而新奇的世界。

苏门答腊岛上的巴塔克人在森林里寻找樟脑。巴塔克是高度文明的民族，掌握了一种利用蜡在昂贵织物上做出精致图案的巴塔克印花法，这项工艺堪称完美。巴塔克人都是充满艺术细胞的手工业者和音乐家，还拥有自己的文字。另外一方面，人们还知道他们有一个不甚美好的习俗——吃人。所以，他们在1907年投降之前，与征服苏门答腊岛的荷兰人进行了长达十年之久的艰苦卓绝的游击战。

1840年，被誉为“前往东方的洪堡”的德国地理学家、自然科学家弗朗茨·威廉·容洪（1809—1864）受荷兰人委托，造访当时还没有臣服的巴塔克族人。他在那里绘制地图，并描绘了当地充满艺术感的山形墙房子、勤劳的女人、懒惰的男人、语言和文字，以及他们的食人风俗。他拼尽全力阻止村庄首领想把他和整个探险队全部吃掉的企图。

早些时候，巴塔克人把樟脑塞进砍下的敌人首级中，绝不是为了便于保存，而是想让敌人的意志始终活着，始终处于他们的控制之下。当人们把樟脑放在太阳底下时，樟脑状态的变化给人一种它拥有灵魂的错觉。因为晶体不会融化，只会蒸发，所以樟脑最后在空气中散发出一阵极有渗透力的香气。

在身居高位的人，比如他们称为拉贾（Radjah）的村落首领的葬礼上，樟脑将发挥它最重要的功能。一位族长死了，会先被安放在灵床上，身上撒下大米，接着他们在尸体上撒下大量樟脑。因为棺材通常由一根树干切割而成，棺椁完工前他会一直躺在灵床上，而且只有等去世时撒下的大米熟化以后才能真正入殓。人们每天不断添加樟脑，尽量保持尸身不腐，同时掩盖尸体发出的难闻气味。樟脑是葬礼开销最大的一部分。容洪认为葬礼中使用樟脑太浪费了，于是他当着人家的面计算，如果把这些樟脑卖到欧洲能获得多少利润。苏门答腊的樟脑售价为每磅25古尔登。古尔登是一种金币，重量为3.5克。这也就意味着1磅，也就是大约500克樟脑在1840年时相当于约90克纯金，按照当时金价折合将近3000欧元。而樟脑在太阳下很快就会蒸发消失，一次贵族葬礼上肯定有好几磅贵重的物质烟消云散，所以我们很容易理解容洪为什么会如此激动。

樟脑是樟树的产物，它含在树木里面。当树木出现裂痕，这种物质开始变硬形成结晶。裂痕可能源于印度尼西亚频发的地震。在岛上的雨林里，这种树长得零零落落，所以要找到它们并非易事。一组巴塔克人在一位族长的带领下进入危机四伏的森林，那里有老虎四下逡巡。随从中会有一位对自然环境了如指掌的“千里眼”，他和灵魂世界的联系也很多。长途跋涉后，他们会建造一所小木屋，设立樟脑神灵的祭坛，为它献上蒌叶和姜，接着这些人就往回撤。“千里眼”服用致幻药品，沉浸在恍惚状态中，在梦中尝试联系樟脑神灵，祈求神灵指出樟树的方向。梦中一位有着樟树树皮一样的褐色皮肤的女人现身，她走上前来递给他一碗米。“千里眼”醒过来时便知道哪里能找到大量樟树。随后整个小组出动寻找。如果他们找到樟脑并且收获颇丰，便会庆祝成功。如果没有的话，“千里眼”又会从头开始重复一遍这个过程。

巴塔克人认为樟脑拥有生命，既看得见听得见，也能思考。所以巴塔克人只要在森林里，就会说一种特殊的语言，而巴塔克语中的樟脑——也就是kampur——一词绝不能出现。一旦人们在森林里说到樟脑，该物质就能够感觉到，并预见人们的行为，然后立即消失得无影无踪。樟脑能看能听，有点像捕猎时躲藏起来的野兽，这种认识流传甚远，尤其全世界矿山地区的人都这样认为。

他们会把收获的一小部分樟脑碎块卖给阿拉伯、中国或者荷兰的商人，接着它们被转手出口到欧洲、印度和波斯。巴塔克人自己使用绝大部分，而且至今依然如此。他们一如既往地生活在围绕着多巴湖的苏门答腊岛北部偏远的森林里。

欧洲人也使用樟脑，它除了适用于很多病症以外，还可以用来保存尸体（自然只限于博物馆和生物学收藏品）。和200年前已经开始的做法一样，生物学上收集昆虫和剥制鸟类标本到今天都是用樟脑来防腐保存的。能让人类尸体和头颅防腐的物质，同样也可以防止动物标本腐烂变质。樟脑在其他方面的应用更加广泛。19世纪时人们发现利用樟脑可以让一种新发现的物质，即硝化纤维素发生改变，从而让其形状变得可塑。樟脑于是转化成为第一批塑料——也就是赛璐珞——的塑化剂。人们用赛璐珞制作梳子、玩具、台球、钢琴键以及电影胶片。这种合成物质替代了很多昂贵的原材料，比如象牙、兽角或者龟壳。

欧洲人钟爱电影艺术以及许多其他用赛璐珞制成的物品，而制作1000克赛璐珞需要300克樟脑，所以他们千方百计想弄到更多樟脑。人们不断改进萃取方法，并开始使用其他树木，尽管它们的樟脑价值差一点，但毕竟可用。台湾岛和苏门答腊岛、瓜哇岛以及其他一些岛屿一样生长着许多樟树。受雇的樟脑采集者在雨林里寻找樟树，砍伐后把树干锯成小块，用蒸气蒸馏来提高其中樟脑的产量。许多伐木工人为此丧命，不仅仅因为台湾岛和苏门答腊岛、瓜哇岛一样，丛林里盘踞着不少老虎，更因为他们会遭遇好战的岛民。

正因如此，化学家们致力于研究出更容易得到的物质，来替代这种代价高昂的东西。第一个成功的是马赛兰·贝特洛（1827—1907）。贝特洛是当时最著名的法国科学家之一。他经常出没于巴黎上流社会，拥有一位美貌绝伦的妻子。名作家埃德蒙·德·龚古尔拜访贝特洛时曾评价她的美貌“令人沉醉，充满魔力”，就好像她根本不是来自凡俗世间。

尽管有六个孩子，贝特洛先生仍然有时间去追逐名望，他想要成为他这个时代的拉瓦锡。安托万·德·拉瓦锡（1743—1794）是赫赫有名的法国化学家，他奠定了化学科学的新基础。贝特洛拥有令老师都震惊的理解力，身体健康，极其勤奋，记忆力超强，期望有机会大展宏图。所以他每天都泡在实验室里，是一名极具创新精神的实验者，他放松时读的都是柏拉图的原文著作。

尽管拥有众多优点和天赋，但贝特洛犯下了一个错误：他过分固执地坚信个人优势，所以对任何源自他人的新观念都持怀疑态度，多数时候认为对方一派胡言。所以他把克库勒的苯分子方程式说成是神秘玄学，最后甚至和元素周期表作对。

结果他把自己和化学研究的主流隔离开了，很快发现自己尽管悠闲，但处于根本不受关注的一潭死水中，他相当于划船转圈，根本无法前进。而同乡们对此毫不在意，始终觉得他就是一个天才，对他顶礼膜拜。贝特洛看上去就是法国人的典范。他一生挚爱的妻子长期卧病后，于1907年香消玉殒，这个沉重的打击让他晕厥在沙发上，也从此长眠不醒。法国人深受感动，把他俩并排安葬在先贤祠。

贝特洛作为化学家最大的贡献在于有机合成领域。他创造了一个新的词语来对应分析。在他那个时代，相比化学合成，化学分析已经得到了长足发展，而合成主要是要找出哪些原材料、哪些物质元素能合成一种物质。所以合成实际上是用原材料生产出一种新物质。在贝特洛看来这恰恰是该学科的独特之处：化学能够创造事物。不像生物学或者地质学从自然界里拿取某样东西，它凭借自身生产出新东西。贝特洛通过几项成功的合成令世人肃然起敬，他的作家朋友厄内斯特·勒南甚至认为他能够分解和重新组合原子。

在贝特洛的时代，很多人认为从生物体上取出的物质，比如树脂、糖或者脂肪都来源于一种特别的生命力，因此在实验室里不可能再现。贝特洛反对这种观点。相反，他给了化学一个极端目标，即所有纯天然物质都可以通过化学方法再度获得。他预见到2000年，所有食品和奢侈品都可以人工合成生产。人类可以彻底放弃农耕和畜牧业，从而最终废除不人道的动物屠宰。大家只以水、空气和二氧化碳为原材料，用化学方式就能合成食品。他认为实现化学梦想所需的无尽的能量源自地热和太阳能。到那时，社会主义理想便能够最终实现，当然，前提是人们还能够发展“精神化学”，让全人类更加和平……

大自然就此卸下为全人类提供食粮的重负。人们在园地里劳作纯粹为了享受快乐。对能够想象出合成物质乐园的人来说，有一点是肯定的，即樟脑这类物质既没有神灵的魔力，也不是灵性的来源，要得到它甚至都不需要有特别生命力。贝特洛更加确信地认为：“人们完全可以在实验室里生产出和无机世界一模一样的物质。”

他的说法确凿无疑：他成功地利用人们蒸馏松脂而获得的松节油，加上盐酸合成了和樟脑非常相似的产品——盐酸松油萜。接下来贝特洛就由盐酸松油萜合成了樟脑。虽然这还不是百分百从基本元素中完整合成，实现最后一步的是芬兰化学家古斯塔夫·康帕（1867—1949）。不管怎样，贝特洛为实现樟脑的工业化量产扫清了道路。人们之后只需用松脂就可以得到樟脑，这种原材料在法国并不稀少——法国北部沿海种植了大量对生长环境并不挑剔的海岸松，用来阻止沙丘流失。然而人工樟脑合成工业主要在德国。拜耳先灵医药和法本化学公司很快制造出成吨的人造樟脑。

这引发了全球效应。和印度尼西亚樟脑相关的远东生意几乎完全成了牺牲品。垄断集团全军覆没，十多年来靠樟脑赚得盆满钵满的公司旋即宣布破产。而赛璐珞工业生产的瓶颈被彻底打破，人们生产电影胶片、梳子和玩具的规模越来越大，直到人们又逐渐淘汰了它，因为赛璐珞有易燃的致命弱点。它如此易燃易爆，以至于都可以被当作炸药，事实上也真有人这么做。现代社会中赛璐珞早就被其他风险系数更小的合成材料替代，只有乒乓球自始至终使用这种材料[1]。

我们无从得知樟脑在今天的苏门答腊岛，在巴塔克人中间是否还是灵魂物质。我曾经多次询问过在那里的传教士、和巴塔克人长期生活在一起的人类学家约翰·安格勒，他肯定地对我说，巴塔克人还是一如既往用樟脑来保存尸体，只是改用人工合成的了，那里还能买到樟脑粉和消毒剂。樟树很稀有，据他所知樟树也不再吸引巴塔克人进入丛林寻找。另外一种芳香的树木产品安息香，则一直以来只能在苏门答腊岛上的森林里采集。

印度也依然使用樟脑，想必也是人工合成的。它在当地的意义始终远远超过普通物质。在奉赐印度教诸神时，婆罗门除了用鲜花、黄金和宝石装饰寺庙，还会燃烧樟脑，并专门用一个词——阿拉提（arati）来形容燃

1 目前多数乒乓球也不再使用赛璐珞材料。——编注

烧时跳跃的火焰，这永远贯穿仪式的高潮部分。它的光芒和香味向信徒们展现神迹的存在。直到今天，火光明亮，气味芬芳，燃烧后不留丝毫残渣的樟脑对于教徒们来说始终是他们和神灵相通的一种标志。

炼金术士的化学

化学离开森林进入城市以后，发生了巨大变化，成了专业精英的事务。在寺庙、修道院和城堡里进行化学研究的时代，它被称为炼金术。这名字至少部分源自阿拉伯。不同于森林里的化学主要依靠口口相传，炼金术有文字记载并以这种方式得以传承。这其中不仅有经过验证的配方，还有相关知识和研究记录。物质及其变化被看作务必要解开的谜团。为什么烈火能将灰烬碎屑变成闪闪发亮的金属？为什么人们能常常在金属矿石中找到硫？蒸馏管、烧瓶和坩埚里到底发生了什么？早期人们用特别的标志来描述物质及其转变过程。在传统炼金术中，宗教和科学也没有明显的界限，从特定方面来说，炼金术本身就是一种宗教。新入门的学徒需要通过点金石来拯救自我和世界。自我救赎的观点与基督教尖锐对立，因为后者的教义强调被上帝救赎。尽管炼金术曾竭力去适应，但终究和自成一体的基督教难以调和，炼金术士总被看作异端，至少名声不佳。

炼金术士和魔鬼缔结同盟的传说一直在流传。据说帕拉策尔苏斯就把魔鬼封存在宝剑手柄里，而炼金术士莱昂哈德·特恩奈瑟尔（1531—1595）则将它封存在戒指中。在魔鬼封印协定过期失效之后，魔鬼于1539年把炼金术士约翰·乔治·浮士德[1]带进地狱，并当时就亲手拧断了他的脖子。谁会怀疑这些呢？浮士德在一次炼金实验中丧生的列文客栈，位于今天的弗莱堡附近，至今依然完好。如今人们在浮士德的房间里，一边喝着啤酒，一边饶有兴致地聆听这古老的传说。

尽管炼金术士们被同时代的人百般怀疑，但绝不意味着他们是一帮恶人。哪怕他们中间有一两个招摇撞骗，有些也的确为非作歹，但绝大多数炼金术士都想用技艺造福大众。无论在西方还是东方，大部分炼金术士都有着相当高的道德水准。

炼金术士不仅仅活跃在欧洲，古中国和古印度也有炼金术，同样有上千年的历史。

1　歌德著名悲剧《浮士德》的人物原型。——译注

朱砂和砷

中国的炼金术和道教联系密切。道家学说是中国古代哲学，它建议人们面对生命的无常时拥有一种超然淡泊的心态。它强调变化，人们不应该担忧变化，更要从容接纳自身改变。生活在公元前6世纪的老子，在他所撰写的道家专著《道德经》中就赞美了水。

炼金术里面的化学过程正是围绕“变化”展开，因此道家弟子必定非常看重这门学说。今天中国人还把这门学科称为“变化之学”——化学。最著名的道家炼金术士是葛洪，生活在公元281年至361年，大约和罗马皇帝康斯坦丁大帝生活在同一个时期。

道教中吸取了很多古老民间宗教元素，信奉万物可变是道教的标志。葛洪说："高山为渊、深谷为陵，此亦大物之变化。变化者，乃天地之自然，何为嫌金银之不可以异物作乎。"[1]对此表示质疑的人，葛洪认为这正好暴露了其自身的局限性："狭观近识，桎梏巢穴……以周、孔不说，坟籍不载，一切谓为不然，不亦陋哉。"[2]

其实，葛洪通过炼金术虽然并没有得到真金，却制造出精美的黄金替代品，即所谓的伪金，现在画框上还在使用这种材料镀金。伪金是一种锡化合物，炼金术士们曾准确描述过其制作过程。葛洪大师其实对人工黄金没兴趣，而更想用它制作长生不死的仙丹。他信心十足地宣称："（世人）俱不信不求之…… 假令不能决意，信命之可延，仙之可得，亦何惜於试之。试之小效，但使得二三百岁，不犹愈於凡人之少夭乎？"[3]

1 出自《抱朴子·内篇·黄白》。——译注
2 同上。
3 出自《抱朴子·内篇·金丹》。——译注

200年或300年，这的确是一种美好的开端。鉴于人类的平均寿命，倘若葛洪的想法真能实现，我们会生活在一个全然不同的世界，不仅能和祖父母、曾祖父母生活在一起，甚至还有曾曾曾曾曾祖父母。

这是西方炼金术和中国炼金术的关键区别。对于基督教，也包括阿拉伯炼金术士来说，长生不死并非他们致力的目标，因为长生不死违背他们占支配地位的宗教观念。基督教和伊斯兰教都认为人类死亡符合上帝或真主的意愿，一个人死后，唯有上帝或真主才有权宣判他获得永生，还是被送进永恒的地狱。

葛洪对这些内容一概不知，和众多道家弟子一样，他炼金的主要任务就是寻找不死仙丹。他不仅坚信仙丹可成，而且认为长生也并非妄想，不过是真正的大师所拥有的多种特质和能力之一。大师们还能隐形、通灵、腾云驾雾。正如葛洪所说："高不可登，深不可测。乘流光，策飞景，凌六虚，贯涵溶。出乎无上，入乎无下。”[1]也许只有人们认为葛洪预见到了相对论和量子物理学，才好理解这些玄之又玄的语句。

要拥有这样的能力，首先要经过悉心准备。并不是任何人一时兴起，想遨游四海八方或者驾驭流光，就能拥有这项神技。也许这么说更确切，拥有这种能力的人上应星象，出生时就已不凡，只有星空的宠儿才能得道成为宗师。炼金术士修行的地点也和星象一样，会有决定性影响。葛洪建议要与世隔绝，不要在宫中或闹市，只能在幽深僻静的大自然中修炼仙丹。所以中国的道家都崇尚自然，远离都市。葛洪钟爱高山，把实验室建在深山老林。其实长期以来他都是生活在洞穴里的隐居者。唯有离群索居，才能内心宁静，若不能内心虚无清净，炼丹便难以成功。按照道家的观念，力量于事无补，只有无为才能成功解决其中的矛盾，以极简但与其内共鸣的手法去掌控世界能量的核心。

恰当的星宿和恰当的山川都是先决条件，但这还远

---

1 出自《抱朴子·内篇·畅玄》。——译注

远不够，内心的锤炼不可或缺。道士们需要斋戒100天，部分道士甚至声称只吸风饮露。相反，葛洪劝诫不要禁欲，因为禁欲让人内心烦躁。

基督教道德上严格的清规戒律，让西方炼金术更像是歪门邪道，在古老的中国则没有类似的内容。然而对公正和至诚的追求对道家炼金术士来说始终意义重大，一个没有良知的灵魂绝不可能达到开悟的境界。竭力追求权力和财富的人，心绪难宁，修为也难以成功。道家炼金术士要置身于世界进程的中心，最主要的前提条件是他对于世上万事万物的博爱，无论对爬虫类，还是低贱及丑陋的事物都一视同仁。因为如果没有博爱之心，人怎么能悟道呢?

直到今天，道士仍笃信神灵和灵魂的存在，必须通过献上供品和香烛来侍奉它们。可以看到，中国的炼金术士们绝不仅仅穿上白大褂，鼻梁上架副眼镜，而且是有极高的精神追求。道家炼金术士修炼时需要哪些材料呢？选择可谓五花八门。中国文化发明出许多物质和化学反应，很多在当时西方国家闻所未闻，比如瓷器、纸张、油漆和酱油。而有些矿物和金属在东方也比在西方更常见。所以，和欧洲人相比中国人更早了解锌元素。东方人也更早开始使用水银，以及一种异常重要的矿石——朱砂。

中国炼金术士的实验大多集中在少数几种物质上。值得一提的是源于植物的毒品，它们常常无法被鉴定出来。因为按照道家说法，它们在丛林深处突然出现。人们尚不清楚这些植物能把人类意识状态改变到什么样的程度，只是乐于服用而已。因为在修炼仙丹时需要致幻的物质，比如切得很精细的毒蝇蕈。这就不难理解为什么有大量中国炼金术士白日飞升之说了，那是吃下毒蝇蕈后产生的飞行幻觉所致。

在矿物质中，他们喜欢用朱砂、雄黄和雌黄。后两者是两种砷化合物。他们还喜欢用孔雀石、硫黄、云母和硝石。葛洪用得最多的是水银。水银是炼制不老仙丹必用的物质。按照我们今天的理解，朱砂实际上是水银和硫的化合物。如果加热朱砂，它又会变成水银。葛洪大师这样解释彼此的联系："凡草木烧之即烬，而丹砂烧之成水银，积变又还成丹砂，其去凡草木亦远矣。故能令人长生。"[1]

从灰烬中重新生成金属，水银的化学反应似乎暗示着死而复生。这听起来似乎非常有说服力，毕竟朱砂像是一种没有生命力的粉末，而水银生机勃勃，能落下，能碎成上千个小水银珠并滚来滚去。

今天，我们知道水银无论在许多化合物中，还是以纯水银的方式存在，毒性都非常强。朱砂因为几乎不溶于水，危险系数小一些。可葛洪大师恰恰建议大家用它来作为延年益寿的药物。总体说来，朱砂在中国古代炼金术中占据举足轻重的地位。所以人们给尚未长出羽毛的雏鸟喂食红肉和朱砂，这样鸟儿的羽毛就会染上红色。之后鸟儿被杀死，羽毛被拔掉，羽毛和晒干的身体研磨成粉，据说服下的人能活500年。

---

1 出自《抱朴子·内篇·金丹》。——译注

我们今天已经知道了中国炼金术士配制药剂里砷和水银的毒性，也听说了这些山林隐士学者对长生不死的执着追求，当然尽可以嘲笑这些“学者”无知。其实，我们更应该为自己只知其一不知其二而感到羞愧！是的，高剂量的砷和水银有剧毒，会让人患重病甚至丧命。但这绝不意味着它们只有毒性，某些情况下它们能带来积极的效果。

在欧洲很多地方的人也清楚这种疗效。奥地利的施蒂利亚在20世纪时流行过所谓“砷食”。无论男女都经常食用一小撮有毒的砷，大多撒在黄油面包上，既让他们更容易承受高海拔山地的日常工作压力，又让外表显得更年轻和更强壮！他们还会给动物，尤其是马喂食砷，这是马贩子们最有效的伎俩之一，老马吃了以后会变得年轻健壮。生活在施蒂利亚的人们后来才慢慢戒掉砷。最著名的施蒂利亚人阿诺德·施瓦辛格，他的一身肌肉应该也是借助了药物的作用。

服用过砷和水银的人死后尸身不会迅速腐烂，相反还可能保存得相当完好，因为连分解尸体的细菌都难以侵入这有毒环境。这对于道家弟子来说，完全可能是不老仙丹药效的证明。大师定时服用丹药，最终还是仙逝，但至少尸体不腐，看上去容颜栩栩如生。也许他只是暂时灵魂出窍，魂魄很快会归来？

葛洪大师吃遍所有推荐给别人的药剂，最后活到80岁，至少他的传记里是这么记载的。按照他弟子的说法，他已长生不死，飞升上清。

中国炼金术士们完全不懂化学进程的真正理论，但他们会去思索自己的所见所闻。所以，中国炼金术士用传统阴阳学说来解释所有进程。阴阳为两极，来自传统的气。阴阳最初分别代表一座山的阴面和阳面。由此延伸出了普遍适用的学说，月亮代表女性（阴），太阳代表男性（阳），两者构成一个意义丰富的整体。西方炼金术也有类似事物，以雌雄同体的双性人赫马佛洛狄忒斯为标志，强调两性本源的互动。阳性本源显示为太阳、炎热、光明、火焰、空气、鸟类和积极属性，而阴性本源显示为月亮、寒冷、黑暗、水流、鱼儿和被动属性。阴阳相合，取得平衡。对中国人来说，他们的皇帝作为上天和人间的传话者尤为重要，他要一肩挑起调节阴阳平衡的责任。按照道家思想，阳气太重将导致干旱，而阴气太盛则洪水泛滥。

化学物质也会按照阴阳两极属性来划分。硫属性干燥，性质活泼，属阳性。水银是液体，就跟水一样阴柔。两者互补形成一个和谐整体——朱砂。

道士是出类拔萃的艺术家，只用寥寥数笔就能勾勒出名山大川。道家奉行极简主义，始终顺应环境而行事。也就是说不强求，不施压，而是营造一种环境，顺其自然，这样想要的东西自然会出现。这些现代早期的炼金术士和冶炼匠人，抱持着极简主义的方式，在熊熊燃烧的火炉中用文火焙熟金属！道家的观念是绝不强求。好比烹制小鲜，切忌反复翻动。

和西方炼金术不同的是，中国炼金术并没有过渡到

火藥
瓷
火药
瓷器
紙
醬油
纸张
酱油

现代化学。相反，一方面中国炼金术士们越来越多地关注冥想，探寻进入内心世界的途径；另一方面，传统中医继承了炼金士的衣钵，仍沿用炼金士的物质来治病。顾建伟[1]，一位在我们这儿工作了好几年、来自中国上海的化学家告诉我们，中国直到今天还用小剂量的朱砂入药。“但这只是整个药方中很小的一部分，”他说，“传统中医药方往往有上百种材料，朱砂有镇定作用，能缓解失眠症状。”砷化合物在中国还是很受欢迎的。建伟从中国旅行回来，就带了一包含有砷和水银的药物。外包装上画了一只有趣的长颈鹿形象，这种红色小颗粒状的药物是儿童用的，含有微量砷和水银。

这种配方绝非无效。在欧洲，水银化合物长期以来都被用以治疗梅毒，这是一种非常严重的性病。洒尔佛散，德国生产的第一种有效的抗菌药，也是一种砷化合物。某些情况下，这些物质对健康的确有益，即使它们无法让人永生，但也能将死期推迟。当然，反复服用这

1 原文为Jianwei Gu，此处为音译。——译注

种药物所产生的副作用相当大。今天这些药剂在西方被摒弃的原因正在于此，而不是像大家普遍认为的那样，以为它们没有效用。

那些来自中国的物质发明

◆◆◆

火药：最初也许是中国寻找不死灵药的炼金术士发明的。

瓷器：中国早在2000多年前就发明了瓷器。

纸张：利用植物纤维生产制作纸张是中国的发明。埃及人早就知道用沼泽灌木纸莎草能做出纸张。而用木头造纸，也就是我们现在大规模造纸的方法则是受马蜂的启发。

酱油：在中国酱油有2500年的历史，最初是人们从加了盐的发霉黄豆中得来的。

秘方

“在我与他来往的两年时间里，他从早到晚都是醉醺醺的，生活奢侈，罕有一两个小时是清醒的。但即使酩酊大醉之后回家，向我口授哲学理论时，他却立即清醒如常，思维之缜密非常人所及。”巴塞尔印刷工人约翰内斯·海普斯特1555年11月26日在他那封世人皆知的信件中这样描绘他的导师帕拉策尔苏斯。海普斯特自称奥普利奴斯（这是海普斯特的希腊语叫法）。奥普利奴斯长期担任帕拉策尔苏斯的助手，并将其多部作品翻译成拉丁语。

帕拉策尔苏斯生于1493年，卒于1541年。同时代的人以及后人对他的评价呈两极分化。一部分人将他看作是医疗改革者和自然科学家，故而对他顶礼膜拜；另一部分人则认为他信口雌黄，一直对他加以迫害，只差没有对这位“与魔鬼结盟的邪恶法师”施以火刑。

帕拉策尔苏斯生活在变革的时代，在他出生时，哥伦布正扬帆驶向美洲，而当他去世时，路德的宗教改革将基督教世界分成两个敌对的阵营。正如我们所听说的，在他短暂而卓越的一生中，酒精扮演了重要角色。酒和酒鬼来自各个阶层。帕拉策尔苏斯出身于南德霍恩海姆的一个贵族家庭，早年由父亲引领进入了炼金术行业。这成为他日复一日的工作，并投入大量的时间。正如他的学生所说：“他的炉灶永不熄灭，一会儿熬煮强碱，一会儿蒸馏硫酸，我也不知道那锅汤里到底煮着什么。”

经考证，他本人的真实肖像有两张。他在这两张肖像中都面色凝重，硕大的脑袋上长着一圈稀疏的头发。他似乎有点驼背，还有点口吃。

帕拉策尔苏斯撰写了246本书，几乎全部在路上或在小酒馆里完成，因为他始终在路上。他是如何做到的呢？帕拉策尔苏斯善于把注意力聚焦在核心事务上。而庸人们往往把时间荒废在俗事上！帕拉策尔苏斯有着区分重要和非重要事务的天才眼光。他甚至彻底摒弃穿衣脱衣这些琐事，穿着大衣和靴子，甚至佩带刀剑上床睡觉。他的睡眠时间很短，每天大约三个小时。“他特别勤奋，睡眠少，穿着靴子佩戴马刺在床上躺三个小时，然后又开始写作。”这是朋友约翰内斯·瑞庭勒对他的描述。此外，他总是直言不讳，如他自己所称，这也省去不少时间，可惜他为此付出了失去巴塞尔教授职位的代价。他毫不掩饰对学院里的同事们的看法，认为他们一无是处。为了表明态度，他还不假思索地把同事们眼中神圣的书籍扔进火里。此举彻底激怒了老派医学家和药剂师们，他们一起把这忤逆的家伙赶出这座城市。这发生在1528年2月，从那以后，帕拉策尔苏斯成了四处流浪的医师、传教士和作家，他在每个地方逗留时间都不超过几个月。

帕拉策尔苏斯的医学建立在宏观宇宙学的视角上。他把人看作一个小宇宙或小世界，是宏观世界或大宇宙的镜像。每个人从生到死都和宇宙紧紧联系在一起。帕拉策尔苏斯使得星相学在医学中占有重要一席，他认为许多大地上的，尤其和气候相关的效应都应该归因于星象。在帕拉策尔苏斯的眼里，整个世界是一个内在活跃的整体。既然充满活力的神灵创造了世界，世界上怎么会有死的东西呢？所有事物都活在他的想象世界中，无论星辰还是金属，其生命是具象化的，而绝不只是“引申意义上的”。既然活着，就要吃喝、消化和排泄。帕拉策尔苏斯认为星辰的排泄物就是露珠，我们都知道，露珠更容易出现在明净无云、星光璀璨的夜空里。而铁锈或者铜绿锈正是金属的排泄物。

人类处于上帝所创造的世界的中央。创世就是以人为目的，上帝会通过其他的造物来和人类交流。帕拉策尔苏斯的神不仅通过书面来宣告，也在自然界中展露自己。帕拉策尔苏斯认为，通过植物的形状和颜色就能辨认出它们能治疗哪些疾病，比如疗肺草上布满白色斑点，让人不由联想到人的肺部，事实上它的确可以治疗肺病。当然，实际上人们辨认植物或矿物的疗效并没有规律可循。

在炼金术士的眼里，上帝为人类创造了世界，但这世界并不完美。所以人类肩负让地球变得更美好的使命。人类好比介于神和其他万物之间的半神。而其中起到首要作用的就是炼金术，它用火将矿砂变成金属，并烹饪食物以及制作药物。大自然就好比炼金术士，它让金属、植物以及动物得以生长，而人类炼金术士的工作则是将自然界已经准备好的事物进一步推向前进。

帕拉策尔苏斯还提出了一个普遍性的中心理论，认为“无物不毒”。而炼金术士和药剂师一样，任务就是要采用萃取和蒸馏的方法去除毒素。人体里进行的也无非是这样的流程，正如帕拉策尔苏斯所说，人的胃相当

帕拉策尔苏斯相信元素精灵的存在，比如空气精灵西尔芙、沐浴女神宁斐、地精格诺姆和火蜥蜴萨拉曼达。他解释说，他所获的一部分知识得益于他们。

于“体内炼金术士”，它完成分离和排出毒素的工作。在他看来，药物的作用往往像磁铁一样把毒素吸住，让它不会危害人体。

既然天底下没有完全无毒的东西，反过来，按照帕拉策尔苏斯的观念，也就没有绝对有毒的事物。因为任何东西总会是某些生物，或者某种生物的食物。更准确地说，事实上许多毒素只对某些器官，而不会对生物体所有器官都有毒。尽管如此，这种说法也不一定绝对正确，今天已发现有些物质对所有生物致命。毒素和非毒素的划分是相对的，这能够促使人类发明新药。对于帕拉策尔苏斯来说，毒素并非生命的敌人，而更多是生物学意义上的特殊物质，能帮助我们治疗某些疾病。

在测试新药时他从不设限。他也是建议把汞盐用在药物上的第一人。我们今天知道，汞盐对一些特定的传染病尤其有效，直到20世纪人们还在用它。帕拉策尔苏斯很清楚药物加入水银的危险性，但这并没有阻挡他去尝试在特定情况下将其入药。其实，汞盐和许多现代药物原理相同，比如化疗虽然伤害到人的整个机体，然而它能更有效攻击病灶，总体来说，它对患者利大于弊。

在尚未研制出副作用更小的新药的情况下，我们至今沿用帕拉策尔苏斯的诸多药方。

如果没有显著疗效，帕拉策尔苏斯也不可能享有如此高的声望。即便在他过世后上百年，关于他的传说和传奇故事仍不绝于耳。第一次世界大战爆发后，流感席卷奥地利，人们还组织了前往萨尔斯堡帕拉策尔苏斯墓地的朝圣之旅。萨尔斯堡当年被流感疫区包围却不受疾病侵袭，因此对于朝圣者来说意义非凡。

现代化学家和化学历史学家不知该如何定义这位古怪的人。读他的作品，一旦习惯其艰涩的语言，就会发现他思路清晰，内容深入浅出，易于理解。虽然可能我们并不认同他所有的结论，但他为现代化学指出了一条全新道路。尽管他坚信可以实现炼制黄金，但他认为化学绝不仅仅研究炼金法。此外，他让化学变得更加宽泛完整。化学家要更专注于生产有效药物，这些药物就是帕拉策尔苏斯所称的秘方。这个过程中他不仅从书本中寻找依据，更借助实践经验，同时咨询一些能以某种方式接触人体的人群，比如澡堂管理员、军队外科医生、采草药的女人以及行刑者。

帕拉策尔苏斯对纯粹的书本知识不以为然。他将现代"实践至上"原则放在首位。人们要深入，要尝试！他的知识就不是来源于书本："亲爱的人们，你们觉得动物们是如何学会各种技艺的呢？大自然教会了野性的动物们，更教会了我们人类！"他孜孜不倦地寻求新的经验，这也是他选择不稳定流浪生活的理由："这些技艺既不可能从别处继承，书上也没有现成的记载，人们需要在全世界范围内探究，从一个地方辗转到另一个地方才能得到它们。"

和书本知识相反，帕拉策尔苏斯认为获得经验不能一蹴而就。他还明确说过，睡眠能扩展日常学到的知识，因为他认为"睡眠能够唤醒人们在清醒状态下无法认识到或者感知到的技艺"。

追随其后的炼金术士们牢记他的教诲，并且自称为帕拉策尔苏斯学派。他的学生队伍始终在壮大，到今天已达到一亿人，因为所有说德语的人都应算入其中。帕拉策尔苏斯最早用德语来教授知识和写作，其文字得到广泛传播，他本人又是有创意和多产的词语发明家，所以他对现代德语语言的形成有持续深远的影响。

许多他发现的事物，古拉丁语里都找不到对应词语。他探索出很多新物质、新疾病，发现了很多新植物，以及新事物之间的联系。他为它们命名，并发挥无穷无尽的想象力。所以，在刚开始面对古老的知识时，帕拉策尔苏斯所要克服的诸多障碍之一就是要克服古代语言造成的隔阂。

帕拉策尔苏斯的发明中最成功的莫过于对词语的创造。现代人，特别是医学家和化学家说的实际上是帕拉策尔苏斯语，这些词语要么是帕拉策尔苏斯发明的，要么是他第一个彻底改造的。他的词汇就好比古老硬币，历经500年时光，但仍保有价值，愈久弥新。这些词语

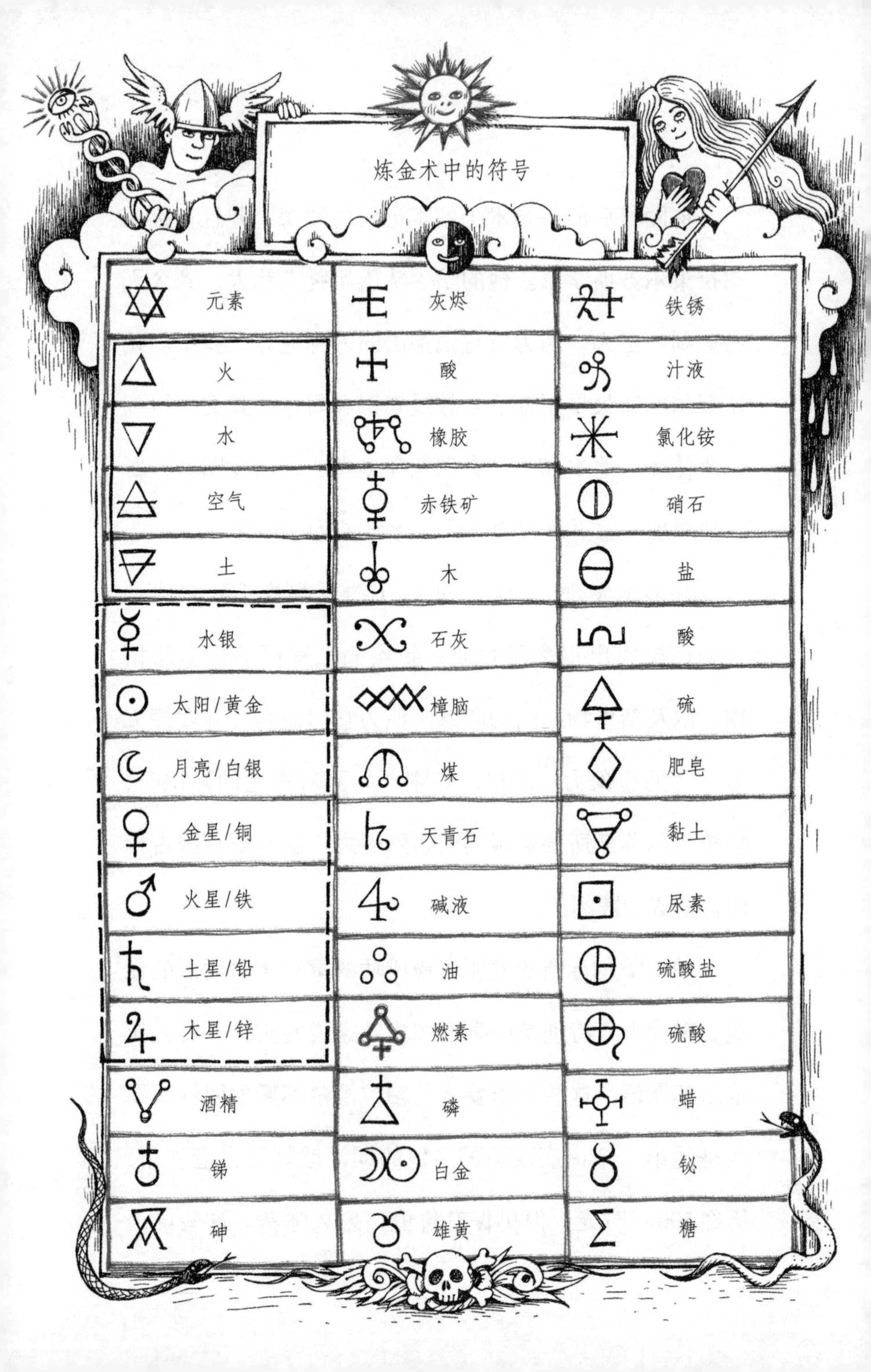
炼金术中的符号
元素
火
水
空气
土
水银
太阳/黄金
月亮/白银
金星/铜
火星/铁
土星/铅
木星/锌
酒精
锑
砷
灰烬
酸
橡胶
赤铁矿
木
石灰
樟脑
煤
天青石
碱液
油
燃素
磷
白金
雄黄
铁锈
汁液
氯化铵
硝石
盐
酸
硫
肥皂
黏土
尿素
硫酸盐
硫酸
蜡
铋
糖

被置于德语其他词语里也毫不扎眼。很多新词比如经验（Erfahrung）、实验（Experiment）、实践的（empirisch）、理论的（theoretisch）和工人（Arbeiter）都可以追溯到他。他用德语、希腊语和拉丁语字母创造出具有全新意义和新形式的词语。这些词语显示出他在探寻自然奥秘时多么有耐心和恒心。即便没有上百个，我们也至少认识几十个医学术语，如妇科病（Frauenkrankheit）、慢性的（chronisch）和胚胎（Embryo）。这些词都是由他发明或者赋予了现代含义。它们展示出他作为医生的能力。

帕拉策尔苏斯珍爱德语，因为它是“一种非常原始的语言，和法语不一样，德语和希腊语、拉丁语、匈牙利语或者哥特语没有关联”。他认为德语比其他欧洲语言更有规律，并且独树一帜，这一点我也深以为然。

帕拉策尔苏斯词汇大部分是化学家使用的语言，因为大量物质名称都由帕拉策尔苏斯定名。今天全世界范围通用的三种元素名称——锌（Zink）、钴（Kobalt）和铋（Wismut）都由他发明，哪怕他本人并没有现代化学元素的概念。

当我们仔细研究帕拉策尔苏斯许多成功的词语创造时，就会产生这样的感觉，仿佛他就是我们中间的一员，一位很现代的自然科学学者。然而，帕拉策尔苏斯也会提到精灵（比如我们并不是很熟悉的空气精灵和水精灵），用它代表元素精神。帕拉策尔苏斯相信，他的不少学识，包括火蜥蜴都得益于元素精神。他不仅生活在实验和实践所构筑的清醒世界里，同时也生活在存在超自然生物和力量的魔力世界中，后者不断侵入日常生活。我们不用相信，也完全不必否认有魔力世界的存在，因为自然界充满奥妙的设想中隐藏着深刻的真相。

帕拉策尔苏斯引入的概念中有一个源于阿拉伯语——酒精（Alkohol）。虽然他知道大量摄入酒精有害，甚至有毒，但他将罪魁祸首归于酒石，就是某些葡萄酒长期储存后会沉淀出来的物质。

明明知道纵酒过度有害，他依然毫无顾虑地灌入大量葡萄酒。“有时他挑战一整桌农民，最后把他们都喝翻了。”他的学生欧波里努斯说。传记作者、医学历史学家卡尔·苏德霍夫猜测帕拉策尔苏斯罹患肝脏疾病。另一种诊断认为他中了水银的毒，这同样极有可能。正如欧波里努斯所说，“他对女人没兴趣”，所以他至死膝下无子。这位虔诚的基督徒立下遗嘱，最后把大部分财产捐给了“贫穷悲苦的农民”。他非常慷慨，其实尚在世时就已把大部分财产施舍给穷人，只留下了被视为贵族骄傲的佩剑、一套银质餐具、几本书、大量手稿和少量现金。他的物质遗产一目了然，而留下的文化遗产不可估量。他活着的时候，只有少量作品被印刷出来，而他长眠以后，他的书渐渐找到了读者，从一位到上百位，最后达到上千位读者。迄今为止，帕拉策尔苏斯的词汇和思想在欧洲历史上产生了空前绝后的伟大影响。

布兰登之火

正如人们所知，夜里能发光的东西并不罕见。萤火虫常在6月出没于丛林和花园里。腐烂肉类和腐尸，包括林间的烂木头在夜里也会点点发光。大海也不时磷光闪闪。现在我们知道那是发光的细菌和真菌在起作用，而古人则认为光亮是灵魂、魔鬼甚至恶魔作祟。毕竟它们往往出现在阴暗的地方。

炼金术士也反复研究这种发光现象，把磷光物质拿在手上时，人们会有一种错觉，认为它一定能把贱金属转变成黄金。不难理解，从内部发光的物质像黄金一样自带光芒。它们吸收太阳的光亮，把它储存起来。在炼金术士的观念中，太阳和黄金同源。

然而自然界的磷光却不持久，短短几天后就变得黯淡失色。英国炼金术士罗伯特·弗拉德（1574—1634）自称曾在暗夜的沼泽中追踪磷火，最后终于追上，伸手去拽时却只握住了一团黏糊糊的东西。另一位炼金术士独自走过荒芜的坟场，同样看到星星鬼火，跑近后壮着胆子抓住，发现手里攥着的不过是一块骨头。

另一方面，炼金术士也成功造出了一种石头，这种石头在阳光下暴晒后，被迅速拿到幽暗的地窖中时，便会在漆黑中发出一会儿光亮。巴尔杜因磷就是这类物质的其中一种，它是阿道夫·巴尔杜因（1632—1682）在萨克森州的格罗森海因发明的。他当时想要生产一种万能溶剂，一种据说能够溶解万物、充满传奇色彩的液体。这其实就是硝酸，它的确可以溶解包括木头在内的许多东西（但绝非所有东西！）。巴尔杜因先在蒸馏器中灼烧酸钙，然后在收集器中收集红色雾状的物质，这便是硝酸。他还发现容器中的残渣在夜里闪闪发光，这种现象让这位炼金术士欣喜若狂。

在一篇名为《赫尔墨斯光之使徒》的论文中，他把新发现称为“光磁石”，因为他相信他的“石头”吸引光恰如磁石吸引铁一样。巴尔杜因写道，这物质就好比传说中普罗米修斯从天上盗得的神火。巴尔杜因的发现“揭开”了此前的许多神秘现象，大家以为自己终于知道为什么月光在夜间那么明亮。当时的人觉得，月亮在白天吸收阳光，在黑暗中又把光亮释放出来！人们想当然地认为，月球就是由这种巴尔杜因制造出来的物质构成的。

巴尔杜因的朋友和对此感兴趣的专业人士们喜出望外。一位名叫约翰·恩哈特的医生坚信炼金术即将实现，并且动情地写下诗句：

新星在此闪耀：我们疾驰在光辉大道。

远方已在眼前：那里挂着金色羊毛！

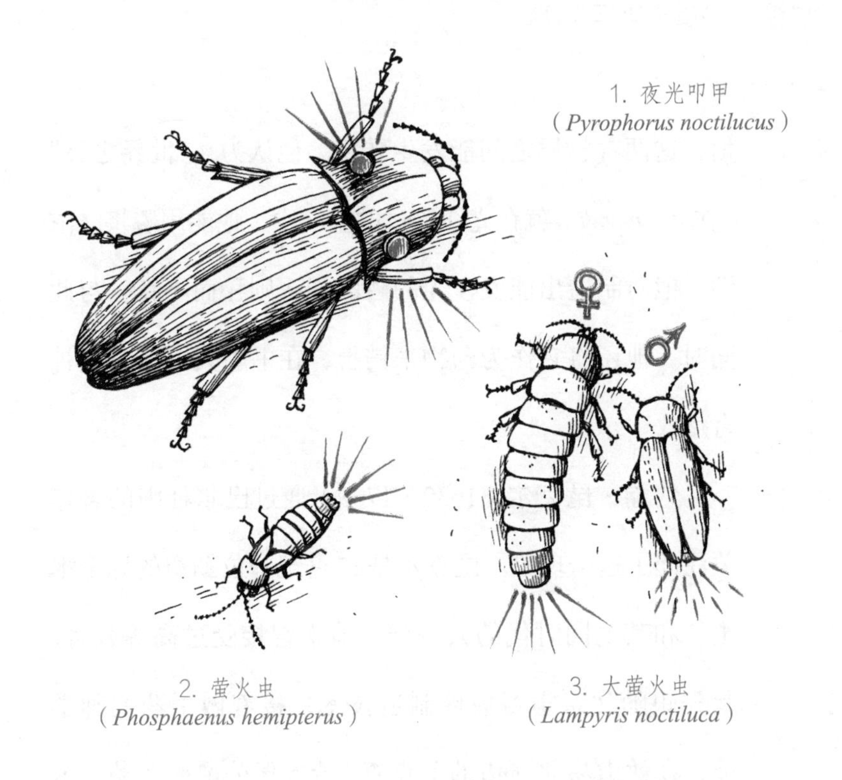

巴尔杜因认为，他的物质吸引了世界之灵，因为他在光亮中辨识出了它们。因为黄金同样光芒四射，所以他认定磷对于制造黄金至关重要。为了进一步宣扬自己的发现，他很快撰写了一本名为《由强弱空气形成的高品质和低品质黄金》（*Aurum superius et inferius, aurae superioris et inferioris*）的著作。仅仅因为拉丁语中，空气（*aura*）和黄金（*aurum*）的写法很相似，巴尔杜因就坚信，这两种物质之间能发生转换。他认为，“世界之灵”（*spiritus mundi*）就在光线流过的空气中，他能用磷将之浓缩。他对制造出能发夜光的磷的方法则秘而不宣。与此同时，他还将它作为药物来销售，在书中大书特书其神奇疗效。

约翰·昆克尔（1630—1703）通过巴尔杜因的著作关注起了这个现象。昆克尔是17世纪一位勤奋的炼金术士。和其他同时代的人一样，他未曾接受过高等教育，起先跟随父亲学习玻璃制造技术，接着做了药剂师学徒，在效力易北河边的萨克森-劳恩堡公爵弗兰茨·卡尔时开启了他辉煌的事业。公爵对“世界之灵”很着迷，下令让昆克尔从暴风雨的雨水中获取它们。当时很多人相信从晨露中也可以获取“世界之灵”。昆克尔照着做了，蒸馏出两大烧瓶雨水，得到了一些带有盐分的残渣。他对这一结果评论道：“月亮女神狄安娜应该能从这灰烬中现身，分娩出身着紫袍的尊贵国王。”如此词句让人们不知所云，确定的一点是，他们试图寻找生产出黄金的物质，但未能如愿。因为根据昆克尔的说法，获得的“狄安娜”没能让“一位农民降生，更别说国王了”。昆克尔继续寻找机会，他先在德累斯顿投靠萨克森选帝侯，再从那儿出发投奔柏林大选帝侯。他在那里发明了一种用黄金把普通玻璃染成紫色的方法。当大选帝侯于1688年去世后，继承人勃兰登堡的弗里德里希三世以昆克尔浪费国家财产为由起诉他，于是他辗转到了瑞典。当地在位的国王赐给他一个贵族头衔，并任命他为矿监。

1676年昆克尔拜访了阿道夫·巴尔杜因，想从他那儿了解关于磷的知识，而且他也坚信巴尔杜因对世界之灵有更深入的认识。昆克尔从一些暗示中偷学了制作方法，让自己的实验助理图兹克效法制作磷。几周以后，昆克尔启程前往汉堡，随身行李里装有几片实验室里研制出来的亮闪闪的氧化钙。当他自鸣得意地展示并讲授这些发光的石头时，听到一位名为布兰登的用火巧匠嘴里吐出“冷火”一词。这位穿着深色服装的绅士对他耳语道，冷火更为明亮，而这正是神秘之火本身，正是点金石。这位擅长钻营的炼金术士迅速和布兰登搭上线，以便把这种磷火也据为己有。一种夜光物质引出了另一种，就好比在森林里用手电筒的光亮引来萤火虫一样。布兰登极不情愿地交出了配方，昆克尔经历数次失败后终于成功造出了新的磷火。在写给布兰登的信件中，他起初还称之为"最信赖的亲密朋友"。很快他觉得时机成熟，要用造出的磷火去蛊惑新的资助者——柏林大选帝侯，于是他再没提到布兰登的名字。特别是当布兰登一再向他请求提供经济支持，令他厌烦以后，昆克尔决定把布兰登这个名字彻底从磷火故事中剔除掉，而标榜自己是新的奇迹物质的发现者。

布兰登到底何许人？

亨利希·布兰登（1630—1692）生活在汉堡的圣米迦勒教堂附近。他曾经当过兵，后来娶了一位腰缠万贯的寡妇，摇身变成一位炼金术士。也许布兰登受到了一位名叫乔凡尼·巴蒂斯塔·布瑞尼的炼金术士在1603年出版的著作《炼金之光晕，金光闪闪的技艺》的启发。这本书一开始就向读者解释，哪里能找到制作点金石的秘诀，哪些材料能把贱金属炼成黄金。作者斩钉截铁地认为，这种材料绝非来自植物或矿物。

它也不会来自动物。尽管有些人认为应该把蟾蜍眼睛拿来蒸馏或者焖煮蝾螈，布瑞尼则认为，材料更多源于人类自身，“因为人就是集植物性、理性和矿物性于一身的动物，包含所有元素，有矿物质和许多毛孔及汗毛孔”。

这该如何理解呢？难道应该蒸馏人而不是蟾蜍？布瑞尼大师暗示：“当人们看到的尿液/完全无法从中看出坚硬的品质以及石头的特性/但却能通过技巧从中生出石头。”正如我们在小便池里见到的，尿液也会形成可怕的尿结石，那么通过炼金术士的技艺，能做出点金石！当然不是每个人的尿液都能做。布瑞尼传授说：“需要这样的尿液/拥有纯粹的品质/因此要来自年轻的健康男孩/他享用的是精美食物和名贵葡萄酒。”也就是所谓童子尿！我们通过他的信件获知，布兰登家里有很多孩子。前面说过了，他和富有的寡妇成婚，寡妇自己还带过来一个儿子。他通过这本《炼金之光晕》，如醍醐灌顶一般决心开始研究“排尿”。布兰登长年拿尿液做各种实验，让一笔不小的家产随之蒸发，家里面也臭气熏天，爆发了不少家庭战争。但所有这些都不值一提，毕竟布兰登完成了一项举世震惊的伟业，在自然科学历史上永远拥有了荣耀的一席。在尿液里，他发现了一种新的夜光物质，而这正是磷，日后被拉瓦锡的实验证实为一种化学元素。

他究竟怎么做到的呢？首先他让尿液继续腐败（呃！），然后烹煮这种浆汁，直到它黏稠得成为黑色浓浆。要实现这一步需要好几千升尿液！最后他把浓浆放到蒸馏瓶里加强热长达16个小时，直到浓浆逐渐转变成“一种红色的液体”。在蒸馏管中出现一种黑色物体，敲碎后呈粉末状。布兰登把它取出来装到一个新的蒸馏瓶中，在它前面连接上一个玻璃烧瓶，并将之灼烧至通红。这个过程中产生了磷，让蒸馏瓶熠熠生辉：

> 在曲颈瓶的最深处，
>
> 它如炭般灼红，
>
> 又如红宝石般璀璨，
>
> 放出闪电刺破黑暗。

歌德后来在《浮士德》中这样描写这一现象。布兰登在1669年确认其发现时就只说到“我的火”。然而火光没有给他带来财富，他晚年穷困潦倒，以至于拿着占卜棍在汉堡的草地上寻找宝藏。他也几乎没有为我们留下关于他的火的文字记载，另一个人成功窃取了本属于他的荣誉。

我们还记得，昆克尔在汉堡用各种许诺游说布兰登，请求他透露生产磷的方式。布兰登只收了几个小钱就把配方给了他，昆克尔还不忘叮嘱他对别人守口如瓶。

昆克尔把磷的秘密纳入囊中后，显得更加左右逢源，他以发明家自居向大家展示这个新物质。他为磷的发现撰写了一篇论文。尽管他没有否认布兰登的存在，并且承认布兰登在他之前就已经制作出了磷，但他声称自己也没有借助任何帮助就发明了该物质，也要被看作合法的发明者。布兰登先生是一个多么悲惨的角色呀！昆克尔在贬低布兰登时不遗余力，说他并非货真价实的博士，也不会拉丁语。恶毒的昆克尔在《化学实验室》一书中写道："这位自称布兰登博士的人，不过是不走运的商人，从事医药方面的工作而已……人们应该怎样看待这样的蹩脚博士呢？他的学位是买来的，对拉丁语一窍不通。"布兰登的一个孩子受了轻伤，昆克尔建议他使用*Oleum cerae*[1]。"然后他便问道：'那是什么玩意儿？'我回答说：'蜡油啊。'他便操起汉堡口音说：'是的，是的，那是合适的。'从那以后，我便把他称为条顿博士[2]。"

1　蜡油的拉丁词语。——译注

2　条顿人是古代日尔曼人的一个分支，是现代德国人的祖先。文中昆克尔把布兰登称为"条顿博士"有挖苦的意思，说他的教养不高，学识有限。——编注布兰登之于昆克尔，从起初“最信赖的亲密朋友”变成了条顿博士，最后成了“布兰登蠕虫博士”。17世纪时人们就是这样嘲讽四处流浪的江湖医生。实际上，要不是哲学家戈特弗里德·莱布尼茨（1646—1716）对布兰登的磷产生了浓厚兴趣，并开始追踪这个奇特的光亮，人们早就把亨利希·布兰登忘到九霄云外了。正因为莱布尼茨写下了优美动人的拉丁文诗歌，磷的真正发现者才得以青史留名。

莱布尼茨一直醉心于炼金术，他甚至在纽伦堡的炼金术社团担任了两年秘书。当年他毛遂自荐，给学会主席寄去一封极其晦涩难懂而思想深刻的信件。后来，莱布尼茨向他的传记作者坦言，为此他还受到了“许多嘲笑”。1676年莱布尼茨作为图书管理员和历史学家效力于汉诺威公爵约翰·弗里德里希。在他的提议下，他受托进行公爵家族历史研究。而他认为，如果对于公爵家族所统治的土地没有认识，也就无法理解领主的历史。于是令公爵大感意外，他把这个项目先引向了地理学。

炼金术士们发现的物质
磷
铋
芒硝
硝酸
黑火药
普鲁士蓝
钴

冶炼点金石过程中发生的颜色变化

经过十几年时间，研究才初见雏形。

1677年，他踏入公爵在汉诺威的城堡，在这里见到了来自萨克森的商务参赞克拉夫特博士，博士在公爵和宫廷侍卫面前展示了布兰登的磷。这个全新物质给莱布尼茨留下难以磨灭的印象："克拉夫特展示了两只长颈瓶，一个里面几乎都是液体，像夜间的萤火虫一样持续发光。更有意思的是，这种效果在玻璃瓶外同样能实现，人们可以把它置于任何事物上，比如涂在脸上、手上或者衣服上，仍然荧荧发亮。想象一下，在觥筹交错的晚会上它会营造出多么浪漫美妙的效果啊。"

克拉夫特对奇妙物质的来源和盘托出，莱布尼茨在随后几年都去拜访了亨利希·布兰登，因为他反正总要去汉堡办事，为他那手不释卷的公爵借阅学者马丁·福格尔的著作。他登门拜访布兰登，受到热情接待。同时他也确信，早有他人对布兰登的秘密觊觎已久。除昆克尔外，一位名叫约翰·约西姆·贝希（1635—1682）的著名炼金术士和布兰登也有来往。于是我们的哲学家做出了不太得体的举动：他偶然看到书桌上躺着一封来自贝希的信件，便趁人不备偷走并销毁了。

莱布尼茨受公爵委托和布兰登签订了一个协议，约定布兰登能定期领取少量退休金。为此他需要和继子来到汉诺威，用宫廷禁卫军贡献出来的好几吨尿液生产出大量磷，以取悦公爵。

开始，有人指责说，尿液源自并不纯净的人群。莱布尼茨帮布兰登抵御这种非议，在诸多论文和邮件中，莱布尼茨多次恢复布兰登的荣誉，告诉同时代的人，是布兰登而不是昆克尔发现了能自发光的磷。尽管如此，布兰登对莱布尼茨仍有不满，他在多封邮件里言辞激烈地指责莱布尼茨，据称是因为他自觉俸禄太低。

最后，围绕在新物质摇篮周围的炼金术士和哲学家们还是离心离德了。布莱登和莱布尼茨争执不休，他在邮件中称莱布尼茨是“一个反复无常的人，简直就像疯子”。我们都知道，昆克尔揶揄布兰登是江湖庸医，“布兰登蠕虫博士”。而贝希为了报复莱布尼茨，在自己的著作《疯狂的智慧和聪明的疯子》里大肆奚落莱布尼茨的观点。在一片唇枪舌剑中，昆克尔也未能幸免。曾担任过昆克尔实验室助理的克里斯蒂安·库梅特，发表了两篇诽谤导师的文章，在里面把他骂得狗血淋头。他评价昆克尔是“一只四处嗅探和狂吠的狗”。这位研究者还被贬低为“臭气扑鼻的路西法”和“夜壶行者”。

一个充斥着谩骂的美妙群体，同时又震惊于全新的世界奇迹。只有磷默默无语，被人们放进黑色容器里，闪着光芒。上流社会为它欢欣雀跃，却浑然不知其毒性。人们只当它是一种玩具。昆克尔还用磷制作出一种油，用羽毛蘸上可以书写，笔迹会在暗处闪烁。如果把磷放在水下保存，看上去的情景如同当时的人所描述的那样："有如天幕被云彩所遮盖，而布满云层的穹顶里突然有闪电划过，人们能整晚地，时不时看见闪电从磷块中放出，特别是在晃动它的时候。"

后来，18世纪时法国化学家们才对磷展开进一步研究。安托万·德·拉瓦锡研究了磷的燃烧产物，发现其重量比物质本身还要大。于是他确信燃烧使得其他物质加入进来，这种物质就是氧。另外一方面，拉瓦锡正确地认识到，磷是一种化学元素。

黄金和瓷器

1648年，三十年战争结束后，威斯特法伦地区迎来了和平，贫穷且备受摧残的德国土地正艰难复苏。北方，也就是勃兰登堡的统治者是腓特烈一世，他是大选帝侯的儿子，也是后来的普鲁士国王、史称腓特烈大帝的腓特烈二世的祖父。腓特烈一世当时是勃兰登堡选帝侯，最后晋升为普鲁士国王，这个过程需要大量财力。可如此贫瘠的国家如何筹到一大笔钱呢？国王把脑筋动到了炼金术上，再说当年他父亲就曾醉心于此。

当时也赶巧，夏天国王加冕时，整个柏林都因为一个谣言而沸腾。谣言来自佐恩药店，它位于今天亚历山大广场附近。那里有一位年轻人，名叫约翰·弗里德里希·伯泰格（1682—1719），他从12岁开始做药房助理，谣言盛传他能炼制黄金。伯泰格钻研炼金术如痴如狂，没日没夜地泡在药店实验室里，并以一份他千辛万苦得来的手稿做指导。这是一位修士用拉丁文撰写的，其中包含大量秘法和验方。伯泰格坚信不疑，尽管他人至今在炼金上一无所获，自己却一定能大功告成，因为他的星座位置极有利，他是一个周日出生的幸运儿！

他的师傅起初嘲笑他异想天开，后来一怒之下禁止学徒继续捣鼓炼金术。而伯泰格在这段时间里做出了一点眉目，于是他请求向师傅展示自己的实验成果。他说到做到：在壁炉前支上炉灶，点火，放上平底锅。他往锅里放入银子，把纸包裹着的红色粉末撒进锅里。操作完成，接着把锅里的东西倒出来，得到真金！年轻的炼金术士笑盈盈地将金子送给师母！这事在柏林不胫而走，小药店很快被人围得水泄不通，大家都想亲眼见识一下这位神人，有人嘲笑他，也有人低声告诫他。

普鲁士国王在柏林的宫殿里很快也听到关于这位学徒的传闻，国王命令他把人工合成的、轻率转送给药房女主人的黄金献上来，不久后他借此得到一枚金质奖章作为谢礼。专家们鉴定了炼金术士的产品，宣称送来的确是真金。腓特烈国王立刻召炼金士弗里德里希·伯泰格进宫并安排职位，然而这事没能成功。

年轻的伯泰格听到了风声，知道宫廷已对他产生兴趣，明白自己身处险境。炼金术士一旦拿不出领主想要的玩意儿，就会被监禁、拷打，甚至绞死。1701年10月26日伯泰格连夜逃离柏林，穿过勃兰登堡，落脚到萨克森的维腾堡。

国王大发雷霆："这么重要的人竟然都没给我看住。"于是悬赏1000塔勒，四处张贴告示想要抓回这只会下金蛋的鹅。他还派出精兵追踪伯泰格，最后在维腾堡打探出他的踪迹。在萨克森维腾堡，士兵们还得遵循官方程序谨慎行事，不能直接把人绑走。于是，他们告知萨克森主管官员，用的是以下辞令：这是一个“擅自逃跑的家伙”，因为“某种原因”流窜到萨克森。这让维腾堡的官员觉得事有蹊跷，尽管逮捕了这名年轻人，却没有将其遣返。作为一名忠心耿耿的下属，他派信使到德累斯顿汇报给萨克森公爵，让当政者获悉此事。公爵立刻从中嗅出了腐败的味道，而其中更多的是黄金的气息。他们对这“家伙”一调查，好家伙！

当时的局面是，萨克森选帝侯弗里德里希·奥古斯特一世和他的柏林同行处在相似地位上。奥古斯特的野心也是要获得大量财富，并在华沙称王（他最后在这里成功加冕成为波兰皇帝奥古斯特二世）。这也需要一点小钱，因为波兰的当权者们只有获得极大好处，才会让一个萨克森人掌握他们的王权。柏林的天才少年可谓来得正逢其时！此刻正逗留在华沙的奥古斯特一接到信儿，刻不容缓下达命令，不要交还炼金术士，让他到德累斯顿待着，同时“好生招待和照料”还守在维腾堡的普鲁士士兵。11月25日的早晨，伯泰格被转移到德累斯顿，阿伯迪少将亲自陪同伯泰格坐进马车，12人的小分队随行护卫。在马车经过的每个村落，他们都首先仔细检查周围是否有普鲁士士兵的埋伏。

普鲁士国王很快也听说了这一情况，眼看要到手的肥肉被抢走，他赶紧亲笔写信指责这一次“非友邦行为”，威胁要“还以颜色”，然而于事无补。因为对方声称伯泰格是萨克森人，不可随意被引渡。在德累斯顿，伯泰格受到菲尔斯滕贝格的侯爷的盛情款待。他在侯爵的长餐桌上就餐，并被送到所谓的金屋居住。这间屋子是萨克森选帝侯为了让炼金术士完成宏大的研究计划而特意建造的。

由年轻炼金术士而引发的喧闹引起人们普遍关注，其中也包括哲学家莱布尼茨。之前关于磷的故事中他已经出现过。尽管和伯泰格素昧平生，莱布尼茨还是亲临佐恩药房拜访他。他想打听出和炼金相关的信息，以便向其赞助人汉诺威的侯爵夫人索菲汇报。“据说，点金石曾在这里如闪电般掠过，转眼便消失得毫无踪影。”

这是他1701年11月8日在柏林写下的文字。他询问的证人将事件始末“原原本本描述了一番”。这位当时已56岁的思想家思前想后加上一句：“我身上徒添了岁月，却没有看到黄金的影子。”另外，莱布尼茨想得很透彻，倘若真能通过人工的方式生产黄金，黄金的价值会大幅降低，毕竟它能保值在于其稀缺性。“如果点金石真能点石成金，这反而会因金价降低而带来损失。我们为之快乐的，正是这种金属所提供的，也就是黄金拥有的特性，极少的量却拥有极高价值。”

而那些垂涎黄金的人，顾不得那么多，他们只想拥有无尽的财富！当这位萨克森选帝侯及波兰国王回到此地时，第一时间召见了伯泰格，对他给予极大重视。这再次让这位炼金术士感到惊恐，保险起见他再次逃走。可惜这次没成功，他很快又被抓回德累斯顿。他捶胸顿足，自称忘记了炼金配方。最后伯泰格得到一间实验室，实际上则是成了奥古斯特的阶下囚。奥古斯特所到之处都被人称为“强力王”。他不仅身材魁梧，体格壮硕，而且力大无穷。他浓密的眉毛下长着一双深色的眼睛，是一个典型的“阿尔法男”[1]。他那巨大的假发更给人留下可怕印象。直到今天，参观德累斯顿城堡的人还能听到“萨克森大力士海格力斯”的传奇：他能像卷纸一样卷起银盘子；将马蹄铁和塔勒银币一分为二；贵金属做成的杯子被他一捏就扁了，里面装的葡萄酒喷射出来。这位君主热爱喧哗的节日盛会，不断扩建他的都城德累斯顿，并赋予萨克森更璀璨的文化和繁荣经济。他像有些贵族一样固执，毕生对炼出黄金坚信不疑。

伯泰格究竟是什么来头，能让两大君主大动干戈，险些为他兵刃相见？毫无疑问，他绝不是帕拉策尔苏斯或凡·海尔蒙特（我们将在接下来的章节中进一步介绍）那样思想深邃的自然科学研究者。

倘若深挖伯泰格的背景，他很有可能就是一个技艺高超的江湖骗子。伯泰格是个贫苦家庭出身的药房学

1　阿尔法男是外表强壮、很有掌控欲望的男人，是雄性团体中的领袖人物。——译注

徒。如他师傅所说，他终日酗酒狂欢，几乎没做什么系统工作。至少他来萨克森时就是这副德行。被软禁以后，他开始装神弄鬼。既然人们认为他是炼金术士，他就不妨当一个炼金术士，神秘又疯疯癫癫的，能占星卜卦，只在心无旁骛时才能完成伟大作品的炼金术士。除此外，伯泰格还成功俘获了君主的情妇女侯爵科泽尔的芳心。她成了他的眼线，不仅为他提供情报，甚至也想在他的指导下炼金。伯泰格和君主的情妇有染实在不明智！但他当时好比游动在混浊不清的亚马孙河里的食肉鱼，要在大祸临头之前用某种回声探测器来保护自己。他想要察觉到其他人在想什么，揣测其他人想听什么，这样就能迎合他们，编造相应的故事。

他不会炼金，但却掌握了一项与之等价的绝技，那就是向他人兜售自己能炼金的假象。伯泰格长年迷惑学识渊博的选帝侯，多次在岌岌可危的时候扭转了命运。他厚颜无耻，对不再有利用价值的人，便肆意践踏出卖。在囚禁期间，他刺探到一位有名望的狱友的越狱计划，这样做的目的只是为了在危急时刻向奥古斯特透露信息，从而为自己争取好处。

尽管伯泰格不会转化金属，但他擅长转变人的思维，让他们产生幻觉，以为亲眼看到人工合成的黄金，连大师们都上了他的当。这下他真真切切得到黄金了，因为人们用黄金资助他继续完成后续实验。

伯泰格还刻意营造自己与众不同的光环。因为酗酒，他经常生病，一旦病了他就自己开药，根本不让医生靠近。这出戏码让护卫们无奈地写道："他真是个独一无二的怪人。"

众人都被这位炼金士所迷惑。国王吩咐款待伯泰格，令他身心愉悦。他甚至下令，谁也不能对大师"摆脸色"，因为一不小心就会让大师前功尽弃。伯泰格游走在承诺与兑现、继续欺骗编造与暴露被斩首的狭窄缝隙里，从国王那儿拿以千克计量的黄金来填补漏洞。

起初，伯泰格许诺进行小型炼金实验。为完成这项任务，需要购买设备，于是他从国家财政获得了1万杜卡特金，也就是23千克黄金。同时，他还要来强酸，调制可以融化黄金的王水。如此一来，他制出黄金溶液，只要剧情需要，就能在人们眼皮子底下演一出黄金汩汩流出的好戏。

然而伯泰格也被玩坏了。12年中，当伯泰格成为“强力王”奥古斯特的囚犯时，多次险象环生。他始终处于国王的高压之下。奥古斯特6月4日突然传书一封，决定从“1703年8月1日”这天开始赐予他自由。这无异于天降洪福！然而，作为交换条件，伯泰格要立即把“从神灵那得到的神秘药方”，即炼金配方交出来。此外他还需上交目前所有炼制出的黄金，少说值10万塔勒，以及炼金用的浸剂。伯泰格知道这些他全做不到，别无他法只能逃。他几乎成功了，已经跑到了维也纳附近，但终究被奥古斯特的衙役追上。回到德累斯顿，他又捏造了一个离奇的故事，说已经把黄金、配方和剩下的浸剂交给了一位神秘的信使，因为他认为这信使就是国王派遣来的。那么他的任务算是完成了。当然，信使永远也到不了国王那里。人们觉得不可思议，如此拙劣的故事怎么就能骗取到信任呢？而这正是伯泰格天才的地方。他知道如何捏造事实，以应付那些拥有生杀予夺权力的人。即便他从来没有兑现承诺，但每次都能侥幸过关。他一定有某种能力，在各种场合制造出重重迷雾，让看守他的人永远蒙在鼓里。如果天底下真有人拥有炼金的超能力，无疑就是伯泰格！

奥古斯特的忍耐有一天终于到了极限。“我受够他了，伯泰格，要是再没有……”国王1707年初接见伯泰格时神色凛然地说。于是伯泰格连续几个晚上辗转反侧，然而一次偶然事件让他绝处逢生。救星是一位名叫艾伦弗雷德·沃特·冯·切恩豪斯（1651—1708）的人，他是国王派来监视炼金术士的。切恩豪斯是位举足轻重的自然科学家、数学家和实验家，他和同时代著名的自然学家和数学家经常鸿雁传书。从任何一个方面来说，他都和伯泰格恰恰相反。切恩豪斯出身富庶，来自贵族家庭，受过良好教育而且严于律己。每天在做任何其他事情之前，他首先要解决一道数学题。他习惯早起，甚至半夜两点就起床一直研究到6点，再睡上一小时，接着用少量时间处理行政公务，中午小憩片刻。他一天工作16—18个小时，每天睡眠时间不超过6小时。

让切恩豪斯一举成名的主要是全新凹面镜。镜面呈拱形，像一只巨大的汤碟。它能把阳光汇聚在一点上。这种凹镜能在烈日下短时间内产生1000℃高温：焦点上的砖块会在短短几分钟内软得像黄油！切恩豪斯并不相信伯泰格或者其他什么人能炼出黄金。但他蛮有把握自己能造出另一种有意思且价值不菲的物质——瓷器。他热情高涨，为了寻找适宜制造瓷器的泥土而游历四方。城堡里他的个人工作室几乎无从下脚，地板上到处堆放着详细记录着各种泥土和粉末的文件。旅行中仆人必须把他收集到的泥土样本装进马甲和裤子口袋里，然后带回家。

瓷器是中国人的发明。当日耳曼人还在捏制厚厚的陶土罐子时，非常讲究的中国人早就用薄壁的瓷器杯子品茶了。中国发掘出来的最早的瓷器有着超过2600年的历史！早期形态的瓷器存世年代可以追溯到更古老的时期。大约从1600年开始，主要由荷兰人经营的进口中国瓷器的生意很红火。伴随瓷器器皿流行，咖啡也盛行起来。全世界的人都想用精美的瓷器来啜饮这令人兴奋的饮品！因为陶土杯子看起来不太雅致，而玻璃容器温度上升太快。

晶莹剔透的瓷器令人叹为观止，当时全世界都对中国人艳羡不已。在大家的眼中，这是个历史悠久的泱泱大国，贤明的哲人和君主将国家治理得井井有条。中国人或多或少带着俯视“西方野蛮人”的优越感，很少来西方游历。他们自然严格保守烧制瓷器的秘密。

前面说过，切恩豪斯利用凹面镜产生1000℃的高温，这样就破译了瓷器构成成分的奥秘。他认识到用沙子、长石、一些矿石和某种细腻的陶土可以制作出珍贵的陶瓷制品，这种制品色泽晶莹，比玻璃更耐热，材质剔透而且可以打磨抛光。这项工艺早在几年前即在伯泰格被挟持到德累斯顿之前，就已经有了雏形，只是一直无人问津。

但伯泰格对此兴致勃勃。当切恩豪斯讲述了他的尝试，伯泰格立即意识到，倘若瓷器能让国王兴奋起来，也就转移了他对黄金的注意力！伯泰格在炼金房里按照切恩豪斯的要求建造出新炉灶，但缺少一种中国人使用的特别细腻的陶土。伯泰格灵机一动，想到了晾干后能作为假发粉末的白色黏土。于是他弄来大量黏土，把沙子、长石和陶土混合搅拌，烧制成型，最后果然得到了瓷器！

于是，言辞极富感染力的伯泰格成功了，而这正是切恩豪斯的弱点。伯泰格让奥古斯特相信，建造一家瓷器手工作坊将带来滚滚财源，由此能让他在欧洲所有领主中坐上第一把交椅。

1707年底，积雪皑皑，奥古斯特终于和随从一起来参观实验室。当时的一篇报道描写道，戴着硕大的扑满白色粉末假发的选帝侯踏入了一个“可怕的火焰场”。

当时伯泰格正辛苦劳作，“黑得像炭一样”，让人难以分辨。当锅炉打开时，众人只能看见一片炽热的火光，随从们窃窃私语：“我的上帝！”国王笑着说：“这还算不上人间炼狱呢！”

伯泰格从炉火里取出一个瓷罐子，立即扔进装满冷水的大桶里，空气中传来一声尖锐刺耳的声音，在场的人都大惊失色。“完了，肯定碎成渣了！”国王惊呼道。“不会的，陛下。”伯泰格一边说，一边从桶里拿出完好无损的罐子。几天后，他又在宫廷里大肆渲染了一番这完美的表演。奥古斯特的激情彻底被点燃，他下决心建立欧洲第一个瓷器手工工场。

如此一来，伯泰格顿觉身上重压减轻不少。其实，他的这项了不起的成就离不开切恩豪斯的帮助。可眼下，对我们的炼金术士来说，切恩豪斯已经成了多余的人，甚至还会给他带来威胁，因为他完全有可能对外宣布瓷器是自己的发明！巧的是，不久后，也就在1708年11月11日切恩豪斯突然身故，享年57岁6个月10小时，这是他的仆人，同样也是一位数学家精确计算出来的。伯泰格似乎沉浸在深深的哀伤中。

数周前切恩豪斯烧制瓷器的秘密手稿不翼而飞，而最终突然出现在伯泰格手上。很奇怪，当时丝毫没有人怀疑切恩豪斯有可能死于非命。国王之前曾下令由切恩豪斯领导准备筹建瓷器手工工场。这个瓷器工场一旦由切恩豪斯主管并开始运作，伯泰格在这项目中就又变得可有可无，奥古斯特会转头再次施压，发出让他炼金的最后通牒。只要切恩豪斯还活着，伯泰格距离欺君罔上被绞死的下场就不远了。不管怎么说，切恩豪斯的死会让伯泰格的生存机会大很多。切恩豪斯撒手人寰后，伯泰格一跃成为不可缺少的关键人物。

他顺理成章成为位于迈森的瓷器手工工场主管，并寡廉鲜耻地篡改历史，独揽瓷器发明家的称号。1714年他甚至获得了自由身。当伯泰格收到国王的特赦信时，先惊讶得目瞪口呆，旋即开始狂笑不止。他的一个助理后来描述道：“他不停地笑，所有事物都能成为他大笑不止的理由。”

伯泰格的心情其实不难理解。试想一个人像伯泰格一样，在长达12年的时间里几乎每天都战战兢兢是什么情形，由此，我们更能推测出，那些和伯泰格有着相似遭遇，但远远没有他幸运的炼金术士会落得什么样的下场。就在当年伯泰格逃也似的离开柏林时，一位来自意大利名叫卡捷塔诺的伯爵粉墨登场，向腓特烈国王信誓旦旦地夸口称自己有炼金本领。当然，当着国王的面，伯爵的表演很圆满，于是他获得了一大笔用于实验的资金。他开始过着挥金如土、夜夜笙歌的生活，兴之所至就给国王来一小段表演，始终敷衍他，并送给他一幅绘画，画中腓特烈一世坐在24K纯金打造的王座上，金色的狮兽盘踞在他周围。底端还用黄金字母刻着“重建黄金时代”之类的字句。卡捷塔诺1709年逃跑失败后被施以绞刑，死时穿着一身黄金织造的上衣。奥古斯特也有忍无可忍的时候，尽管他多年信任一位名叫克莱特博格的炼金术士，1720年终于还是下令将其斩首。

1719年伯泰格重获自由后还没怎么好好享受，就在德累斯顿过世了，年仅37岁。画像记录了他当年那副未老先衰的模样，看上去50岁还有余。长年担惊受怕在他身上留下了深深的烙印。另外，实验中经常吸入的金属蒸气也是致其短寿的原因之一。还有一个罪魁祸首，就是他借酒浇愁时灌下的大量酒精。

“强力王”奥古斯特炼制黄金的信念毕竟让一家瓷器加工厂得以诞生。众所周知，这座瓷器厂保存至今。但奥古斯特对炼金术终究不死心。伯泰格死后，他命人找来他的全部手稿，满腔热忱地研究了好几个星期，最后把它们全部扔进了火堆。难道这个时候他才意识到，原来自己一直被人耍得团团转吗？

如果没有当权者全力配合演出，伯泰格的伎俩不可能成功。因为当权者自己都生活在假象中，自然沉溺于伯泰格营造的虚无里。药店学徒和国王的故事远没有被抛弃在历史的尘埃里。承诺能创造财富，或者承诺创造就业岗位，今天大批自然科学家们正为此前赴后继。

为什么炼金术士们都相信能用其他金属炼制出黄金?

◆◆◆

- 过去曾经成功过。有过可信的报告，甚至有实现成功转变的证书。
- 有些物品就是由炼制出的黄金制作的，包括黄金制作的奖章。
- 所有金属都很像，它们闪闪发光而且能改变形状而不破裂。金属彼此间比较接近，为什么人们不能让它们彼此转化呢?
- 人们能从金属做出从外表上看和黄金几乎一模一样的合金，比如黄铜和金粉。既然有部分功能一样，为什么不能制作出完全一模一样的黄金呢?

空气和气场

约翰·巴朴提斯特·凡·贺蒙特（1577—1644）是一位富有的贵族、医生和炼金术士，17世纪他生活在菲尔福尔德，布鲁塞尔郊区的一座城堡里。今天我们说他是比利时人，但当时的比利时被有着狂热宗教信仰的西班牙人所占领。整个欧洲，尤其是德国，都被宗教战争夷为平地，这就是从1618年持续到1648年肆虐欧洲的三十年战争。

凡·贺蒙特故意轻描淡写地写道，自己手里常常掌握着点金石，用它将好几磅水银炼成精致的黄金。但他不必依靠这样的秘术来致富，因为他已经娶了一位相当有钱的太太，加之继承了一大笔遗产，可以说是应有尽有。凡·贺蒙特是一位特别虔诚的人，一位寻求神迹的人，但他首先是一名医生。

曾经有一位男子，“家里好几个小孩，向我抱怨说自己已经58岁了，如果有一天他不在了，孩子们恐怕得沿街乞讨”。那男子请求这位著名的医生让自己长寿。凡·贺蒙特冥思苦想，突然想到一个非常奇特的方法。人们用硫化物烟熏葡萄酒桶，让它们不会腐败变质，硫化后葡萄酒保存时间长得多。

这可以得出什么结论呢？纯粹从逻辑角度来看没什么关联，但这丝毫不动摇凡·贺蒙特的想法，因为他一向重视灵感。突发奇想的灵感让他觉得人类血液与葡萄酒相似，能用同样方法保鲜，只要不断添加硫化物，就能保持得更加长久！而一个人血液状态良好，疾病自然不容易找上门。于是，他给此人一小瓶硫化油，并教会他从点燃的硫黄中制作这种油的方法，告诫他在用餐时间里“这种油只能滴两滴到啤酒中”。他谨遵医嘱，在古稀之年依然精神矍铄，80多岁仍“穿梭在布鲁塞尔的大街小巷”。凡·贺蒙特本人都没有这样高寿，他65岁就与世长辞了。

这则小故事反映出凡·贺蒙特的想法。他让自己更多受直觉引导，这也是他的诊疗法的基础。怎么会联想到血液就像生活中的葡萄酒一样呢？炼金术士们对希腊人发展起来的，由中世纪经院哲学家进一步发展的清晰逻辑体系并不很在意。他们对逻辑体系持怀疑态度的原因在于这是由异教徒亚里士多德建立的。但这不意味着凡·贺蒙特的想法从一开始就没有逻辑，只是他没有针对目标使用逻辑。对此他有充分理由。因为逻辑带给我们的知识往往都是已知的，逻辑并没有产生新信息，而是对大家已知的信息进行选择和协调。凡·贺蒙特开始写作让一代医学家们都兴奋不已的作品《药物学的兴起》，他在其中把哲学家的经典逻辑理论批驳得体无完肤。另外，理智在他看来也一无是处，就像一种“空洞无用的框架”。相反，凡·贺蒙特极其重视神秘的观点，以及梦境和幻想的助力。这方面他和帕拉策尔苏斯的观念一脉相承，尽管有些对立的观点，他仍非常倚重帕拉策尔苏斯的学说。

1633年凡·贺蒙特已经56岁。三十年战争在这一年达到高潮，在此全盛的数月间最高统帅华伦施泰因多次战胜新教徒势力，天主教力量因此不断上升。正是在这一年里，教会逼迫自然科学家伽利略发表公开声明，反对地球围绕太阳旋转的“异端邪说”。同时，凡·贺蒙特也身陷囹圄，他被看作是巫师，成为宗教法庭的眼中钉。尽管凡·贺蒙特虔诚信奉天主教，教会仍将其所作所为列为恶魔行径。为他招来祸事的是一种叫作枪创膏的东西。这是帕拉策尔苏斯当年留下的一种药膏配方，主要用来治愈枪伤。它含有各种各样的成分，但主要是人脂、磨成粉的人体干肉（也就是“木米亚”），还有人血。这些成分今天听来令人毛骨悚然，但我们之前提到过，直到20世纪它们仍是许多药店的标配。

枪创膏的特别之处在于其使用方法，它不是被涂抹在伤口上，而是反过来，用一个木棒蘸取伤口的血液在药膏里搅拌，甚至可以把药膏涂抹在武器上。据说伤口会在神奇的远程疗效下痊愈。

当时大多数医生都相信枪创膏有疗效，只是对其疗效的实质存在分歧，有人认为其源于自然，也有人认为是恶魔的干预。凡·贺蒙特自成一派。他激烈地解释说，枪创膏完全合乎自然法则，和恶魔撒旦没有半点关系。在他看来，既然磁石会吸引远处的铁，那么也自然会有其他神奇物质，比如药膏，尽管没有直接涂抹在伤口上，却和伤口的某种成分相混合，从而产生疗效。贺蒙特认为所有这些都是某种神灵的恩赐，因为万事万物，包括生命本身皆由神灵创造。事物之间有选择性地互相影响，也属于生命的一部分。

凡·贺蒙特进一步研究药膏。除人脂、人肉干粉和血液以外，他还添加一种所谓头骨苔藓成分。这并不是随意一种苔藓，而是生长在野外人类头骨上面的一种地衣。因为在当时人们的想象中，地衣都是星辰撒下的种子，头骨地衣就建立了微观世界和宏观世界，也就是宇宙星辰之间的联系。

凡·贺蒙特认为，必须要一个被绞死的人的头骨地衣的看法是错误的，事实上，所有人的头骨地衣都适用。为了进一步强调这个观点，他还强调说，即便使用基督教徒的头骨地衣同样可以。一石激起千层浪，这句话彻底激怒了教会。

由虔诚的基督教徒经营的宗教法庭一直以揪出及审判异教徒为己任。凡·贺蒙特的言论使他们觉得受到莫大羞辱，于是他们开始公开谴责凡·贺蒙特。倘若凡·贺蒙特身上榨不出任何油水的话，肯定立马被火刑伺候了。

凡·贺蒙特奉上无数买命财，得以保命。但从此以往，他不许公开发表任何内容，也不准离开家门半步。多年软禁令这位学者郁郁寡欢，1633年是自然科学家凡·贺蒙特生命中最低潮的时期。然而正是在这一年，他获得了至关重要的幻觉。有一次，他在梦境中见到了自己的灵魂。他眼中的灵魂犹如通体发光的水晶体，幻觉让他更加深信不疑，人类的身体正如他所描绘过的，是包裹着光亮水晶体的深色皮囊。

若一个人建议把头骨地衣搅拌到药膏里，还声称在梦中看到了自己的灵魂，大家肯定会认为此人神经错乱了。但我们也可以有完全不同的看法。凡·贺蒙特研究的这些让我们觉得荒诞或迷信的想法，也许正显示出此人的率真。对他来说，世界上本就没有“不可能的事”，世界如此奇妙莫测，为什么不能频频创造出奇迹呢？凡·贺蒙特改变了很多僵化的思维定式，抛开成见去检验各种报告和经验。没有什么比因循守旧的思维习惯更让他深恶痛绝的了，这些人只会人云亦云，缺乏探寻新知的勇气。凡·贺蒙特这样描述他自己：“我就是一个这样的人，凡是那些顽固守旧的人，我都厌恶至极。”凡·贺蒙特坦然接受任何事物之间，哪怕乍看根本就不可能的关联。大量意义非凡的发现使得他无论在医学，还是化学历史上都占有荣誉的一席。

凡·贺蒙特是最早进行定量实验的人，并革新了疾病概念。他最先断定每种疾病都有其特殊性，有各自不同的病灶和发病过程，因而需要采取有针对性的特定治疗方法。相反在古希腊罗马时期，人们认为全部已知疾病只是外在表现形式不同，却有着共同的病因。人们以诸病合一为出发点，认为致病原因都源于体液的不平衡。治疗方法则是重建平衡，特别是通过放血的方式。

化学上凡·贺蒙特的最大发现则是引入了“气体”这一概念。他援引气泡矿泉水的例子。当时，人们普遍认为这种水里含有一种精灵或是幽灵，它甚至有治愈力！人们能通过某种方式把精灵装到瓶子里。一旦人们把水煮开，气体被释放出来，水就失去了味道和活力。凡·贺蒙特演示过，不仅矿泉水里可以释放出“精灵”，酿制酒甚至燃烧煤炭时也可以。

他确认，这肯定是一种气态物质，但和蒸气不一样。它是拥有独特特性的物质，在化学反应中会起到重要作用，它甚至会作用于人的“活力”。有人之前就曾留意到某些化学反应中能够升腾出小气泡或者带颜色的“蒸气”，然而并没有太在意，认为不过是一些伴随现象。凡·贺蒙特第一次发现其中大有文章，他强调这之中包含着一组物质并赋予它们一个名称——气体（Gas）。我们并不知道这个词源于何处，它有可能是帕拉策尔苏斯经常爱用的希腊词“混乱（Chaos）”的进一步演化；也有可能源于一个荷兰词，即发酵的时候会产生的“泡沫”。不管怎样，它都和精灵与水沫有关。

气体和蒸气不一样，它的一个重要特性就是不能冷凝。即便降温，它仍能保持气态。一旦气体产生，就能克服所有障碍从任何容器里面出来。装有气泡矿泉水或是发酵的葡萄酒的瓶子，如果瓶壁较薄，气体就可能让它们迸裂。因为这个过程不仅动静很大，有时还极具破坏性，所以凡·贺蒙特称之为“野性的灵魂”。他发现火药就是通过气体的剧烈燃烧来发挥作用的。在此之前，人们把这种现象看作是放在一起的物质之间不相容的结果：硫和硝石互相排斥，硝石是寒性，而硫是热性，所以哪怕冒出一丁点火星也会弄得噼啪作响。

凡·贺蒙特确信除了肉眼可见的，还有看不见的事物在引导着世界的发展。一开始，他似乎只是在自然科学研究中引入了一个新名词。后来，这个词变得异常重要，因为我们这位炼金术士所说的非常值得重视的“气体”，在之前只被看作“空”。那些“溶解于空气”的事物，被认为“消失”了。尽管当时人们有时能领悟到空气实际上也算点“东西”，但这样的看法和凡·贺蒙特的观点还有一定距离。那时候人们认为，反应中形成的所有气体不过是普通空气的变化形式，有时候反应产生出气味良好的、可以呼吸的气体，有时候则腐臭难闻。凡·贺蒙特认为，世界上有着无穷的不同类型的气态物质，而且它们拥有极其特殊的性质——这种真知灼见，给予它无论多高的评价都不过分。

关键这个词听起来非常陌生，不会产生和其他词语相关的联想。所以它就更适合用来代表一种全新的事物！凡·贺蒙特开启了一个全新研究领域，受他影响的后世炼金术士和化学家们都围绕这个新课题进行研究，这使现代化学成为可能。按照普遍观点，开启了现代化学先河的安东尼·德·拉瓦锡的学术研究也主要和气体化学相关。对我们最重要的物质——氧气，正是一种气体！现代化学和前现代化学的重要区别不在于是否使用天平，而更多是人们逐步增长的和气体打交道的能力，包括收集、鉴别气体和把气体看作正式参与化学反应的物质。而这一整套完整的物质理论始于发现气体的存在。

如此说来，现代化学其实是建立在研究看上去“什么都没有”的物质基础上的一门科学。它最重要的认识和法则来自空气。尽管和约翰·凡·贺蒙特的部分观点相矛盾，现代化学终归继承了他留下的文化遗产。在现代化学章节中，我们会再回到这个话题。

我们已无法近距离感受古老的炼金术士。尽管其文化延续到了现代，但他们的许多观念和思想已彻底消失。凡·贺蒙特提出的“气场”的概念，也曾经对气体概念有支持作用。他认为“气场”是一种星云状的气息，星体通过气场对地球产生影响。正如气体来自物质，“气场”则来自天空。凡·贺蒙特对帕拉策尔苏斯推崇备至，所以十分认可后者的那套理论，认为气候、疾病，甚至人的性格特征都受到宇宙星辰的影响。“气场”就是用来解释星体如何左右地球上的事物。“气场”以特殊方式降临人世间。星辰对炼金术士意义非凡，它是天上和人间事物之间的一种联系。星辰对实验进程的作用也不可小觑。

今天只有少数医学家和化学家仍然相信星辰和地球或者实验进程息息相关。现代自然科学家的观念中唯一能影响地球进程的星体就是太阳。它的确拥有一种能对地球发生作用的“气场”，就是所谓的太阳风。但是谁又敢一口咬定其他星球对地球就没有任何影响呢？现代宇宙气候学猜测某些特定的宇宙事件、星体爆发、云量以及由它引发的气候状况都会对地球造成影响。也许将来的某一天，凡·贺蒙特的气场学说又会被自然科学界接纳和更新也未可知。

炼金术语言中的符号和意义

◆◆◆

狮子：绿色或黄色狮子大多指代具有腐蚀性的酸性物质。它们与肉食动物尖利的牙齿相对应。

灰狼：想要吃掉国王的灰狼代表亚锑酸盐，它有时呈长毛状，有时又能在大量齿状结晶中找到。如果将它和含金物质一起熔化，可以用来清洗黄金。

国王：国王代表黄金。

土星：人们用它代表铅，如果把它和含金物质一起熔化，可以用来清洗黄金。

冷龙：它是在地下室找到的硝石的名称，在舌尖上它的口感冰冷，而它却能点燃火焰。

山鹰：代表氯化铵，一旦加热就消失不见（就像飞走了），到了温度低的地方它又再次凝聚。

V·K

硝石和硝烟

“乌利，他家的老大，和我学生时代就是旧识，那时他学了一些读写。他常常衣不蔽体，像个野孩子。人们老是嘲笑和捉弄他，他常被砖头石块绊倒，因为他总是盯着飞鸟，而不看看自己的脚下。他渐渐长成壮小伙，并且应该开始帮衬父亲的时候，他却更想离家远走去参军。可不久后，他又从部队溜掉，因为他闻不惯那种粉末的味道。”

以上恶评说的是乌利·布拉克，1735年出生在瑞士圣加伦旁小山谷一个贫寒的农舍里，家中11个兄弟姐妹中他是老大，1798年他在家乡去世。上面这段文字源于他自己的描述，他借人们口中的“彼得”来表达当地人对他的看法。布拉克就是那种平常但不平凡的人。他所受的学校教育仅限于去乡村学校上了六年学，每年十个星期课。但他对书籍如醉如痴，并开始写作。1789年他在苏黎世出版社发表的自传直到今天都被看作是无可比拟的。正如布拉克所自嘲的，一个“穷光蛋”能写出一本刻画自我、生活、爱和痛的书，实属罕见。大家往往能通过自传洞悉贵族、学者和大商人的生活，对于乡村和山野之中的人则知之甚少。

布拉克是一名制硝者，工作就是生产硝石。硝石是一种重要原料，制作爆破物质离不了它。热带雨林里的化学家不是说过吗，和肥皂齐名的黑火药[1]是欧洲人最突出的发明。硝石是黑火药的主要组成成分，其比重占到75%。

1 据古书记载，中国早在春秋时期已经发明了火药，是古代中国的四大发明之一。

乌利·布拉克并不热爱制造硝石的工作，正如他自己所说，这份工作要求他总是四处奔波。还在孩提时分，他就随着在硝石作坊工作的父亲，一路推着车带着锅炉风尘仆仆地奔走。工作繁重且肮脏，他们成天需要挖铲泥土。

布拉克年轻时曾短期被迫去服过兵役，于是到了硝石的应用场所。这下他不仅看到如何做，更看到了为什么做。他原本想离家了去看看外面的世界，结果刚刚和兄弟姐妹们、母亲及所有人含泪惜别，他就在沙夫豪森落入了普鲁士招募士兵的人的魔掌。那是腓特烈大帝时代。这位普鲁斯国王热衷扩张地盘，急需壮大兵力，所以到处招募或强行征募士兵。布拉克尽管从没想过参军，却突然发现自己身陷柏林。谁也不关心他是否出于自愿待在那里，而是用棍棒和恐吓叫他完成士兵的手工工作。如果被发现制服扣子不够光亮，或者“发型中有一缕头发乱了，迎接他的就是一顿饱揍”。这名年轻的招募兵还看到了最臭名昭著的、多数时候还会让人丧命的逃兵惩罚措施，这使他彻底断了逃走的念头。

偶尔闲暇的时候布拉克喜欢四下转转：“柏林是我见过的世界上最大的地方。”他很想深入探寻此地，可巨大的城市让来自大山的年轻人无所适从。“有时没有时间，有时又没有钱，有时因为军队里的辛苦作业而精疲力竭，只想躺着不动。”这和我们今天许多人的情况如出一辙。

不久以后，普鲁士和他的对手（尤其是奥地利）的七年战争爆发了。布拉克所属的军团有一个非常响亮的名字“闪电”，他们一路向萨克森进发，沿易北河往上游走。在罗布西茨（今天的捷克境内）布拉克陷入普鲁士和奥地利女王玛丽亚·特里萨军队间的混战。到底谁是这场战役中的胜利者，直到今天都莫衷一是。据布拉克的记录，整个山谷都笼罩在炮弹的滚滚浓烟中，当他的军团抵达战场时，战斗已经全面爆发。布拉克射完了自己的60发子弹，“直到我的步枪已经热得滚烫”。在一片厮杀混战中，他发现自己已然进入了敌人阵营，因为这边比普鲁士看来更有胜算。他这么做是对的，因为罗布西茨战役只是跨越了七年之久的战争的第一仗。

他很幸运，神不知鬼不觉地进入了安全地带。他长途跋涉穿过德国进入瑞士，回到家乡的山谷。当他灰头土脸身穿制服出现在家门口的时候，兄弟姐妹们以为来了一位“留着一把大胡子”的“普鲁士士兵”，以至于第一眼没能认出他来。之后骨肉团聚涕泪纵横自不必说。

接下来该怎么办呢？继续做硝石？生产火药？但他对这种“黑色的艺术”毫无兴趣，因为已经“闻够了这玩意儿的呛鼻味道”。可他又别无选择，于是再次操起制硝这流浪营生，同时借机四处相亲。作为制硝者，他得拜访很多农庄以收购泥土。布拉克翻山越岭，和村庄的人渐渐相熟，有时也会结识一两个美人：“我需要来来回回地烧制硝石，一天路上邂逅了一位长着亚马孙面孔的少女，让我这个老普鲁士人眼前一亮。”那位美女还在警惕地观察他，而布拉克则忙不迭奏响了婚姻生活的主旋律。他向她求婚，为她造房子，从地窖墙壁到婴儿摇篮全是他一手打造。爱巢让他未来的妻子觉得称心如意，但对布拉克的职业她颇有微词。她直截了当对他说，她讨厌他那整日煮制硝石的脏兮兮的工作。于是，1759年布拉克改行做纺织业，成了织布工和纱线商人。他对于书籍的热情在山谷同胞们的眼里是虚荣自大的表现。“他开始一心扑到书里，因为经济上捉襟见肘，他不可能把书都买回家，于是他向协会请求，想知道哪里能借阅。他争分夺秒地看书，以逃避和我们以及父辈们的聚会，更疏于社交。”由此他写下了那部不朽的回忆录。

硝石这种物质形似食盐，会形成长针形的结晶。许多人在古旧的地窖或者洞穴中都曾见过它的身影。但大多数人并没有认出它来，以为是生长在地板或墙壁上的密密麻麻的霉菌而已。硝石从墙壁或地板上长出来时像精致的白色纤维，如同细纱一样。人们扬扬手就把这些起毛的玩意儿去除了。毕竟，谁愿意墙壁上长毛呢？

在经常打理擦拭的低能耗房屋中，硝石已经很罕见了，尤其在欧洲中部，想找硝石必须前往废弃的农庄或古堡地下室。

从中世纪末期到19世纪，自然环境中长出的硝石都是最宝贵的资源，每一位国王、战士、农民都认识它。没有火药根本无法开火，硝石也是很多仪式和神奇魔力的原材料。生产100克黑火药需要75克硝石，其余的部分是木炭和硫黄。另外，人们把黑火药和少量魔法物质，比如蝙蝠血液混合在一起，认为如此一来，枪弹在夜里也能百发百中。

“他已经耗尽火力。”今天大家这样形容已经提不出有说服力新论据的辩论对手。这句格言让我们联想到古代战场，当时每个战士只能得到数量有限的子弹，只要弹药耗尽，他们对敌人就不再构成威胁。

所以一个国家的军事力量在很大程度上依赖于这易碎的精细结晶，这一点真的十分微妙。所有统治者，无论侯爵、国王，还是皇帝都会极力鼓励一种职业——制硝。他们的任务是生产硝石并卖给收购者。此外，他们还要训练学徒。

制硝者知道原材料在哪里，它们躲藏在厩棚的墙壁和地板上，也会出现在用夯实黏土建造的农舍的地面和墙壁上，人们在洞穴里也能找到它们。有一些泥土里含有丰富的硝，人们通过特定植物，比如荨麻、黑莓和接骨木来辨别这种泥土。

德国制硝者持有许可证，授权他们能在住宅、马厩里挖掘泥土，他们甚至被允许拆墙除瓦，把藏在里面的硝石煮出来。可想而知，制硝者在德国应该不太受欢迎。在瑞士则相反，制硝者本身是农场主或经营业主，不用到处搜刮，而只需采购泥土。人们还培育硝石，他们把泥土和尿素、粪便、动植物垃圾混合在一起，放在一个加盖的土堆里静置一到两年，直到硝石生长出来。加盖是必须的，因为硝石容易溶解，会被雨水冲刷走。所以农田里就不像马厩的泥土里有那么多硝石。

制硝者的工作开始于肮脏的泥土，而最后的成品则是一种雪白的粉末。一种物质是如何转换成另一种物质的呢？乌利·布拉克的自传中并没有多说，其注意力更多集中在婚姻问题上。但在1724年，苏黎世烟火制造公司印制了一种漫画，同时用拉丁语和德语展示了硝石真正的制作过程。乌利·布拉克和他的父亲应该知道这个印刷品。这本书用长短不齐的诗句描述道："马厩里的泥土被挖掘，从中我们获得硝石。"

在泥土中掺入灰碱水，并在一个装满稻草的大圆木桶里初筛一次。接着人们加入鲜血来清洗棕色的汤汁。这听来让人有些心悸，但这种做法其实和今天的厨师为了让混浊的汤汁变得澄清，往汤里搅入一个新鲜鸡蛋的方法原理相同。蛋白质能将大多数混浊的物质吸附过来，同理，加入血液也是为了让硝石汤汁变得澄清。然后蒸馏浓缩汁液，盐分便慢慢结晶出来。和硝石相比，更不溶于水的盐分会先结晶出来。接着，工人把溶剂放在安静凉爽的地方，让硝石沉淀并成为结晶体。这种物质能形成精致的芒刺形结晶，很容易辨认。而食盐的结晶呈立方体，与之截然不同。硝石的质量可通过其口感（舌尖上的硝石很清凉）以及在烧得发红的炭上的表现来鉴定。把几粒硝石投到燃烧发亮的炭上，能清晰地看到爆闪。食用盐则只有轻微闪烁，其他盐被扔到火炭上的表现也不尽相同。最后，正如我们在漫画书上所读到的，“它细碎如尘烟”。制硝者把精细的硝石粉末卖掉。一名制硝者及其家庭，加上雇工的力量一年能生产大约500—1000千克硝石。这也意味着他几乎每天要挖掘、运输和加工数吨泥土。1000克泥土里就算含有硝石，其含量也不超过几克。

和一台年产量成千上万吨的现代化机器相比，这点产量的确微乎其微。所以战争不可能无休无止耗下去。一方军队的弹药用尽，除了赶紧撤退外无计可施。事实上，因为火药供应量少，当时的战争往往只能持续几个钟头或几天。正如我们之后还会仔细讲到的，今天的情况可完全变了，现代化学生产爆炸用材料的规模完全不受限制，仅一台现代机器的年产量就等于50万个制硝者。

在中国、东南亚和印度，人们获取硝石的方法和欧洲相似。在印度，最底层的工人做这样的工作。印度也拥有含硝丰富的土壤，长期以来荷兰和英国商人从印度买卖这种宝贵的物质，并且生意兴隆。

新大陆的人不懂硝石，也不知弹药为何物，这给了征服者具有决定意义的优势。为了保证源源不断的补给，他们带上了制作硝石和造枪的工人。新世界的制硝者们主要在洞穴里寻找硝石，那里的硝石在蝙蝠粪便之类的地方形成。在巴西巴伊亚州的萨尔瓦多就有一个一直通往腹地，被制硝者命名为“硝石大道”的地方。

上百年来，硝石一路从漆黑的地窖或山洞，到达沸腾的锅炉，和血滴搅拌后进入粉末磨坊，在那里和硫黄、木炭混合，最后加工成黑火药。为了方便储存它被做成火药包，然后随部队出征了。它田园牧歌般的历程终结在战场上的枪支和炮弹中，转化后的物质成了升腾在空中的滚滚浓烟。乌利·布拉克的自述为什么如此耐人寻味，因为他历经了硝石从制作到在战场上灰飞烟灭的整个过程，而布拉克本人也很明智地及时从战场脱身。之后，他不想和硝石扯上半点关系，这不仅是为了满足妻子的要求，更多是因为他看不到这项工作的意义。他曾说过一句经典的话："你们的战争与我何干？"

所幸他把个人生活，同时也是硝石的一段宝贵历史记载了下来！时至今日，瑞士人仍对他非常景仰，这可以说是他多年来被同胞揶揄为"傻瓜"的一种补偿！

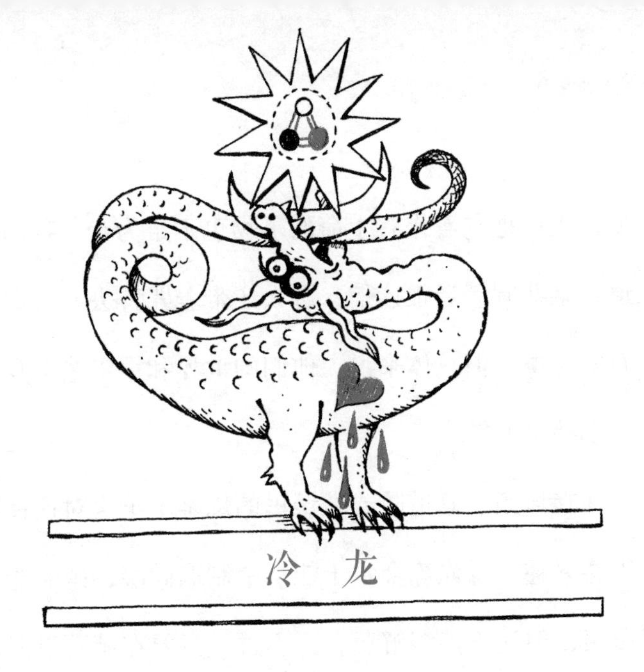

古代制硝者在森林和村庄里煮制硝石，他们在这种物质中看到生命，就像看植物的萌芽一样。他们把制硝归入农业，并且自始至终如此。硝石就像田地里播种的庄稼一样，要经历发芽、成熟和收获。

人们在他们所认为的适合硝石生长的土地上种植。从某种程度上来说，在播种后还要灌溉硝石喜欢的尿、垃圾和石灰肥田。人们要给硝石营造舒适的生长环境，不能太热也不能太冷，还要透气，所以要在硝石土壤上设气孔。只要照料得当，硝石即可获得丰收。由此可见，人们把它看作有生命的事物也不足为奇。我们也知道，某些制硝者很迷信，有人还带着咒符去寻找富含硝石的土壤。但总体来说，他们的世界和手工艺本身一样，都朴实无华。

住在城镇、修道院或城堡里的炼金术士也对这种物质很感兴趣。首先炼金术士能从中制取硝酸，硝酸能溶解白银，但还不能溶解黄金。不过，只要在硝石里混入氯化铵并加热，就能生产出由盐酸和硝酸混合而成的王水。他们利用冷凝管冷凝并收集这些蒸气，这样产生的液体甚至能溶解黄金。这样一来，炼金术士们自然也为这种在黑火药中发挥强大威力的物质着迷！

在前现代化学中，没有什么物质像硝石一样留下如此多的文字记载。越是战乱的年代，印制的相关文献就越多。正如我们在署名为巴斯鲁斯·瓦伦汀（可能就是炼金术士约翰·特罗德，1565—1614）的论文里所读到的那样，炼金术士们把它描写成“长期以来住在下等酒馆地下的冷龙”。之所以命名为冷龙，一方面因为硝石出现在阴冷的地方，比如地窖或洞穴里；另一方面因为它的结晶口感冰凉。

人们用牙尖齿利、能喷火的龙来代表硝石。因为硝石能制成气味强烈、呛人并吞噬一切的硝酸。这种物质有着反差极大的两面：一方面冷若冰霜，可一旦燃烧，又犹如“地狱之火”。

人们还了解到硝石和空气的关系。用巴斯鲁斯·瓦伦汀的话来形容就是“我（硝石）身体里藏着一个敏锐的灵魂”。当硝石被加热时，首先会释放出氧气。这一点很容易观察到：假如你把一块闪着微弱火光的小木屑放到熔化的硝石上方，木屑会燃烧得更旺。由此可推测，许多炼金术士已经认识了现代化学最核心的物质氧气。氧气成为一种能在实验室中被分离出来的具体有形之物的进程至此已经完成一半，而要完成剩下一半则需要一个概念或者观念。后来法国化学家拉瓦锡首次明确提出“氧气”概念，具体内容之后再述。

有两点很明确：第一，硝石生长需要新鲜空气，如果不通风，即使在最肥沃的粪堆里也长不出硝石结晶；第二，硝石加热时会释放出助燃物质。一位名叫亚伯拉罕·伊雷斯的犹太拉比[1]的著作《古代化学作品》在1735年被翻译成德语出版，里面用两条龙来表示硝石，它们都在咬自己的尾巴，一条翱翔在半空中，另外一条坐在地上。他以这种方式揭示硝石里潜藏着“看不到的空气灵魂”，就像“凝固的天空”一样。这非常玄妙，意味着一切皆有可能。而炼金术士和犹太教拉比都认为，硝石里面有某种空气。

炼金术士们致力于改善硝石生产的方法，他们最终确认，几乎所有的生物里都能获得硝石，前提在于有足够耐心。而炼金术士从不缺乏耐心。化学反应常常动辄好几个月，这对他们来说是小事。所以即便硝石生长需要几年时间，又算得了什么呢？毕竟他们寻找点金石不只为炼金，也为获得精神完满，永葆青春、健康和幸福。

硝石的历史讲述到这个阶段，该轮到炼金术士约

1　拉比，犹太人中的一个阶层，主要为有学问的学者。——编注

翰·鲁道夫·格劳伯隆重登场了。1604年他出生于距离维尔茨堡不远的上美因河卡尔斯塔特。其父亲是当地的理发师，格劳伯跟着制镜师傅做学徒，之后开始云游四方的生活。他从没上过大学，而师从著名炼金术士，并通过书本自学。他一生漂泊，主要生活在维也纳、阿姆斯特丹、乌特勒支、科隆和法兰克福。格劳伯在很多事情上无师自通，所有技艺要么源自个人发明，要么误打误撞尝试出来，渐渐便拥有了十八般武艺。他研制出了一种新型炉灶，在一部名为《哲人之炉》的皇皇巨著里阐述了该炉灶的建造方法。这部多卷著作让他蜚声业界，几乎每位和他同时代的炼金术士都收入了这套作品。

他是一位创造力非凡的学者。人们在他唯一存世的肖像画中，会看到一个留着乱蓬蓬长发的大胡子男人，脸庞瘦削，眼神犀利。他也是第一个把无机酸，尤其是盐酸高度提纯的人。另外，他还发明了仿制瓷器和获取金属的新方法，部分方法沿用至今。不过他坚信炼金术的核心学说，丝毫不怀疑其他金属中能提炼出黄金，甚至给出了一些炼金配方。

格劳伯是传统炼金术向现代化学过渡的关键人物。他拒绝接受侯爵的俸禄，也从来没有侍奉过任何王侯。他完全靠技艺生活。他把自己的产品，无论化学制剂还是书籍都拿到市场上售卖，从而赚取研究经费。

从本质上说，他可以算是我们所知的第一位研究型化学企业家。格劳伯的产品可谓应有尽有，从金属产品到颜料，还包括药品。他发明的诸多药品中有一个至今都是珍宝——芒硝，一种泻药。

直到1670年在阿姆斯特丹去世之前，格劳伯一共撰写了20余部著作，其中不乏大部头，还有药理学和冶金学论文。在我们前文所介绍过的《航海家的慰藉》一书中，他建议用一种特别的酸来治疗坏血病。他最重要的作品叫作《德意志福音》。在这本书中，他试图通过化学方法重建被三十年战争彻底摧毁的祖国，而其中硝石是重中之重。

格劳伯确认硝石在许多地方都扮演着重要角色，因为它能从生物中，也能从泥土、尿素、肥料和粪便中培育出来。它在自然界中无处不在，同时又处处有用武之地。它促进植物生长，能用作肥料。格劳伯说，硝石能在空气中吸引一种所有生物都需要的万物之灵。

格劳伯重视硝石，甚至把它类比为基督耶稣。格劳伯说："让我们和三位来自东方的国王一起去马厩吧/处女的孩子刚刚在那里诞生/世上的国王或君主就在其间寻觅/他被赋予了神奇的力量/能不断变大、成长、变强。"

为了避免被看作罪恶的亵渎者，他立即解释这个比喻："我讲述的是硝石的诞生，这样类比能让每个人都更容易理解。它出生在马厩，父亲是太阳，母亲是月亮，风把父亲的种子带到马厩潮湿的土壤中，让它怀孕，其生母和养母都是处女地。"

用今天的理论来解释的话，硝石其实来自空气，是某些特定的细菌利用空气中的氧和氮合成的。这是由细菌进行的一个生物化学反应过程，但的确发生在土壤中，正如格劳伯所说，"种子"在土里茁壮生长。

反复思考让格劳伯不仅隐约意识到了氮循环的现代科学知识，而且他清楚硝石（正如我们今天所知，这是一种氮化合物）在整个自然界里意义非凡，所有植物，甚至所有生物都需要它。

格劳伯拥有罕见的现代派作风，他会琢磨化学在战争中的助力。比如借用《圣经》中大卫和歌利亚的故事，他提出“技艺”比“力量”更有价值。他认为“技艺”，也就是武器技术起决定性作用的战争年代已然到来。这一主张非常有前瞻性。当时他宣称已拥有了一种新式武器，我猜应该指高度浓缩的无机强酸，因为他说是一种“水质的设备”，它能“燃烧起湿火，把对方全部斩尽杀绝”。格劳伯想用这种武器来对付极其危险的土耳其人。

但是，“如果一个背信弃义的基督徒倒戈，投降了土耳其，敌人也弄到了相同的武器，会不会反过来把它用在基督徒身上？”为了防患于未然，他建议只把化学武器的秘密传授给世代定居、知根知底的男女和孩子。

另一方面，他提议不断研究开发，从而使己方的武器始终比敌人的更先进一些。

我们这位不知疲倦的炼金术士还第一次写出两个高度现代化的炸药制作方法：一种是苦味酸钾，作为起爆剂使用；另一个是硝酸铵，是一种直到今天也还经常使用的炸药。只不过格劳伯建议把它们作为药物来使用！

毕竟格劳伯的目标不是研制杀人工具，而是为了保障健康和经济繁荣。只有当人们找出成本最低的方法大批量生产受欢迎的产品时，经济才能繁荣发展。这是格劳伯所理解的化学的根本任务，所以他提出了几个获得硝石的新配方。这种物质应用广泛，甚至可以被用作肥料！他明确说“一切不过如此/丰饶的和繁茂的地区/俱富含硝石”。他的座右铭是：“盐与太阳包罗万物。”在他看来硝石之所以效力无穷，是因为从某种程度来说它带有太阳的影子。

格劳伯描绘了多种从含量丰富的原材料中获得硝石的方法，并且每个人都能参与，为祖国贡献一份力量。

他想让“德意志祖国”拥有源源不断的富裕源泉，并据此开启独立之路。但这个想法却少人问津。

我们今天知道他的很多建议是错误的，比如从食盐中得不到硝石。尽管如此格劳伯的很多看法都是正确的，比如他认为所有植物、动物和动物排泄物通过腐败变质和生物化学进程都能产出硝石；认为硝石形成过程中还需要空气，确切说是空气中的氮气；并且硝石在自然界中占据举足轻重的地位。

长年重病之后格劳伯于1670年在阿姆斯特丹去世，致病的根源可能在于多次进行重金属（尤其是铅、汞和砷）实验。他被安葬在威斯特兰，与伦勃朗为邻。

他的八个孩子没有一个子承父业，他们无一对炼金术感兴趣。而正如他自己所写，他对此毫不介意，因为这项技艺实在太危险了：“我不想逼任何人从事炼金术，因为这里面实在危险重重。”他的孩子中有三位受到荷兰艺术影响，成为画家。

火焰中的秘密

没有方程式的化学书

（2）

［德］延斯·森特根　著

［德］维达利·康斯坦丁诺夫　绘

王萍　万迎朗　译

人民文学出版社　天天出版社

火焰中的秘密

没有方程式的化学书

（2）

［德］延斯·森特根　著

［德］维达利·康斯坦丁诺夫　绘

王萍　万迎朗　译

人民文学出版社　天天出版社

目　录

实验室里的化学

大家普遍认为，现代化学把炼金术远远甩在了后面。事实上，这两者之间的确有着巨大区别。大约在18世纪中期，伴随启蒙运动兴起，一种全新的自然科学形式，一种建立在所有人都容易接受的实践经验，而非神秘学说或梦境之上的科学诞生了。神灵在研究中不再占有一席之地。它的位置要么被清空，要么被自然科学占据，而后者则宣称其发明能将地球变成天堂。

在理论层面上，尤其在火的学说上，现代化学理论发生了明显的变革。围绕物质、火和化学变化的谜团获得了新的解释。炼金术士在燃烧物质（尤其是金属）时，认为有些物质消失了。现代化学的观点却恰恰相反，燃烧过程中有东西加入了，比如氧气。氧气是现代化学中哥白尼式的物质，它是时代的转折以及向现代化过渡的标志。人类和动物都呼吸这种物质，空气不仅能降低血液温度，而且含有一种人类生存不可或缺的物质。金属学说也与以往有了极大区别。现代化学认为传统金属如金、银、铜、铁、铅和锌都不是化合物，而过去它们和硫、汞或燃素一起构成“金属碱”。现在我们知道金属，确切说是一些化学元素，它们不可以被创造出来。传统哲学元素水、气、土则被现代化学认定是化合物或混合物。化学将火解释为一个反应，而这个燃烧物质的化学反应过程有赖于氧气的参与。

但人们不光要看现代实验室的理论，更要看其实践，然后在现代化学和炼金术之间找出重要的共同点。没错，人们也能在其中发现丛林化学的延续。因为它们始终围绕物质的混合，以及在开放式火堆里或者封闭式炉灶里加热物质的过程。无论在本生灯还是火炉里燃烧的火焰，再加上微波炉之类的“非传统能量源”，火自始至终都是现代化学的核心。许多炼金术士发现的物质，尤其矿物酸在现代化学中仍被沿用。许多炼金术时期的化学方法，比如蒸馏，今天也依然适用。当然，除此之外，大量新鲜事物，比如专业杂志、有组织的研究项目、计算机和许多新实验方法在现代不断涌现出来。

对于人类来说，除了思考和行动以外，还有第三个层面，就是梦想。许多人不满足于做一名专业人士，而有更远大的目标。他们想通过自己的作为，为祖国甚至全人类贡献力量。在梦想层面上，现代化学和炼金术高度一致，以至于我们可以说它们其实是一码事。炼金术的传奇故事奠定了现代化学研究的基础，事实上炼金术根本没有消亡，而是变得普适化。人们关注的焦点不再是利用廉价物质生产出极宝贵的黄金，不过新口号一样雄心勃勃：人们要更宽泛地变废为宝。炼金术项目并没有被放弃，而是被推而广之。和早期高度专业化的炼金术相比，如今这种普适化的“炼金之术”已经证明能结出更丰硕的成果。借助它们，化学家们介入政治和经济时具有决定性的影响力，尤其在战争中，他们成为当权者不可或缺的帮手。同时，化学家们以出人意料的方式改变了这个星球，引发了大量物质的运动或转变，这不仅对当地，而且对全球都产生了影响，尽管很多时候这种转变并不是以他们希望的方式进行的。

氧气和燃素

让·保罗·马拉，1743年生，他的父亲是籍贯意大利撒丁岛的法国人，母亲则是瑞士日内瓦人。马拉是18世纪末期巴黎的一位著名医生。在他治愈了一位贵族的肺炎之后，权贵们纷至沓来。马拉的出诊费明码实价，每次只收一枚硬币，但必须是金币，即所谓的金路易，重26克，价值相当于今天2000欧元左右。这个数目绝不会把马拉的病人吓跑，因为他们都腰缠万贯。此外，马拉还是阿图瓦侯爵贴身禁卫军的医生，所以他很快聚敛了大量财富。马拉野心勃勃，希望有朝一日能载入史册，成为一名伟大自然科学研究者，于是不惜重金建立起一所豪华的研究实验室。

他对于火兴趣浓厚，计划通过研究把迄今为止关于火到底是什么和关于燃烧的整个理论体系推翻。在18世纪最后的几十年时间里，学术界掀起了研究火的热潮，当时市面上充斥着无数相关论文。马拉洋洋洒洒写下一部作品，名为《关于火的物理学研究》。他不无骄傲地宣称，正如同时代的牛顿对光学的杰出贡献一样，他会为火的研究带来颠覆性的变革。

马拉的书引人入胜，很快形成燎原之势。他洋洋洒洒的文字以及富有攻击性的脚注，就如炸雷般迅速扩散。他无休无止地进行一个接一个实验，并生动形象地描绘出所有实验结果，让这本书简直火到不行。这本书中讲述了非同寻常的火的故事：从马匹狂奔时马车车轴迸出的火花，到通过烟囱进入壁炉里熊熊燃烧的闪电，再到黑色粉末混合物和可爆炸的自点火器。我们都见过森林和城市里火光冲天的样子，一次马拉连续经过了两个着火的地方，于是停下来细想，究竟是什么原因，不会因为有人点燃了一捆稻草而烧掉整个世界呢？

这本书就像引发了一场噼啪作响的大火，科学界所有研究火的前辈都对马拉很不客气，根本不买他的账。而马拉个性浮躁冲动，认定自己全新的无可比拟的学说体系即将在陈旧的学术灰烬中升腾而出。他要成为火学界的牛顿。

只要仔细看看，你就会发现这本书的理论中少有创新。通篇都是关于所谓的火物质。这是18世纪化学理论研究的最大成就，然而并不是马拉的原创，他不过是拾人牙慧。这套理论是普鲁士哈勒大学教授、“士兵国王”腓特烈一世的御用医生、化学家乔治·恩斯特·斯塔（1659—1734）提出的。斯塔及其学徒们在假设火为一种物质的前提下，成功地用一个原则解释了一系列化学现象。哈勒大学的斯塔将火物质命名为“燃素”。德语单词“燃素”（Phlogiston）的意思是“可以燃烧的”。所有能在火里燃烧的物质都含有可燃元素，这已经是平庸老套的说法了。但斯塔这套理论较之前的学说有不少进步之处，我们之后将进一步讨论。

人们无法把燃素展示出来，因而觉得它非常捉摸不透。人们断定肯定有某些富含燃素的物体，比如木炭或油脂，而金属中也有大量燃素。但纯净的燃素到底是什么样子？当时人们虽然对燃素一无所知，但也没觉得是什么问题，正如其他物质比如电、热能或者光亮也不能被直接展示出来。还有大家早就发现一个难点，那就是燃素在金属加热时会迸发出来，形成灰烬或石灰，但金属的质量不是变轻，而是变得更重，但那时也没有人真正深入思考这个问题。也许燃素具有负质量？不管怎么说，当时的人们认为这个问题似乎更偏于物理学领域，而非化学领域，所以一直悬而未决。

1770年这一切终于水落石出。在法国国王的友情支持下，马拉撰写的关于火的著作终于付梓。马拉在开篇就断言，燃素肯定存在，他有确凿证据，并完全赞同传统学说。那么他所谓的颠覆性变革是什么呢？原来马拉发明了一种全新方法，虽然不是把可燃物分离出来，但至少让它们变得清晰可见。他在一个阳光明媚的日子进入一间全暗的房间，通过一个小小的透镜折射进一束阳光来，并且借助这束光进行实验。这些实验都很简单，只是点燃蜡烛，加热金属球或燃烧一汤匙黑火药。在透镜奇特的光线下，物体投射的阴影会显示出谜一样的条纹，马拉就把这些条纹解释成火物质。

马拉带着发现者的骄傲把著作呈递给法兰西学院，并恳求能被接纳。在当时，法兰西学院是和英国皇家科学院齐名的世界领先的科学机构。一位和马拉同岁并同样从事自然科学研究的富人安托万·德·拉瓦锡却不愿接受他的申请。马拉对这个人本来也不抱希望，大家都知道拉瓦锡也在研究燃烧过程，并强烈抨击过火物质的观点。最终，学院拒绝了马拉的申请，这让这位头脑发热的医生愤懑不平。

马拉并没有就此放弃他的学术抱负。他又继续著书立说，这本新的大部头著作转向光学领域。该书同样也没有带来他预期的强烈反响。接下来，他转而投身电学研究。在电击了植物、动物和人，并攒出了拥有上百个实验结果的厚厚的书卷后，依旧劳而无功。

马拉病倒了，他患上了一种慢性皮肤病，不得已他搁置了成为科学天幕中一颗璀璨新星的计划。而此时，一颗叫作拉瓦锡的新星正冉冉升起。马拉听闻消息后从病榻上惊坐而起。这位有钱人撰写了一本又一本的科学论文，声名鹊起，最后甚至彻底颠覆了当时自然哲学的理论基础燃素学说，直言不讳地宣称燃素根本不存在！拉瓦锡用一种全新的方式揭开了火的谜底。他宣称有一种其他物质，也就是氧气，参与所有燃烧过程。所以燃烧后的产品，气体、灰烬以及所谓金属灰烬（即金属燃烧过后的残渣）才会总是比金属原材料更重一些。这彻底颠覆了当时所有关于火的学说！马拉对这一革命性的学说并不认同，他连连摇头，把拉瓦锡的满篇胡言乱语扔在了一边。马拉把拉瓦锡称作“小东西”并觉得后者头脑不正常！所以等身体痊愈后，马拉立即又坚定地投入了“火学界牛顿”的项目。

1789年6月，民众冲进巴士底狱，法国大革命开始了。国王沦为阶下囚。马拉在病床上听到了风声，这一天他已经盼了几十年了，于是立马精神抖擞。尽管他在火的理论研究上一直郁郁不得志，但眼下革命如火如荼，他的真正使命才显现出来。虽然马拉成不了火学界的牛顿，但转身就成了革命领袖。他以一种特别的、独一无二的的方式理解那些愤怒的民众，那些头戴鲜红的帽子，手举火炬穿梭在巴黎的革命民众。所以他能像一位预言家一样，感受到未来几年将会发生的事情。

马拉是一流的宣传鼓动者，他能在适当的时候把民众的热情煽动起来，又在适当的时候把它抑制下去，把燎原之势向着对他最有意义的方向引导。很快，马拉就站到了革命运动的风口浪尖，并成立了《人民之友》报社，亲笔撰写里面的文章。他擅长借助报纸文章煽动民众。远在事实发生之前，报纸就披露了很多密谋，甚至包括国王试图逃跑的内幕。马拉借此树立了很高的威望。他不属于革命运动中的温和派，而是激进派，一步步给具有影响力的社会阶层施加压力，这其中就包括他的学术宿敌。

在一篇题为《新时期江湖骗子》的文章中，他报了当年的一箭之仇。法兰西学院曾拒绝过他，所以他要让学院也不好过！他要求关闭学院。马拉的倡议最终成为现实，学院关门了（尽管马拉并没有等到那一天）。学院主席孔多赛被关进监牢，最后死在狱中。

马拉有机会把拉瓦锡叫到跟前来当面斥责。他还用最恶毒的言语攻击这位学者。此人到底做了些什么？马拉贬斥说，其学说甚至不全是他自己的垃圾，而都是剽窃的。马拉声称，几个月时间内，拉瓦锡像换衣服一样改换理论：起初他大力赞扬燃素学说，接着又把它批驳得一文不值。所以马拉得出结论，拉瓦锡就是所有江湖骗子的头目，一年还拿着10万锂（相当于100万欧元）的俸禄。马拉还说，拉瓦锡当时极力想阻止巴士底狱风暴，他让燃素变成了氮气，甚至还想在巴黎建筑城墙，以便从居民身上再压榨出一些税收。不是别人，正是此人想把巴黎变成一座监狱！他是本世纪最大的阴谋家。

这篇义愤填膺的长篇大论出现时，拉瓦锡正忙于研究新的度量系统，也就是今天全世界范围内最广泛适用的度量单位，包括米、千米和公升。最后马拉终于得逞，逼迫拉瓦锡从新政府授予的所有职位上退了下来。套在这位化学家脖子上的绳套被拉得越来越紧，马拉也很享受报复的快感。可惜他刚刚沉浸在胜利的喜悦中，就遭遇了飞来横祸：他被暗杀了。虽然他早就预言，自己有朝一日必死于非命，然而死神真正降临的时候却悄无声息，让他丝毫没有察觉自己危在旦夕。

那是巴黎一个炎热的夏日。1793年7月13日，马拉和女友住在市中心，周围的建筑密密麻麻的，尽管窗户大开，房间里仍热得如同蒸笼。一位优雅的年轻女士上门拜访，声称能提供一份大革命敌人的名单。马拉正深受淋巴结核病的折磨，所以女友并没有让陌生女人进来。晚上，这位女士又登门了，再次大声表明来意。马拉在隔壁房间里泡澡以缓解病痛，他偶然听到了“大革命的敌人”，觉得这事刻不容缓，于是让这位女士进来，想听听她到底要说什么。他并没有顾忌自己正赤身裸体躺在澡盆里，因为倘若大革命有危险，这些世俗礼仪大可不必介怀。

他的命运就在这一刻注定。夏绿蒂·科黛进屋了，这位年轻美丽的女士坐到马拉旁边，念出一长串人名并说他们想谋划推翻雅各宾政府。马拉用笔一一记录下来，因为情绪激动而呼吸急促地说道："我要把他们全都送上断头台！"这是他生前留下的最后一句话。科黛从身上拔出一把在集市上买到的长厨刀，将锋利的刃口刺进了马拉的胸膛。这位革命者当场毙命，澡盆里的水被汩汩涌出的鲜血染红。科黛生于诺曼底一个优越的贵族家庭，她的世界被革命彻底摧毁了。刺死马拉后她神情恍惚地走出房间，在她身后马拉的女友发出凄厉的尖叫，愤怒的群众围拢过来攻击这个女人。科黛就在革命广场，也就是今天的协和广场，被送上断头台。

人们对着马拉的尸体流下悲痛的泪水，像对死去的法老一样给他全身涂抹防腐材料，全民哀悼。马拉的朋友、著名画家雅克·路易·大卫完成了一幅史诗般的英雄肖像画。今天大多数历史教科书里都会出现这幅画。画面中马拉仰躺在澡盆里，头上包裹着湿毛巾，身体歪向一侧，手里攥着一支笔，胸口则插着一把尖刀。在公共葬礼上大卫给马拉穿上红色长袍，俨然一位罗马的君主。作为国民军成员的拉瓦锡必须和同事们一起穿上整整齐齐的制服，出席葬礼并向尸体敬礼。

此时，拉瓦锡的内心肯定在窃喜，以为宿敌不在了，自己就安全了，不会再受到攻击。在自然科学领域里从不犯错的拉瓦锡在政治上却很盲目。这一次他仍然错误地估计了当时的形势。马拉的暴毙不仅没有让拉瓦锡转危为安，反而让局面更严峻。马拉遇害让他的朋友雅各宾派变得异常激进。就在9月他们公布了臭名昭著的《嫌疑犯法令》。所有君主制政党的追随者和所有对革命不曾表现出充分热爱的人，统统被归为“嫌疑犯”，革命进入恐怖统治阶段。

马拉针对拉瓦锡点燃的战火，不仅熊熊燃烧起来，而且形成了燎原之势。这位著名科学家栽倒在自己过去的所作所为中。革命之前，拉瓦锡属于富有影响力的社会阶层，他也是国王最重要的税务官。他在位时，和做化学研究一样，提出了很多聪明又激进的想法，所以他并不太受人民爱戴。拉瓦锡计算出，巴黎民众的生活必需品只有80%缴过税收，那缺失的20%到哪去了？

拉瓦锡像做化学实验一般研究这个课题。一次化学反应中物质总量如果变少，则仪器中一定有缺口，需要堵住缺口再检查整个过程。物质可以转化，形式可以改变，但总质量应该始终保持不变。在一个完全封闭的仪器设备中，拉瓦锡建立了燃烧理论和呼吸理论。为什么不能把化学中这种了不起的机制同样应用到社会生活中？

巴黎这座城市的整个装置中肯定就有漏洞，比如偷偷摸摸的走私犯，尤其是酒精和烟草走私。倘若让巴黎成为一个全封闭系统，就能严密监控所有进来和出去的人和物，就像在实验室一样。拉瓦锡规划环绕巴黎建一圈围墙，便于检查进出往来的人群。他把规划递交给国王的财政部长。规划开始时被搁置一边。绕城城墙？巴黎人肯定不喜欢这个主意。

不久以后，整个国家财政紧缺，这促使拉瓦锡的城墙在1787年真的破土动工了，建造花费达3000万锂，相当于3亿欧元。这是相当庞大的项目，但身居高位的先生们并不在意代价高昂，反正都由民众来负担，建成以后还能更好地控制他们。可以想见这城墙多么不受百姓欢迎。人们说，它把城市和新鲜空气隔开了，还用一段绕口的话来表达："围城，围住了巴黎城，也围出了怨声。"城墙把整个巴黎围得水泄不通，所有人都被迫从一个狭窄的门穿行，在这里接受检查。但巴黎城墙也的确出色地完成了经济使命，由此它无疑成为最受厌恶的建筑工程之一。以此类推，那富有的城墙发明者自然激起民愤。

正因如此，马拉一煽动便激起千层浪。民众眼里的拉瓦锡不是一位有勇气的科学家，而是一个野蛮的吸血鬼，他的财富都是从穷人身上剥削压榨出来的。而现在，觉得自己备受刺激的革命者们很快在1793年底起诉拉瓦锡和当年其他征税者，并将他们投入大狱。

当拉瓦锡枯坐监狱时，其氧气理论却得以广泛传播。巴黎自然历史博物馆的阶梯教室里举办了世界范围内首次化学公开课。所有通过科学中心、电视台或互联网络把化学“还给人民”的现代化的尝试，都可以追溯到这个源头。革命群众被号召起来学习和进一步深造化学理论，了解如何为大型军队供应硝石。因为法国周边的敌国已经停止出口硝石，该物质必须由本国生产了。于是国民们被召集到巴黎来，让法国最杰出的化学家为大家解释硝石为何物及其制作过程。民众们戴着红帽子坐在巴黎自然历史博物馆的阶梯教室里，站在讲台上的则是拉瓦锡曾经的同事。老师无须激发学生学习的积极性，革命者们已经动力满满，毕竟这些是与炸药及他们崇高理想紧密相关的知识。老师传授的是拉瓦锡的现代化学。分发给未来制硝者的小册子里，用硕大的字写着“暴君必亡”。暴君是指所有革命的敌人，尤其是英国、普鲁士、奥地利和俄国的政权。

老师以异常清晰的法语——这种我们今天仍笼罩在其光芒之下的语言，以硝石、火药和大炮为例把拉瓦锡的观点解释得一清二楚。这里所传授的就是化学基础，简化而又极其准确地解释了金属矿砂往往是金属和部分空气，也就是氧气接触后产生的化合物。如果用炭加热矿砂，就会产生二氧化碳，即碳和氧的化合物，金属则被分离出来。硝石是氮和氧的化合物，另外加入的还有碱（今天我们会说是钾、钙或者钠）。氧气理论也解释了为什么黑火药会爆炸。《革命课程》上是这样说的，首先硫与硝石中的氧形成气态的硫氧化合物，即硫酸；然后来自木炭的碳也和硝石中的氧合成碳酸，如此产生氮和水蒸气，这种由化学反应而增强的火力就导致爆炸。多年以前我从法国古董商那里购得几本大革命时期的宣讲化学的小册子，如获至宝。每次翻看这几本几乎被翻烂的古旧小册子，我总会深受触动，也为它简洁明了阐释新化学的风格而着迷。那里面几乎一个多余的词都没有！1794年的春日，新化学突破了实验室和学院的狭窄围墙，在革命群众中广为传播，并很快成为新科学世界观的核心元素。

小册子只字不提拉瓦锡，尽管他很可能参与了册子的编撰工作。我们甚至都不知道，他在狱中是否会知道这样的大型革命化学课，虽然上课地点距离他的牢房并不遥远。或许答案是肯定的，我们尽可以想象，当他知道自己的学术理论在革命群众中推广时，会多么欣慰。

在一次简短诉讼后，安东尼·德·拉瓦锡于1794年5月初被判死刑，判决被填入一张预先印制好的表格里。那段血雨腥风的日子里，死刑判决数量之多，使得这种流程成为一种必需。

拉瓦锡始终镇定自若。他在监狱里给一位亲戚写信说：“我的职业生涯已经够长了，自觉非常幸运。如果人们对我的回忆里会掺杂少许遗憾，也许还有一些赞誉，那么我夫复何求？我现在所陷入的困境，无非只是阻碍我去见识因年岁增长而遇到的种种烦扰而已。在处于生命力量的高峰时逝去，何尝不是一种安适呢？这种安适是属于我的，也是我迄今为止感受到的。”拉瓦锡只比他的对手马拉多活了一年时间。

燃素理论和氧气理论

燃素理论的世界

◆ ◆ ◆

燃素理论是德国化学家乔治·恩斯特·斯塔（1659—1734）研究提出的，他把炼金术古老的文化遗产整理改写成明确的、系统化的理论，成果丰硕。该理论在18世纪得到各方面认可，直到19世纪还有众多拥护者。

照此理论，金属是燃素和金属灰渣的化合物。金属燃烧时燃素被释放出来。如果人们把金属和另一种富含燃素的物质——比如炭——一起加热，金属又能被还原出来。

硫和磷是燃素和一种气体形式的物质组合而成的化合物，人们通过燃烧硫和磷得到这种气体物质。这个物质人们也称为去除了燃素的硫或者磷，以硫酸和磷酸的形式为人们熟知。如果人们用炭把它加热，又能得到硫和磷。

成果：燃素理论第一次在一个统一的原则（即燃素的交换反应原理）指导下去观察燃烧现象。它引导了许多新发现，没有它，氧气理论也就不可能出现。今天有一些科学哲学家认为废除燃素理论过于武断。燃素能解释很多氧气理论难以解释的东西，曾在实践中给出了实质性启发，比如可以把氧化和还原反应看作是燃素的交换反应，只不过此时交换的东西是电子罢了。

氧气理论的世界

◆◆◆

燃烧中的氧气理论主要是由安托万·德·拉瓦锡研究出来的。它的基础理论直到今天都有指导意义。

据此理论，金属都是化学元素，它们在燃烧过程中获得了空气中的氧，形成金属氧化物。当人们把它用炭加热时，金属中的氧气再次被释放，于是人们重新得到金属。

硫和磷同样是元素，它们能和氧气结合，同时形成不同的化合物。在化合物中氧气的含量越高，酸度也就越高。

氧是一种元素，一种使酸性物质的酸性更强的成分（所以氧在德语中被称为“酸素”，而这部分氧气理论今天已经被推翻了）。氧理论学家所说的氧气或者酸素，是一种清除了燃素的空气，所以特别容易吸收燃素。因此在这种空气中燃烧，火焰会更加旺盛。

成果：氧气理论中的燃烧原理今天已经被普遍认可。拉瓦锡所引入的化学元素概念也在全世界范围内广泛应用。然而，氧气理论中酸的原理部分是错误的，因为许多酸里根本不含氧。即便含氧80%的水也不是酸性的。尽管如此，德语中“氧”至今依旧被叫作“酸素”。

水是 H_2O？

20年前，也就是我在法兰克福一所中学第一次给九年级学生上实验课时，我认为讲授水的方程式很合适。还有什么化学分子式比H_2O更加有名呢？水并非元素，而是一种化合物，这一发现是现代自然科学最特别的一项成就。

我的整个实验过程相对简单，因为基本不需要什么额外的东西。粗略来说，就是让两桶氢气和一桶氧气发生化学反应。反应过程比较剧烈，伴随有响亮的爆炸声。爆炸是这个化学课堂的出发点。我想向学生展示，要想从现象推导出水的化学方程式是一件多么困难的事，尽管它如今人尽皆知。一次化学实验往往可以有多种不同解释。每种物质和每次变化对化学家来说都是谜团。人们看到东西嘶嘶作响，噼啪爆裂，知道有事发生，但不知道到底发生了什么。人们也看不出来是简单物质还是复合物质，是元素还是化合物。通过思考和新实验人们揭开了谜底，但往往随之又会产生新的谜团。我讲述这些内容，不是为灌输知识，而是为传递一种观念。

两桶氢气加一桶氧气——水就产生了。这个容积比很准确，二比一，既不会多也不会少。有可能纯属偶然，但在气体领域里很多化学反应都拥有简单的整数容积比，总是一对一，二对一，或者三对二等等。这是由天才的意大利自然科学家阿莫迪欧·阿伏伽德罗（1776—1856）首先想到的，他宣称同样体积的气体里含有同等数量的微粒。这不是一种漫无边际的即兴猜想，而是一次尝试，不然人们不可能有朝一日猜测到原子世界的秘密。

也就是说，一桶氢气里，含有和一桶氧气数量相当的颗粒。由此可知，氢气和氧气发生化学反应时的比例是2∶1，最后得到一桶水蒸气，然后我们有了这个化学分子式H_2O。这样一来，这节课的学习任务就算完成了。实践的这一天到来了，我从可爱的器材负责人那里拿到一个一米长的设备，这是包括玻璃注射器、反应管和气瓶的一整套设备。我开始做实验，而结果出来了：我们得到的不是一份，而是两份水蒸气。

学生们开始还猜测是不是出了什么差错。但是，当我们重复实验，得出的结果仍然一样：两份氢气和一份氧气发生反应后，最终得到两份水蒸气。

这正是我所期待的时刻。我一向认为科学课堂绝不是尽快给学生灌输当前的自然科学新知，而更应该展示，针对一种现象，人们至少可以得到两个甚至无穷无尽个对它进行解释的方法。

于是我在课堂上说："原子世界可能发生了什么呢？你们在小册子上写几个符合实验的化学分子式

吧！”一阵沉寂后学生们先后给出建议。他们非常有创意：一个学生认为氧气实际上由两倍的四处乱飞的极小部分构成，因此正确的化学分子式应该是2H加上O–O，最后得到2HO。我等的正是这个，于是立即解释道，19世纪化学家们同样对这个化学分子式深信不疑，并且还有着充分理由，因为这是人们对该化学反应能想出的最简单的分子式。

其他人还认为：H–H加上O–O–O–O，于是得出HHOOOO（也就是2个H，4个O，用现在的写法是H_2O_4）。

另外一人说：2H–H加上O–O，于是得到HHO（也就是2个H和O，写成H_2O）。

我很兴奋，觉得全班同学都理解了我想要表达的内容。一位女学生举手问：“所有这些化学分子式中到底哪个正确呢？”我不假思索地说：“都是正确的，水是HO，H_2O_4或者H_2O！这每一个化学分子式都适用于我们的实验。”这时我觉得场面有点失控了，所有人都忍不住开始叫嚷起来："不可能，只有一个分子式是正确的，如果考试中我们写了其他分子式，您肯定会因为它是错的而把它划掉！"其他人也高声说："您这样说完全把人弄得糊里糊涂，我们到底该信哪个呢？"我正想挽回这个局面，说我不只要让他们记住什么，更重要的是让他们能理解科学研究该如何进行，可就在这时下课铃响了。学生们兴高采烈地收拾好东西，飞也似的跑向学校操场。

我的"实验课"失败了吗？我告诉自己，不管怎么说，学生现在对这个问题的困惑和19世纪的化学家们一样，但后者可不只是花费了一节课时间，为了想出水的正确分子式他们花费了整整40年。据说波士顿一家精神病院里曾寄出一封非正式书信，1860年它被刊登在《化学新闻》杂志上，信中一位化学家承认水的分子式问题令他绞尽脑汁，以至于最后疯疯癫癫，甚至大脑全部软化了。这篇文章的标题叫作《一则悲伤的故事》。

直到19世纪后半叶，化学家们才终于对"正确"的水的化学分子式取得了一致意见。

今天，水的分子式 H_2O 成了永恒的化学知识。化学上一个简单的分子式，确实相当于一次哥白尼式的转变。哥白尼当时对抗的是老派思想家想当然的知识，甚至包括对抗传授太阳围绕地球旋转的《圣经》。类似的，化学家们证明水其实并不像上千年来所认为和传授的那样是一种元素，而是一种化合物。现代科学知识颠覆了一些传统理论，同时奠定了自己的基础。伴随着化学家们新发现的物质，谜团接踵而至，他们必须通过进一步实验和借助其他物质来解谜。对于化学家们来说，化学分子式首先揭开了一个谜底，回答了物质构成的问题。然而对于门外汉来说，分子式本身就是一个谜，它究竟意味着什么？

化学分子式的发明有其实用性。因为它就好比烹饪配方：一旦人们掌握化学分子式，至少在理论上就知道如何制作相应的物质。比如用来给牛仔裤上色的蓝色颜料靛蓝，只要人们知道了其化学分子式，就可以通过人工方法合成。对于水来说，这个了不起的知识却作用不大。是的，人们能用氢气和氧气合成水，但如果你口干舌燥走在大草原上，掌握这些知识又有何用?

换句话说，因为化学分子式能在化学反应的网络中定位一种物质，并能解释该如何从其他物质中合成该物质，对于自然科学的确意义重大。化学分子式给出了这类问题的答案，对一个研究物质转化的专业人士来说用处很大。它的作用很显著，也能加深人们对于水的理解。尽管如此，人们不能过高评价化学分子式。它不是水这个“物质”本身，而只是对一个大多数人从来不会提出的问题的一种回答而已。

银和沥青

现代化学中得到人们一致好评的发明并不多。许多杰出发明，例如化肥、滴滴涕或吗啡有严重的副作用，起初人们对它们交口称赞，随着时间推移，则慢慢出现了越来越多批评的声音。

但摄影技术例外。直到今天，即便进入数字化时代，摄影和电影艺术仍然为人们喜爱，谁都不愿错过如此美好的享受。谁是摄影技术的发明者？这取决于人们如何定义摄影。如果把摄影定义为一种通过太阳光照和化学进程生成可持续留存的物体影像的话，其发明者就是法国官员兼工程师约瑟夫·尼瑟福·尼埃普斯。

尼埃普斯生于1765年，是一个富裕家庭里的第三个儿子，居住在勃艮第自家庄园里。他和哥哥克劳德一起师从附近修道院的一位僧侣。兄弟俩亲密无间，孩提时分就一起自制各种神奇机器，在上面安装木头削成的小齿轮。

尼埃普斯的父亲本想让他成为一名教士，但他对宗教丝毫不感兴趣。他24岁时法国大革命爆发，培育这些年轻人的修道院被解散，财产充公。

和哥哥一样，尼埃普斯应征入伍，1792年到1794年间服兵役。但紧接着他因病卧榻数月之久，连站立都非常艰难，身体一度极为虚弱。尽管上级对他很器重，最终还是不得不遗憾地让他离开了军队。疾病也让尼埃普斯因祸得福。卧病期间他爱上了护士玛丽·安吉利斯，1794年他们在尼埃普斯驻扎的地方尼斯成婚。婚后年轻伉俪去了索恩河畔沙隆附近的圣卢德瓦雷纳，尼埃普斯家族所拥有的雷格斯庄园就在这里。哥哥克劳德在海军部队服役几年后也回到雷格斯，于是兄弟俩继续沉迷于机器研制和新的发明创造中。法国大革命带来的革新精神并没有只限制于社会生活层面。一切都要革新，而且是在科学精神的指导下：社会、军队、度量衡体系、法典，甚至日历都不例外。

约瑟夫·尼瑟福，他的名的字面含义是胜利者，在短暂的军旅生涯之后他又开启了作为发明家的第二人生。他的发现和发明史无前例。和哥哥克劳德一起，尼埃普斯研制出现代汽车发动机的鼻祖“自燃机”，他俩用它驱动自制的小船在索恩河上泛舟。其驱动力不是有毒的汽油，而是可再生的自然原材料石松孢子。石松是一种生长在森林里，类似于苔藓的植物。夏天时它会把一种明黄色粉末，也就是石松孢子撒播到空中。因为这种黄色孢子里含有大量油分，燃烧能力很强，喷火艺人很喜欢把它们作为一种无毒的汽油替代品。克劳德很快又离开了雷格斯庄园，因为他想去英国闯荡，之后就再也没回来。尼埃普斯独自继续钻研下去，始终和克劳德保持书信往来。他正热衷于发明一种新艺术，他称之为“日光蚀刻法”，即太阳光成像，也就是今天所说的摄影技术。

尼埃普斯发现某些特定物质，尤其银化合物对光很敏感。它们暴露在阳光下时会变黑。17世纪时人们就知道这一点。德国籍阿拉伯裔钱币收藏家、化学家约翰·亨里奇·舒尔兹（1687—1744）将这个“奇妙发现”公诸于世。

然而，从人们确定有一种溶液在阳光照射下能变黑，到最后真正出现摄影术，其间还差一大步。尼埃普斯最初用所谓暗箱，也就是只有一个让光线通过的小窗口的盒子来成像。盒子背面会出现一个倒立的图像。他在暗箱里放上涂有感光材料的纸。尼埃普斯先用银盐作为感光材料，经过连续好几个小时光照以后，形成的图像纯粹是一张负片，意味着原本光亮的地方在照片上变得黑暗，而黑暗的地方变得光亮。照片只能保存几小时，接触光以后，其颜色越来越深，最后变成灰乎乎一片。和尼埃普斯同期还有一个人也得到了相似图像，那就是英国化学家汉弗莱·戴维（1778—1829），他建议人们只在非常微弱的烛光下观看照片。

一张涂有感光物质的照片在完成以后，人们怎样才能阻止它在光亮中变得越来越黑，或者变得苍白褪色呢？

经过一些尝试，尼埃普斯终于发现一种性质正好和银相反的物质，这种物质当时叫犹太沥青（Judenpech）。今天我们称之为沥青（Bitumen），或者更确切地说，是一种干涸后的石油。这种黑色物质像松香一样黏糊糊，主要出现在死海里面，它会不断浮出水面。早期，海员会把它们收集起来。它们在黑色油页岩里也有分布。今天人们从石油里面提炼沥青。

尼埃普斯把沥青碾碎后溶解在薰衣草油里。这是非常离奇的物质组合！他把溶剂涂抹在抛光的小锡片上晾干。然后再把锡片放在他的照相暗盒里感光几小时。曝光后上面其实什么也看不出，当他拿薰衣草油清洗锡片表面的沥青时，只有那些处在阴影部分的沥青被溶解了，其他则还保留在锡片上。因为光让沥青硬化，从而照片变得恒久，即便长期处在光亮中也不会变得更黑。照片上最细密的细节也清晰可辨，尼埃普斯给在伦敦的哥哥的信中兴奋地写道："照片上所有事物清晰再现，每一个小细节和最细微的色彩层次差别都真实得令人称奇……这样的现象，我可以这样对你说，我的朋友，这真是太神奇了。"

这封信写于1824年，这一年就是摄影技术元年。尼埃普斯当时拍摄的所有照片几乎都已散失，只有一幅晚些时候，约1826或者1827年的作品留存了下来，那就是《雷格斯的窗外景色》。照片本身没什么，不过展示了农舍窗外后院的景色。这次他还是把沥青涂在一张锡板上来最终成像。这张照片的特别之处在于，它既像正片，也像负片，关键在于人们从哪个角度来观察它。尼埃普斯把照片装框送给德国植物学家弗朗茨·安得亚斯·保尔。保尔那时在伦敦工作，他向尼埃普斯索要这张照片。保尔死后这幅作品被世人遗忘，多年来被藏在昏暗储藏室的一个箱子里。德国籍美国裔摄影历史学家赫穆特·格斯海姆（1913—1995）多年来四处寻访打听其下落，并多次在报上刊登启事，都杳无音信，后来苍天不负有心人，他终于得到一丝线索。作品最后一任主人的遗孀在收拾丈夫遗物时发现了它，随后通知了格斯海姆。可电话里她说作品已彻底腐烂变质，什么都看不出来。格斯海姆心急火燎地赶来，一定要亲眼看看哪怕据说已面目全非的作品。1952年2月14日，格斯海姆终于将心仪之物捧在手心。对那一刻他这样描述道："我简直惊呆了。我完全没有想到这块锡板就好像画作一样被装裱在豪华的画框里。我走到窗前把板子对着光亮，上面一无所有。而一旦我改变了角度，后院的整个场景就突然呈现在我眼前。那位女士也惊得瞠目结舌，她可能以为是什么黑魔法吧。"

这不是什么黑魔法，而正是一张照片能带来的效果：让昨日重现。得以重现的并不是摄影师本人，而是他当年目光所及的场景。我们今天对摄影习以为常，体会不到这其中的魔力。但当人们发现两种矛盾的物质，如沥青和薰衣草油竟能互相作用，并首次显示出这样的魔法时，难道不会觉得神奇吗？

《雷格斯的窗外景色》现在保存在奥斯汀的得克萨斯大学里，是存世最古老的摄影作品。在日光摄影术，也就是日光照片成功发明出来几年后，尼埃普斯开始和剧院画家路易·达盖尔（1878—1851）合作。他们都在同一位钟表匠那里买过透镜，经人介绍而相识。尼埃普斯认为达盖尔能协助自己进一步开发研制相机，那位画家也的确贡献了好些点子。尼埃普斯开始尝试缩短曝光时间，他认为只有曝光时间短于15分钟，摄影技术才能得以发展。这个时间在今天看来已不可思议，如果拍摄一张照片要求我们哪怕15秒静止不动，想必大家就很不耐烦了。

尼埃普斯和达盖尔之间的合作很短暂。1833年7月5日，就在刚刚完成了最后一幅作品——一张铺着桌布的桌子后，尼埃普斯突然中风猝死。同伴达盖尔继续改良摄影工序，并大言不惭地称之为“达盖尔摄影术”，从此名扬天下。这期间他不遗余力地试图抹去尼埃普斯的所有功劳。

渐渐地，人们不再使用沥青，因为它在太阳光下凝固所需的时间实在太久。传统黑白摄影技术更多建立在使用银的基础上。尼埃普斯最初的想法实现了，只不过是以一种变化的形式。后来人们使用感光性更强的聚合物来实现照片冲印。今天大部分打印机的工作原理依然如此。尼埃普斯使用沥青，现在人们使用合成聚合物，但原理是一样的。

和很多19世纪的发明家一样，尼埃普斯并没有从他的发明中获得任何物质利益。其子伊多尔屡次在论文中指出父亲在“达盖尔摄影技术”中的贡献，最终从法国政府获得了一点经济嘉奖，但也仅限于此。时至今日，人们对于尼埃普斯的纪念活动再度活跃起来。索恩河畔沙隆的博物馆里展出了这位摄影技术发明者的作品。馆中还悬挂着一幅尼埃普斯的油画肖像。画中男子有一双深邃的蓝眼睛，气宇不凡，真切地反映出尼埃普斯谦谦君子的个性，正如我们通过其他报道所了解的一样。

伊多尔回忆父亲时说：“他天性温良、风趣，即使偶尔发脾气也带着绝对隐忍和恭敬，的确是个好人！他全心热爱诗歌、机械和化学。”

“热爱诗歌、机械和化学！”最后一句话中，看上去并不相关的事物在尼埃普斯身上被整合在了一起，这是非常崇高的敬意。而他发明的摄影技术正是一种把化学、机械和诗歌美妙地融合起来的艺术形式。

天国里的空气

19世纪初期汉弗莱·戴维（1778—1829）成为英国科学界的领军人物。他在化学上的名声最初建立在笑气研究上。时至今日，笑气在英国还只是被用作麻醉剂。戴维在其他研究上也颇有建树。他在化学上最杰出的贡献在于成功将电流用于物质研究。意大利化学家亚历山德罗·伏特（1745—1827）发明了一种方法，通过将不同金属组合在一起成功产生了稳定可用的电流。换句话说，他研制出了电池。戴维则出神入化地把电池运用在了化学研究中。他把正负极插在了所有可能和不可能的物质上，观察接下来会发生什么。通过不断尝试新物质，戴维在这个过程中有了惊人发现，他在电流中发现了一种不同寻常的新化学物质。

他通过电解不同的盐，得到全新金属钠、钾，以及后来的钡、钙、镁和锶。和大家已知的金属一样，这几种金属呈灰白色，闪着明亮的光泽。但它们异常活跃。如果把它们放到水里，有些会立刻溶化或燃烧起来，甚至会爆炸！我们今天所说的碱金属和碱土金属在当时还鲜为人知。

戴维还把电池用在其他物质上。他对氯很感兴趣，也就是当时被叫作“脱燃素的盐酸”或者“氧化锝”[1]的物质。在当时化学界，氯还是神秘物质。

从物质角度来说，因为人们只能从猪膀胱里采集氯气，所以它的产出率很低。著名德国裔瑞典药剂学家和化学家卡尔·威尔海姆·舍勒（1742—1786）把盐酸

1 原文为Oxymuriaticum，在此借用“锝”字以命名历史上曾被认为是元素，今天指氯化物的物质。——译注

浇在一种叫作软锰矿的矿石上，并收集产生的气体。用来采集气体的容器就是扎起口来的、经过清洗和干燥的猪膀胱。他确认气体呈黄色，气味难闻，对肺部有强刺激性。因为当时燃素理论盛行，所以他把这种物质叫作“脱燃素盐酸”，正如硫是从去除燃素的硫酸中分离出来的一样。舍勒是生产出氯气的第一人，尽管他并没有掌握我们今天的知识。他将此发现归结于他毕生都坚信的燃素理论框架中。

而拉瓦锡对此的阐释也只是擦到边。这位法国化学家从勤奋杰出的瑞典药剂学家的发现中获益良多，他认为舍勒毫无疑问发现了一种氧化物。根据拉瓦锡的理论，所有酸都是氧化物。这听上去很有道理，因为氧气常常能让一种物质变成酸。硫酸、硝酸、醋酸里面都含有氧。如果氯气溶解在水里形成氯水，会起酸性反应。拉瓦锡相信，这种绿色气体中只有含氧才会有此现象。在拉瓦锡看来，事情一目了然。而几乎所有同时代化学家都认同这个观点。他们确认，氯水能在阳光照射下释放氧气。阳光分解了绿色气体，并释放出氧气，那接受氧气的物质是什么呢？在一所法国的化学学校里这种物质被叫作氧化盐气体，因为人们觉得它是氧和鉧组成的化合物。Muria是盐湖的拉丁文名字。而盐终究成了一种新物质的来源：人们把盐和陶土混合灼烧至赤红，从而获得盐酸；进一步则能从盐酸中获得氧和鉧的化合物。当年鉧这个名字占据了一个元素的位置，只是尚待研究确认。

化学往往具备非常迷惑人的表象，氯就是一个例子。人们虽然能看到闻到尝到这个物质，并且能在它爆炸时听到这种物质，但化学反应过程中到底发生了什么，人们却看不到。反应中是否有东西产生或者消失？是否有物质分解或者融合？某种物质是单一元素还是化合物？就像无法从氯呈现出的黄绿色推导出它是一个有益健康的元素，人们也无法从它的某个特性看出它是一种单一元素。所以人们只能通过其丰富的化学反应来不断深入研究。

戴维现在想出一种针对该物质的全新方法。他并不十分信服燃素理论，也不认同拉瓦锡把氯当作一种氧化物的观点。戴维认为，如果它真是某种物质和氧组成的化合物，那么总有办法把氧气和这种物质分离开来。于是他开始不断尝试，把当时能找到的最强能量都用到氯气上：戴维用烧红的炭灼烧它，还让雷雨中的电火花穿过氯气，而且持续好几个小时！可该物质没有发生任何变化。这个“化合物”既没有产生氧化物，也不释放氧气。戴维于是放弃了分解实验，认定氯是一种元素。但这还并非最终铁证，因为还得考虑到可能有新方法和新能量让这种黄绿色气体分解。戴维借助电流曾经让一系列原本被认为是基础元素的物质分解了。所以，如果一个物质被宣判为一种元素的话，即意味着迄今为止我们都无法分解它。

戴维冒极大的风险发表这一论断，打赌说这是一种元素，并把它命名为氯。这个词源自希腊语Chloros，意思是黄绿色。因为戴维坚持己见，这个概念被沿用下来。他赌赢了，直到今天我们也分解不了氯。而且在元素周期表系统里氯与同族元素的特性也非常符合，这也进一步支持了氯是基础自然元素的观点。

戴维病态的生活方式和他疯狂的气体实验让他付出了惨重代价。他的一生中接触的化学品量太大，正值声名显赫时，刚满40岁的他就一病不起，不得不放弃在伦敦的职位，来到山清水秀的瑞士山间疗养。和实验室相比，这里的空气显然更有益健康。他在高山湖泊旁垂钓休养，可惜身体恢复只是暂时现象。1829年，戴维准备回英国前夕在日内瓦病故，终年51岁。

“只有一种气体，”23岁那年他在《化学和哲学实验》中写道，“能延续生命，那就是普通空气。所有其他气体早晚都会让人丧命，只是方式不同而已。”这真是至理名言，只不过汉弗莱·戴维自己却从未践行。

溴的来历

现代化学实验室显然已经和它所在的地点毫不相关了。人们不是可以在任何地方都能出色地完成实验吗？商业流通让各地都能拥有相同原料和矿物。植物可以种植在暖棚里，实验动物可以养在笼子或水族缸里。现代化实验室科学不再仰仗某种具体的自然环境，只要动动鼠标就可以把自然元素请进实验室，必要时还可以在计算机上模拟。

然而，在当地发生的、真真切切的自然现象能激发化学家的灵感。从化学物质的名字或故事中，我们能看出发源地在化学中留下的痕迹。有些矿物的名字比如石英，或者一些金属元素的名字如锌、镍或者钴源于德国并非偶然。因为，在上百年的时间里德国都是欧洲最重要的矿区，正如新大陆的秘鲁和墨西哥。人们最初就是通过观察泉水发现了二氧化碳。一些新的化学元素也是在某些疗养胜地的矿泉水中被发现的。还有一系列化学元素，如稀土元素，大多拥有瑞典名字，因为它们是瑞典化学家在一个岩礁岛上发现的。还有一些化学发现得益于海洋，以及热爱海洋的化学家们。

安东尼·杰罗姆·巴拉尔出身平凡，1802年生于法国南部城市蒙彼利埃。母亲既不会读书也不会写字，是一位叫作文森特的有钱寡妇的厨房女佣。他的父亲是地地道道的农民。

那位没有子女的富有寡妇是安东尼·杰罗姆的教母。她对这孩子视若己出。她让他念高中并在蒙彼利埃学习药剂学。蒙彼利埃靠近地中海，视野开阔，植物繁茂，散发出的清香弥漫在空气中，沁人心脾。

法国南部正午烈日下温度可达40℃，那里的人都会睡个午觉，傍晚时分再到沙滩散步。巴拉尔也是如此打发时间，只要实验室工作情况允许，他便来到海边。他爱好游泳，很享受被阵阵海浪拥抱和轻轻拍打的感觉。

他对大海和海产品非常感兴趣。从化学角度看，海里出产的、占到海水含量3.5%的盐是非常重要的物质。人们通过海盐能获取盐酸，又可以制作出氯。盐溶液里还能生产出钠。盐被证实是一种化合物，即NaCl。但是，沙滩以及海水里还有更多可供发掘的东西。

用海草灰烬代替木灰的制硝者贝纳德·库图瓦（1777—1838）发现，铜制锅炉很快就会被海草灰烬腐蚀，于是萌发了进一步研究这种灰烬溶液的想法，并在1812年发现这之中的确含有一种新物质——碘。碘在海水中含量极少，但许多海洋生物都把碘储藏在自身生物组织里。碘有医学用途。西班牙医生和化学家阿诺德·冯·维拉诺瓦（1235—1312）曾建议，可以把燃烧过后的海水海绵敷在患处，治愈因缺碘而引发的甲状腺肿大。阿诺德当时对碘元素一无所知，但药方疗效显著。现在我们知道许多海水海绵里含有8%的碘。当人们发现碘元素以后，便研发出能更有效地治疗内陆地区，尤其山区多见的甲状腺疾病的药物。甲状腺肿大，俗称大脖子病，是一种碘缺乏症。碘在医学上的意义还不止这些，碘酒是一种给伤口消毒的重要药物。

想成为药剂师的巴拉尔，把对海洋的热爱和研究新药的兴趣紧密结合在一起。他用碘含量丰富的海产品来做实验，结果弄得实验室里一股防波堤的味道。他始终住在文森特寡妇的阁楼上，寡妇一直悉心照料他，让他有朝一日能去读大学。

巴拉尔回家吃过晚饭后，径直来到房间对面的一间小储藏室。寡妇把里面的书分门别类，码放得高高的，沾满灰尘。巴拉尔钟爱阅读，每天徜徉在这书海里。他尤其喜欢伏尔泰，沉迷于伏尔泰写的《哲学辞典》，以至于那阵子逢人必问："您读过《哲学辞典》吗？啊，那书真是妙不可言啊！"

巴拉尔刚满24岁时便有了决定性的发现。他把在海里游泳时收集到的海带烧成灰烬，再把氯气导入由这种灰烬制出的碱水中，发现水面形成了一层气味浓郁的黄色物质。接着，他又研究来自盐场的母液。蒙彼利埃盐厂用一个大池子把海水里的盐分离出来，分离剩余的液体就是母液。当他把氯导入母液时，里面也会产生棕黄色泡沫，并散发出刺鼻气味。起初，他以为这是氯和碘的化合物。他通过蒸馏的方法把棕色物质成功提取出来，并用当时所有已知的方法来分解该物质。他还把电池电极插在上面，希望最终能分离出什么。结果却是毫无动静，他既不能分解它，也无法证明这里面有碘。

年轻的化学家果断地认定，这肯定是一种目前还不为人所知的元素，它和氯、碘类似，但又绝非这两者。他把该元素命名为锅，词源来自拉丁语词盐湖。所有这些都被他写入一篇名为《海水所含物质》的论文里，1825年11月论文被寄到巴黎科学院。那里的著名科学家们检验并证实了他的发现，却不太认同锅这一命名。也许是因为拉瓦锡曾使用它命名过氯化物。

学者们建议将这种新物质命名为溴（Brom）。这个不那么好听的名称来自于希腊语词bromos，意为公羊或其他发情期动物的体味。瞧这名字起的！人们究竟该如何给一个新发现的元素命名呢？毕竟发现之初大家对新元素还知之甚少。拉瓦锡是首位提出对化学命名进行改革的人，他主张依照功能命名。化学家们通过化学反应去认识物质，所以从名称一眼看出这种物质的功能会很有意义：氢，构成水的，即水素；氧，构成酸的，即酸素。巴拉尔那个年代，人们给物质起名字时则更随意，按照某个偶然想到的特性翻译成希腊语，这样听起来不至于会很老套：氯就来源于chloros，黄绿色；碘来源于iodos，紫色（因为碘蒸气是紫色的）。

这个处理方式有时也会引发争议。来自萨尔楚夫仑的鲁道夫·布兰德写道，所有德国人都有权想出独特的元素名，而且他也马上就这么做了：他把碘叫作藻素（Tangel），因为它是从海藻灰烬中得到的；他把氯叫作破坏素（Störel），并不是因为它带来破坏效果，而是因为它拥有破坏力；他把氟叫作蚀素（Ätzel），因其有腐蚀性。照这个逻辑布兰德很可能会把溴叫作臭素。然而他这个建议比巴拉尔的发现晚了六年，而且之后他本人也再没有提起。

巴拉尔采纳了溴这个名称，并迅速推广了它。法国青年由从海水里捞出的玩意儿中提炼出新物质的事，让整个科学界都沸腾了。只有吉森的一位化学家在读到法国科学院有关溴的论文时懊恼不已。吉森位于黑森州，地处德国中部，距离所有海岸线都很远。但那里到处是盐泉，即以前大海留下的残余。凯尔特人早已用盐泉来制盐，很多地方也将盐泉用于治愈和疗养。为了模拟海边富含盐分且有疗效的空气，人们让盐水从小树枝上滴下来。无论病人还是健康人走到盐水滴落处，都不由地深呼吸。

德国化学家尤斯图斯·冯·李比希（1803—1873）在黑森州分析了很多盐泉，并尝试投入市场。最后他对巴特克罗伊茨纳赫疗养地的一个岩泉母液做了分析研究。和巴拉尔一样，他也给母液导入氯，并发现浮在表面上的一层黄色泡沫："假如人们使劲搅动液体，杯子上就会升腾出一种黄色水蒸气，并散发出臭气。"李比希也发现了溴吗？他的确分离了该物质，但并没有辨认出它，所以不算发现。他更倾向认为这是一种氯和碘的化合物。"我不否认，我起初以为这种物体就是显而易见的东西，谁都会以为它不过是氯碘的化合物罢了。"当李比希读到巴拉尔关于溴的学说时，无异于被打了一记耳光。因为他的实验室里就有溴，可他把它标记为碘化氯（今天命名为氯化碘）。对此，李比希多年以后都无法释怀，因为他没有对觉察到的不一致性寻根究底。他都已经注意到这种物质能和氨聚合，但并没有像氯化碘一样出现紫色蒸气，可惜他很快找出个理由来自圆其说，并扬扬自得。直到有一天邮递员把来自巴黎的新信息递到他手上时，他挨了当头一棒，自己和发现一种新元素、和给毕生工作带来桂冠荣誉的机会失之交臂。谁又曾料想，一个名不见经传、来自偏僻山区的法国人抢在著名化学家的前面摘取了胜利果实。李比希发誓，从此绝不再匆匆忙忙建立理论，“除非有确凿无疑的实验结果作为依据和支持”。他对年轻法国人的成功始终愤懑不平，他最爱说的一句话是：“不是巴拉尔发现了溴，而是溴发现了巴拉尔。”

巴拉尔倒并不居功自傲。这一重大发现之后，他在蒙彼利埃开了一家药店。文森特寡妇用她丰厚的家当帮助他开张，又给他买了一所毗邻的屋子。巴拉尔在蒙彼利埃住了13年，照管药店的同时在一家药剂学校任教，并继续研究海里的其他物质，可惜再没有令人瞩目的新发现。1837年他的女资助人过世，依照遗嘱巴拉尔成为她唯一的遗产继承人。

文森特女士的葬礼过后，市政厅找他谈话，并给他介绍了一位叫作索菲·伊丽莎白的姑娘当新娘。他娶了伊丽莎白，并同时把她的儿子普罗斯佩尔·尤尼斯·布鲁诺和埃米勒接纳为自己的孩子。

三年后，巴拉尔举家迁到巴黎并担任化学教授。在那儿路易·巴斯德（1822—1895）成为他的学生。巴黎的天空灰沉沉，街道逼仄狭窄，视线处处受阻，和他那芳香怡人、海阔天空、一片湛蓝的地中海家乡不可同日而语。尽管如此，巴拉尔在巴黎仍然安居乐业。他恬淡平和的天性以及受到伏尔泰熏陶的幽默感，都让他在当地自然科学研究者中收获了许多挚友。

和碘以及氯相反，巴拉尔发现的溴并没有医学用途。它既不能消毒，也不像碘那样有治疗功效。但它却有几个引人注目的衍生物，诸如用作黑白相纸的涂层的溴化银。还有一种紫红色的，从鹦鹉螺身上提取的宝贵古典颜料，也是一种溴化合物。

溴也是化学元素周期表中一块重要的拼图，它和氯还有碘显示出明确的家族相似处，所以毫无疑义这些元素同属一组。人们把它们称为卤素或卤化物。它们都是海产品，因为人们把海水波浪、盐田溶液以及海底植物的灰烬弄到实验室里才最终发现了它们的存在。

瓶中精灵

说到化学品，人们首先会联想到化工行业利用原材料人工合成的物质，它们在我们日常生活里随处可见，尤其在那些我们压根儿没有想到的地方。那些我们之前一直以为是“纯天然物质”的东西往往值得深究。什么是纯天然物质呢？水当然是，但只有当它真的来自大自然时才算。这毋庸置疑！我们并不信任自来水管里的水，而更情愿购买矿泉水。

矿泉水，是的，它们的确源自自然，大多数来自某个山区。正如水瓶标签上所写，水源所处的山区几乎与世隔绝，是“纯净的大自然”。这无异于声称水“没有受到化学影响”。自从1990年法国矿泉水品牌巴黎水（Perrier）中检测出痕量的苯后，该矿泉水市场销量严重受挫，至今都没有缓过来。

让我们再看看“经典爱德豪森纳”品牌的矿泉水。这是一种味道甘甜且备受人们喜爱的矿泉水，由位于巴登·爱德豪森纳的神圣文岑茨·冯·保尔仁爱会经营管理。瓶身标签显示这种泉水源自巍峨的高山。群山，啊！哲学家让·雅克·卢梭（1712—1778）就曾期待在那里获得纯良的美德和纯净的自然，而今天这种水在超市中就唾手可得。仁爱会的水不仅通过岩石，更通过自然保护区来抵御现代文明的不良影响。当然这还不够，让我们再看看标签的内容，被群山和自然保护区所环绕的水源形成于冰河纪，远远早于现代工业社会，早于环境遭受污染之前。没有比它更纯净的水源了。我们还等什么呢？让我们分享这一奇迹，享受这高纯度、珍贵、具有疗愈能力的塑料瓶中的物质，进入圣地，开启大门步入清新和自然的神殿！

可那是什么？矿泉水嘶嘶作响，一个劲儿冒气泡。这无疑是它自然属性的最后佐证。我们知道这水富有生命力，它有意让我们一起分享它的生命力。但究竟是什么让它欢快地冒着气泡呢？一种气体，二氧化碳！它赋予水活力，让它冒气泡，拥有欢快的声音、独特的味道。二氧化碳，在标签上多数以这样的形式出现：含有碳酸。

人们对矿泉水源的渴望是一种强迫症。早在史前时代，人们就到处寻访矿泉。古日耳曼人时期，巴登·皮尔蒙德的蒸汽矿泉便已闻名天下，人们最近在里面找到了水杯、发卡，在较深地层里还有罗马钱币。大家深信许多矿泉水具有疗愈能力，因为倘若泉水不能缓解病痛或者战胜疾病的话，人们便不会在上百年甚至上千年时间里对泉水趋之若鹜。最近几个世纪新发现的治愈温泉引发了人们的朝圣热潮，当人们寻访到人迹罕至的山谷里的古老温泉城镇时，不禁为那些见证了昔日繁荣的华丽古建筑而发出由衷赞叹。

因为能疗伤治病，炼金术士和化学家们对来自地底的疗养水源也颇有研究。从15—19世纪，赫赫有名的炼金术士或化学家之中不曾和矿泉打过交道的可谓寥寥。化学从矿泉中获得了很多基础认知。最重要的收获无疑是“敏锐的精灵”，就是那些矿泉水里往上升腾的细密小气泡。在所有矿泉城镇里，大家都知道这种小气泡十分特别，绝非普通空气。长期待在矿泉附近的人们会感觉到身体酥麻和微醺，所以有些古老矿泉又被唤作酒泉。如果有人进入泉水太深或逗留太久，便有可能昏厥甚至死亡。这种向上升腾的气体对动物也有作用，所以在布洛德泉附近看不到蛇或者蟾蜍的身影。过去在人们眼里蟾蜍和青蛙是低等甚至讨厌的生物，因此人们把这类动物不敢靠近看作矿泉水有治疗功效的实证。如果矿泉水被长时间静置，水中敏锐的精灵就会消散。正如一本古书所说，它偷偷“溜掉”了，只留下一层红色沉淀物。被搁置的矿泉水口味也变得平淡，400年前人们认为精灵以某种方式聚集在矿泉水里，一旦小气泡跑掉了，精灵也就四散开去。

正如我们前面所看到的，炼金术士凡·贺蒙特观察矿泉水并提出了气体的概念。他描述的第一种气体就是二氧化碳。之后他又通过分析泉水发现了其他物质，比如铯和铷。

炼金术士和化学家们研究泉水的历史超过400或500年，他们往往带着非常实际的目标。他们想人工合成矿泉水。一旦通过化学分析方法找出泉水由哪些成分组成，人们就可以在实验室里按照成分表配制并售卖矿泉水，这尤其适合那些生活在距离泉水源很远的人，毕竟用罐子运水成本过于高昂。炼金术士雷奥纳德·特里斯（1531—1595）就曾给出人工合成矿泉水的配方，并担保人们饮用它们"完全不用担心"，只要它由真正的专业人士制作而成。早期炼金术士配制的矿泉水的主要成分是溶化的盐和酸，用今天的眼光来看它们往往有毒。特里斯配制的矿泉水尤甚，因为里面还有水银和铅。

著名泉水里最重要的组成部分就是小气泡，那些能悄然上升、每一颗都折射出一个倒映的世界的气泡，一直让人们无从下手。直到18世纪，人们才学会把气体导入水瓶来收集它们。人们发现那些聚集在矿泉水中、能给予矿泉水独特口味的二氧化碳也能通过其他化学反应产生，比如燃烧、葡萄酒发酵或者用盐酸浇灌大理石。18世纪以来，化学家们发现了把实验室制作出的二氧化碳导入水里的完美方法，它不仅能提升口感，还能赋予矿泉水高贵的光环。人们往往用硫酸浇灌大理石块来获取二氧化碳。瑞典化学家托本·奥洛夫·伯格曼（1735—1784）把二氧化碳叫作“气体酸”，他率先研制出一种能让气体长时间保存在水里的设备，于是瑞典人也喝上了碳酸水。拉瓦锡认为所有气体都是普通物质，能通过增压和降温液化和固化。由此出发，人们很快学会将二氧化碳（和其他气体）液化，压入钢瓶从而在运输时节约空间。现在，人们能用随便哪种泉水，甚至普通自来水，随处制作出“矿泉水”，只要有足够多的二氧化碳即可。

起先，人们从富含二氧化碳的泉水里提取二氧化碳装罐，这样的泉水在莱茵河谷中部和艾弗尔山尤其多。自以人们用硫酸和大理石，甚至燃烧炭来大量制作二氧化碳，大规模工业化矿泉随即问世。

让我们再回到日常饮用的气泡矿泉水。我们早知道气泡矿泉水中的碳酸绝不是人们所宣称的天然成分。这些气体大多是纯粹的化学品，一种全部人工合成的化学产物，事实上甚至和自然泉水一点都不沾边，而直接来自化工园区。

除此以外别无他法！天然泉水的水量根本无法满足人们的需求。仅德国目前每人每年平均饮用140升矿泉水，大多是含有碳酸的气泡水。另一方面，有很多工业流程中会顺带产生高纯度二氧化碳气体。用来生产氨的哈伯合成法就是其中一种。人们制作化肥时需要用到氨，这个合成流程在全世界范围内大规模进行，它所耗费的能源占全世界能源需求量的1.4%左右。有些哈伯生产设备一年的副产品中就有100万吨二氧化碳。如果人们能利用这些二氧化碳制作其他产品，何必轻易把它排放到空气中呢？

因此，矿泉水生产商往往通过中间商和哈伯合成厂家建立联系。这么说来，矿泉水中嘶嘶作响的气体实际上是化工园区的废气。因此很大程度上来说矿泉水是合成物质。提供原料的大型化工厂求之不得，因为本来排放废气对环境有害，而现在他们尽可以把二氧化碳转手卖掉。矿泉水生产商也很开心，他们提供健康饮品的成本大幅度降低了。只有矿泉水消费者茫然无措，还以为喝下的是纯天然泉水。

而我们除了接受添加了伪“自然碳酸”的矿泉水别无他法，获取纯天然二氧化碳同样会引发环境思考。和化工工厂排放二氧化碳一样，两者都会对环境造成负面影响。被排放的二氧化碳会导致全球变暖，而把埋藏在地底的纯天然二氧化碳抽到地表进入商业流通也不是明智的办法。既然化工产生的气体无论如何都要被排放，那么进行有价值的二次利用，同时避免对自然泉水过度开采，也算一举两得了。

对自然环境最好的做法无疑是放弃饮用气泡矿泉水，自来水是最环保的水源。因为它们无须包装，不用载重卡车在不同地方辗转运输，也不需要人们开车把它们从超市里搬回家。它们不会造成大气污染，需要的话几乎随处可得。我们所在地区的自来水都有品质保障。自来水是理性的产物。它无法给我们带来进入纯美自然、神清气爽的感觉，但它确实对现有自然界最有利，同时有益身体健康。

那些传统矿泉附近倘若没有搭建矿泉水加工厂的话，会变得更加渺无人烟。十年前我第一次参观了一个碳酸矿泉——人们就是这么称呼天然气泡矿泉的，当时的情景我至今记忆犹新。这是位于黑森州的路德维希矿泉，过去许多人舟车劳顿数日，只为到这疗养胜地缓解病痛。这个泉水位于人烟稀少的森林公园里，它汩汩流出的样子总让人担心它似乎即将永远干涸。一位老先生

气体的发现历程

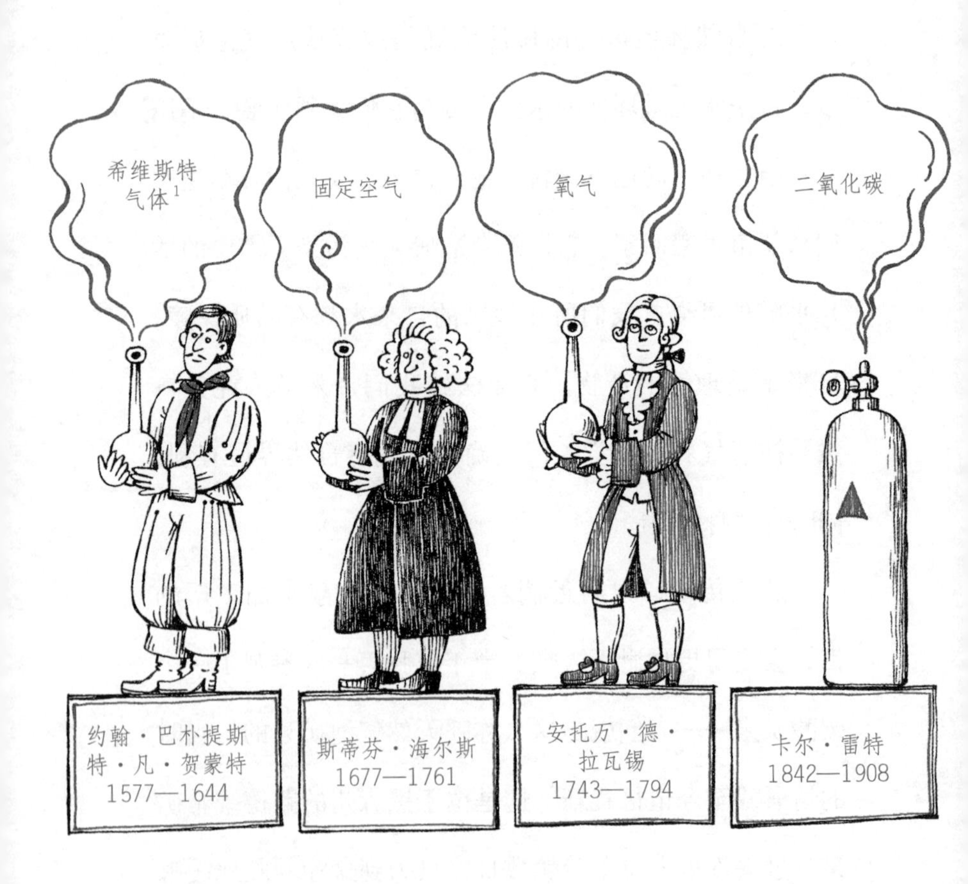

1 原文为法语Gaz sylvestre，意为林间气体。——译注

用六个锈褐色的水瓶打满水，并说他妻子除了这种水，世上所有其他水一概都不喝，否则可怕的消化疾病就会立即发作，甚至旅途中他都必须备好路德维希矿泉水，让妻子每天至少喝一杯。我非常好奇，于是品尝了一下。但这是什么怪味儿啊！完全不像矿泉水，就算不是化学的或者有毒的，但至少有金属的味道！这样的水怎么能喝上几升呢，只喝几杯就受不了了。这种刺激的口味源自水中的铁，许多碳酸矿泉中都含有这个成分。那些通过二氧化碳溶解在水里的铁也会给瓶装矿泉水带来褐色沉淀物，这对现代消费者来说既不天然，也让人心生疑窦。

狡猾的矿泉水制造商会灌入气体，同时不动声色地把水中的铁去掉。铁在这个过程中会像铁锈一样沉淀，而硫能阻止这一过程。现代矿泉气泡水更像一种双重合成品：一方面往里面偷偷加入声称纯天然的东西，另一方面又把不太符合人们对纯天然设想的东西暗自去除。最终的结果是一种旨在营造原始和天然感觉的人工产品。当矿泉水制造商们去掉泉水里含有的金属物质，压入化工工业废气，投放市场时在标签上堂而皇之地写着“来自山间，来自自然保护区和冰河时代的原始自然界，让您拥有最顶级纯天然享受”时，又有谁会对此横加指责呢？他们不过是卖水罢了，只是迎合大众的喜好而已。让矿泉水成为原始大自然的代言，这不正是背负生活重压、远离自然的城里人朝思暮想的吗？

空气中的硝石、海中的黄金和毒气

标志着第一次世界大战结束的《凡尔赛条约》确认了德国为战争罪责方。委员会确定了战争赔款额度，1921年最后达成一致的数额为1320亿金马克，相当于47000吨黄金。这约莫是一块长24米、宽10米、高10米的金砖。赔款预期分26年偿付，后来该金额有所减少，尽管如此，德国的经济和政治在巨额赔偿金的压力下始终处于崩溃的边缘。如果不赔付，整个国家都要被占领。

在这种形势下，当时魏玛共和国的许多人都幻想通过魔力来拯救国家。就像三十年战争时期一样，炼金术士们又开始奔走游说，这其中就有药剂师弗朗茨·陶森德。此人1920年初在一本薄薄的小册子上公开发表了元素学说，并声称依照其学说能炼出黄金。陶森德在转行炼金之前经营一家弦乐器制作厂，专门把普通提琴变成斯特拉迪瓦里提琴[1]。这个过程很简单，只需要给提琴涂上一层特别的清漆就完事了。现在，他想如法炮制，把普通金属变成黄金。他竟然说动了鲁登道夫将军这样的经济掌舵者和高级军官，给予他大量经济支持。他沿用古老的炼金术"配方"：只要能说服有钱人，你就能制造黄金。高额资助让他短短几年间就摇身一变成为多座城堡的主人，但他不曾生产出数量值得一提的黄金。陶森德最后因诈骗罪锒铛入狱，被起诉并判刑。1942年陶森德死于监狱，死因不详。

即便是认真严谨的自然科学家，当时也致力于炼金术。他们中最出名的是1918年凭借氨合成法获得诺贝尔

---

1 由意大利17世纪制琴大师中东尼奥·斯特拉迪瓦里制作的小提琴，是最顶级的提琴之一。——译注

奖的化学家弗里茨·哈伯（1868—1934）。哈伯生在布雷斯劳的一个大家族，父亲是富有的犹太商人，主要售卖颜料。母亲在他出生后两周便过世了。弗里茨·哈伯由继母抚养长大。父亲一心扑在生意上，似乎从来没有和儿子建立过亲密关系。后来哈伯进入布雷斯劳一所文科高级中学，那里主要教授拉丁文和希腊语，自然科学尤其化学课程几乎从未出现过。尽管如此，哈伯对这门学科饶有兴趣，并开始在家做实验。他的高中毕业论文用拉丁语写成，关于职业理想他写道："化学家。"不过，他先依照父亲期望完成了商科学业，之后才得以实现个人梦想。

在1891年他刚刚取得博士学位后拍摄的一张照片上，我们可以看到一张温文儒雅的面庞，嘴唇丰厚，线条柔和，卷曲柔软的头发使劲向后梳着。12年以后，哈伯索性把渐渐稀疏的头发全部剃光，光头配上他阴柔的五官让人觉得有些怪异。

哈伯意志坚定而且野心勃勃，他最沉迷的是物理化学。1906年，时年38岁的哈伯被任命为卡尔斯鲁厄理工大学教授。哈伯初露锋芒。从此刻开始一直到他生命的终点，他都不舍昼夜地辛勤工作。对自己受过高等教育的美貌妻子和1902年出生的儿子，他都无暇顾及。在时间上他甚至对自己都很吝啬：学生印象中他好像从不吃饭，相反，抽起烟来一根接一根。他去哪儿都一路小跑，同时始终叼着雪茄，仿佛靠它能填饱肚子一样。他所到之处总会留下许多像刷子一样分叉的烟头。学生和助理实验员把它们收集起来装到试管里，上面封口，最后做成一顶荣誉桂冠，在庆祝活动时戴在哈伯头上。

最开始哈伯感兴趣的是气体，但他不是在水面，而是在水银表面收集气体。他在研究所里拥有一间独立的水银工作室，他非常喜欢在那里工作。一名学生后来回忆说："哈伯采取的唯一安全措施不过是给大工作桌加高了边框，但这并没有消除水银带来的危险，设备随时可能出状况，所以这个房间里实际上到处充斥着小水银珠。"哈伯还在里面不停抽烟，把雪茄扔得到处都是。

哈伯任由自己持续受到强效化学药品的伤害。晚上临睡前，为了降低尼古丁产生的兴奋作用，他又吞下一片吗啡。当身体通过心脏病来抗议高速运转的工作方式时，哈伯又不得不开始服用硝化甘油。

哈伯既是一名了不起的化学家，也是天才的社交家。他结交了同时代所有重要的自然科学家。直到生命的最后阶段，他和艾尔伯特·爱因斯坦（1879—1955）还保持联系。除了自然科学研究方面的天赋以外，哈伯的语言能力也堪称一流，不仅能写出精彩纷呈的演说词，更是狂热的即兴赋诗者。他即兴朗诵的诗句多少都能压在韵脚上。此外，他也深刻认识到现代科学研究离不开金钱。哈伯筹措资金的能力无人能出其右，而且那是经济极其困难的时期。他筹钱时都要赋诗一首，经常把需要资金从事科学研究的愿望通过诗词的方式表达出来。

他是“德意志科学救援联合会”的奠基人之一，也就是当今最重要的德国科技组织——德国科学基金会

（DFG）的前身。哈伯本可以利用天赋一直走鸿运，在他所处的年代功成名就。可事实上，他的生活总罩上一层浓烈的悲剧色彩，一个深刻的矛盾彻底摧毁了他的科学工作和个人生活。

他的名字和“哈伯-博施合成氨法”密不可分，直到今天，这个生产法对全人类的饮食都至关重要。它是迄今为止人类最重要的发明之一。然而，“哈伯杀人产品”——毒气武器，也归于他的名下。还有齐克隆A，也就是夺去了百万犹太人性命的齐克隆B的直接前身，也是他主导研发的。

哈伯研究生涯中最后的科学使命是尝试获取无限量的黄金。正如我们前面所说，这项使命源于第一次世界大战后战胜国所要求的巨额赔偿。哈伯希望能帮上忙，不用政治，而是用化学方法来为国家分忧解难。哈伯一厢情愿地认为，如果能炼出黄金，不仅可以支付赔偿金，还能把大量黄金肆意投放市场，动摇当时由战胜国主宰的经济体系，进而改变对德国十分不利的力量对比局面。

受日本物理学家长冈半太郎（1865—1950）研究的启发，哈伯尝试通过辐射水银来炼金。他翻出一个古老的炼金术方子，想用最新的知识来证实它。放射性衰变能把一种元素转变成另一种的发现，让他觉得成功合成黄金的可能性大大推进了一步。为此，哈伯构建了一个异常宏大的体系，如今回顾起来这竟像孩童的梦境一样。一个可以产生长达80厘米的人工闪电巨型装备，哈伯用它电击水银样品，不只是一次两次，而是50个小时不间断地从实验室里发出电击和爆裂声。然而水银毫无动静，压根儿没有任何可测量的数据显示，它会转换成黄金。

同时哈伯也在琢磨，还有没有人们未曾开采过的黄金矿藏。德国乃至欧洲的所有黄金矿层大家都知道，已经挖掘不出新东西。也许是某次漫无目的转动地球仪时受到启发，他突然意识到有一片巨大的区域尚无人染指，那就是海洋！天空和海洋这两者无限延展，无边无界，且不属于任何人。

黄金不易溶解，不然婚戒就不可能久存不腐，然而它在水里还是有迹可循的。在20世纪初期，海水含金已是众所周知。如果能找出经济有效的方法将黄金从海水里提取出来，那么德国就拥有了一个理论上源源不尽的黄金源泉。哈伯决定下海淘金。

淘金项目耗费了他整整6年时间。为此，哈伯用国家资金建立了漂浮实验室，设备花费金额达到史无前例的高度，数周时间里他都在北大西洋和南大西洋做科研航行。

哈伯设想一立方米海水中大约溶解有6毫克黄金。虽然数量上只有其有开采价值的金矿含量的千分之一，但他认为水里的黄金比岩石中的黄金更容易获取。经过演算他觉得大海淘金完全值得一试！然而就像当时所有其他炼金项目一样，大海淘金最终也让人大失所望。尽管分析并通过离心机分离了成吨海水，但他们连一克黄金的影子都没有看到。事实证明，海水真实的黄金含量不到哈伯预计的可怜的数量的千分之一。经过精确分析最后弄清，某些研究者所证明的黄金含量，其实并非来自海水，而来自他们自身。哈伯发现，一位同事总能获得特别高的分析结果，于是去一看究竟。哈伯对这个反常的现象一直很疑惑，直到某天他把目光从烧瓶、表格上移开，而去观察这个研究员本人：他戴着一副金框眼镜，分析结果时不时下意识地扶一下镜框，如此一来，黄金就经由他的手指不断进入样品里，结果含金量自然攀升了。哈伯确认所有其他海水含金量可观的研究结果，都应该是出现了类似问题。化学家们测出的往往不是海水含金量，而是他们自带的黄金量。尽管是无心之失，但其实也重演了炼金术士古往今来的伎俩：他们从平底锅里取出的黄金，是之前以神鬼不知的方式偷偷放进去的。最后证实样品中有印章戒指、婚戒或者黄金自来水笔的碎屑，而不是海水里的宝藏。1926年哈伯终止了大海淘金项目。

回顾历史时人们不禁想问，当时德国相关负责人怎么会被如此疯狂的项目打动呢？答案就是他们太信任哈伯了。而这不无理由，哈伯之前创造了那么多不可思议的奇迹。他研制出只用空气和碳合成的人工化肥，能让粮食产量翻倍，这就好比从空气中获得面包。

弗里茨·哈伯的氨合成法在1909年获得专利。化工企业巴斯夫对其进行工业化利用，一个由卡尔·博施（1874—1940）和艾尔文·米塔施（1869—1953）组成的小组研发出了所谓的哈伯-博施法。氨合成法可以用于制造肥料，这一成果在欧洲没有得以应用，但在美国却非常盛行。使用氨的田地里玉米长势喜人，收成是之前的两倍。

氨又进一步能转化成硝石，一种既可以用作肥料，也能用作弹药的物质。就这点而言，哈伯-博施法可以说是人类和自然界历史的一个转折点。因为从那个时候开始，人们可以大批量生产战争和农业发展中都不可或缺的物质。

能把空气中飘浮着的氮气固定起来的人，无疑找到了“炼金石”或者掌控了生命的发动机。从字面意义上来说，固氮虽然不能从时间上延长人的生命，却能帮助生命的繁衍。用硝石或氨肥田后，田地里产量翻倍。产量翻倍后的田地就能给数量翻倍的人群提供食物。

今天所有大陆都在使用哈伯–博施法，虽然它生产的氮肥也带来极大的生态副作用。植物只能吸收30%的氮肥，剩余部分从田地渗透到地下，污染了地下水、河流和内陆海域。即便如此，最激进的环境保护主义者也没有要求停用哈伯–博施法，因为它毕竟从根本上将饥荒赶出了欧洲、北美洲和世界其他地方。经过计算，倘若没有哈伯–博施法，大约当今40%的人口将食不果腹，甚至饿死。

哈伯找出了一种诀窍，不仅创造出更多生命，也让这些生命能更好地为人所用。这种方法生产出更多小麦、玉米、土豆、甜菜，于是养出更多牛、猪和鸡。正如炼金术士梦寐以求的那样，这一切竟然都是凭“空”而来！

这个发明在军事上也意义非凡。第一次世界大战中人们不再使用黑火药，而采用像今天那样的无烟火药，这之中的主要成分就是硝化纤维。但正如硝化纤维名称中的硝基所透露的一样，它是一种硝化合物，更确切地说，是一种纤维素（比如棉花）和硝酸形成的化合物。基于哈伯-博施法所提供的氨，进一步通过某种处理方法，即奥斯特瓦尔德制硝酸法便可生产出硝酸。

第一家氮合成工厂于1913年9月投入运营，而第一次世界大战在1914年8月爆发，大家都知道，战争激发了德国军队和民众的狂热情绪。而在军队指挥部，这种亢奋却迅速降温到理智，因为在几周后，人们发现原先的战略规划忽略了弹药补给的问题。于是运动战停滞了，阵地战也陷入瘫痪，进退不得。英国建立的海上封锁线切断了来自智利的硝石补给，德国失利的局面似乎已无可挽回。根据一天弹药用量，军备局用三分律很容易算出战争会在1915年结束，届时德国将射出最后一发炮弹。

而第一次世界大战之所以没有在1915年结束，则是由于哈伯－博施法被迅速推广。这样一来，炮弹可以大批量随意生产，战争得以继续。

但哈伯的这项发明没有让德国参谋总部摆脱窘境。他希望德国能速战速决，并且不惜一切代价。他从一名化学家的角度来审视这场战争。他很清楚当前军事上最重要的任务就是挺进战线打破僵局，因为当时普遍认为德国必将在阵地战中失败。在哈伯看来，前线军队需要新式武器，一种能在对手中散布恐惧的武器，而同时还得产出快、成本低廉。

哈伯想到了氯气，一种绿色气体。去过室内游泳馆的人对它都不会陌生，因为池水就是靠极少量氯气消毒的。少量氯气能杀死细菌，大量氯气则能致人于死地。

之后的一次演讲中哈伯声称，毒气战争的念头并不是来自他，而是军官们："当马恩河战役阻止了胜利进军的步伐，并把战争引向阵地战的时候，突然之间所有人都提出同一个要求：使用化学武器。"按照哈伯的说法，研制化学武器的目的在于把敌人从掩体中逼出来。哈伯毕生都无法理解，为什么他的战争技术创新在国内外都受到如此激烈的抨击。这位发明家觉得非常不公平，因为人们提到潜水艇和空军时的口吻，比提到他对现代战争的贡献要宽容得多：“空军获得了无上的崇高敬意，因为它刷新了一对一较量中个人英雄主义的含义，这种英雄气概在现代战场上几乎已经绝迹。而毒气却受到了最尖刻的贬斥。”

事实上，使用化学作战武器的提议刚开始的确出自军方，这点哈伯说得没错。但人们当时想到的不过是催泪瓦斯和其他刺激性的物质之类，目的是让对手失去作战能力，然而毒气是被禁止的。哈伯却无所忌惮。在科隆瓦勒海德公园，也就是今天的一个自然保护区里他首次试验了氯气。1915年4月22日在伊珀尔，也就是今天比利时境内，氯气被首次投入应用。依仗着持续的顺风，他们打开一大批氯气瓶。氯气比空气重，风将气体刮进了对手的战壕。

毒气进攻效果显著，在释放毒气的区域协约国军队溃不成军。然而德军的优势在战略上并未得到充分利用，几天以后，前线的局面没有丝毫改观。尽管如此，将军们对这种战争形式还是给予了充分肯定，任命哈伯为陆军上尉。他一直渴望得到高层的奖赏和垂青，这无异于一剂强心剂。

第一次成功应用化学武器后，新武器转变矛头，开始对付始作俑者。对手也开始使用毒气。不难理解德国人又遭受了什么，人们能看到也能闻到。而且说到使用化学气体武器，对手有着更好的先天条件：当时德国边境的风向更多从西向东刮，而非从东向西。

毒气致死的场面尤其惨烈，英国人用旱地溺毙来形容中毒死亡的样子，让人印象深刻。受害人受损的肺部会充满组织液，呼吸变得越来越艰难，即便在一次毒气攻击中捡回一条命，余生也将病魔缠身。

正因为这个原因，德国军队里也并非所有人都热衷新式武器，这和哈伯的个人回忆很不一致。许多普鲁士军官批判该战争形式“没有骑士风格”，同时也违反国际法。哈伯最亲密的人中也有反对的声音，认为他的武器发明惨无人道。妻子克拉拉·哈伯，原名伊梅瓦尔，也是一名化学家。哈伯发明毒气战时，两人已结婚15年，并育有一个13岁的儿子叫赫蒙。克拉拉也参与了哈伯的毒气测试工作，并亲眼看过实验动物备受折磨的情形。“在动物身上做测试时，她就对毒气战争残酷的后果感到绝望。”这对夫妇的一个朋友在后来说道。同时，因为和哈伯的婚姻生活极不如意，克拉拉曾向一位知己写信倾诉说，她简直生不如死。1915年5月1日到2日夜间，就在哈伯和军队举办派对庆祝毒气进攻大获全胜后，克拉拉在哈伯柏林官邸别墅的花园中饮弹自尽，用的是丈夫的军用手枪。儿子赫蒙被枪声惊醒，在花园中看到已咽气的母亲，他叫醒吸了吗啡后醉醺醺的父亲。哈伯读了妻子的诀别信，将遗书处置得不留痕迹，并于当天又奔赴战场！

第一次世界大战结束以后，哈伯自然害怕被作为战犯追捕并审判。于是他留起大胡子。无论在德国国内还是国外他都遭到人们谩骂。当他因为哈伯-博施氨合成法出乎意料地被瑞典科学院授予诺贝尔化学奖时，国际上响起一片抗议声。

哈伯恢复了名誉，但他仍然执着于毒气实验。即便在魏玛共和国时期，他仍继续从事被禁止的研究。他暗地里向外国势力提供咨询，告诉他们如何最有效地利用毒气杀人。他始终不认为投入这项工作是一个错误，反而批评化学家赫尔曼·施陶丁格（1881—1965）没有像自己一样毫无保留地为战争服务。哈伯认为，赫尔曼激烈地谴责战争，做一个与世隔绝的和平主义者，这使得德国踏上倒退之路。

哈伯总是从经济角度出发考虑问题，战败后，他把当时战争用的毒气制成杀虫剂投入市场。先是哈伯的一个同事1919年在柏林研制出齐克隆A（Zyklon A），一种氢氰酸和氯的混合物，主要用来消灭老鼠和其他害虫。因为《凡尔赛和平条约》里明令禁止用毒气做实验，齐克隆这个名字很可能是不得已拟定的假名（Zy有可能代表氢氰酸，klo代表氯气）。1923年在齐克隆A基础上进一步发展出恶名昭彰的齐克隆B，同样也是为消灭害虫而研制的。这一次哈伯并没有直接参与，但这个物质让他的一生永远伴随可怕的悲剧阴影。第二次世界大战期间，正是齐克隆B夺去了德国集中营里上百万犹太人的性命。

弗里兹·哈伯的生平展示了化学和政治的紧密联系。哈伯也绝不是唯一一名和政治走得这么近的化学家。因为化学研究有能力以一种全新的方式将罕见又具有重要战略意义的物质呈现出来，正如大家在实验室中声称的那样，从水、空气、木材或啤酒酵母中获取新的物质。所以化学能变软弱为强大，让空空的粮仓和武器库在一夜之间堆满谷粒和弹药。这是所有统治者都很热心的黑色技艺。几乎所有著名化学家在战争和困难时期都将科研服务于当权者。有些人被卷入旋涡，越陷越深，却还自以为崇高。

和权力无限贴近蒙蔽了哈伯那样的研究者的双眼，他们判断善恶的心智迷失了，直到最终做出耻辱的事情。尽管如此，当我们坚决批判哈伯的毒气应用时，有一点不要忘记，很多人曾经和他站在同一条战线上，和他一样执迷不悟，其中包括之后的诺贝尔奖得主理查德·威尔斯泰特、奥托·哈恩和詹姆斯·弗兰克。战争对手也在尝试模仿甚至超越他。虽然他是“毒气武器”的始作俑者，但法国、美国和英国科学家们也在加快这方面的科研速度，以赶超德国科学家。但对他们的批评之声在第一次世界大战结束后几乎不再耳闻，因为大家把所有仇恨都集中在哈伯这里。一篇瑞典的最新研究报告言之有理：为什么哈伯成了毒气战争的替罪羊？因为他是战败方的代表。

当1933年德国纳粹当权时，哈伯作为“前沿战士”起初并未受到反犹太主义运动侵害。《恢复职业公务员法》中的雅利安人条款逼迫他不得不迅速解雇许多犹太裔员工，哈伯辞去职位以示抗议。充斥着纳粹主义思想的祖国已经完全容不下他，自此，他开始了漂泊不定的生活。1934年在巴塞尔一家旅馆里，哈伯死于心脏病突发，终年65岁。他的墓志铭写着：“无论生活赐予战争还是和平，他都是祖国的奴仆。”

布纳橡胶

意大利化学家普里莫·莱维（1919—1987）写了一本名为《元素周期表》的书，这是一本讲述21种化学元素的故事集，2006年英国帝国理工大学把该书评选为全世界最优秀的科学书籍。书中最后一个、也是最著名的一个章节讨论了碳元素。这部书里讲述了所有已知化学物质和实验方法，因而成为从贝尔斯登到朗道耳特等化学家书架上必备的最具影响力的参考书。这部不断补充修订的优秀作品，直到今天都是化学系学生必不可少的参考书籍。在数字化之前，全世界所有高校图书馆里都有这部书的身影。

对莱维来说，这是一本预言之书。“我们中间有些人，”他写道，“其命运已经和溴、丙烯、异氰酸酯基或者谷氨酸密不可分。每位化学系学生都应该意识到，某一本化学操作手册里的某一页，也许只是某一行、某一个化学分子式，甚至某一个单词就将注定其一生的命运。虽然这种命运可能当时还隐藏在不可破译的字母中，但是‘之后’，当他取得成功，或者犯下错误，甚至犯下罪责以后，在胜利或者失败以后，它就会变得异常明晰。当韶华不再的化学家们打开手册里‘与其个人命运休戚相关’的那一页时，他所流露的情感将是深爱抑或憎恶，喜悦抑或茫然。”

人们留意到普里莫·莱维在这段话里提到的不止成功和失误。许多科学家和哲学家认为，成功和失误组成了科学的道路。一次试验要么成功，要么失败；一个理论要么成立，要么荒谬。而莱维还提到了其他内容。他说到罪责，这属于道德范畴。显然他认为一个化学分子式、一种人工合成方法都能以恶意的方式引导命运走向。在书里莱维并没有指明哪种物质主导了自己的一生，但了解他的人都知道，那就是布纳橡胶，由德国人发明的人造橡胶。

布纳（Buna）是缩写，是丁二烯和钠这两种原材料首字母的组合，钠被作为催化剂。整个处理方法始于石灰和煤，先燃烧石灰，然后混入焦炭，再高温加热，形成碳化钙，这是有些园丁用来对付鼹鼠的物质。碳化钙和水混合后产生可燃气体乙炔或者电石气。人们再用这种气体生产出丁二烯，即生胶的基础物质。丁二烯是一种小分子，能在压力下形成无数链接。由无数链接在一起的丁二烯小分子组合的聚合物，就是橡胶。我曾在拜耳公司做过多年假期工，至今还清晰地记着公司橡胶检测部门散发出的芳香的橡胶气味儿。刚刚出产的布纳橡胶要在那里进行碾压和检测。

布纳的一种变化形态是布纳S，一种里面加入苯乙烯的所谓共聚物。布纳S一直都是国际上非常重要的合成橡胶，因为它特别适宜用于制作轮胎，轮胎大部分都由这种材料做成。除了布纳S外人们还生产出布纳N，同样非常耐磨，还能抵御有机溶剂和油的腐蚀。

布纳从过去到现在都是最重要的人造橡胶。它是现代塑料世界的萌芽。因为人们熟知的其他合成材料，比如聚氯乙烯或者聚乙烯都在它的研发过程中产生。布纳是一项德国发明。工业化发展需要橡胶，汽车工业用它来做轮胎和密封材料，电子工业和许多其他工业旁支都依赖橡胶工业。对于橡胶树来说，德国所处纬度太高，气温太低，不适合它的生长。不同于其他欧洲国家，德国也没有位于热带地区的殖民地。所以德国化学家一直在寻找借助本国现有原材料来制作这种宝贵物质的方法。从化学角度看，生胶由碳和氢组合而成。也就是说，理论上人们能用煤和水生产橡胶。而这两种原材料在德国的储藏量一直很丰富，只缺相应配方。

像炼金术士那样用普通配料制作出珍贵物质，这方面德国人积攒了不少经验，它们也是德国工业化的标志。首先，人们通过这种方法合成糖：柏林化学家安德亚斯·马格拉夫（1709—1782）从甜菜这种不太起眼的蔬菜中，通过化学方法获得了糖，它和从甘蔗中获取的糖一模一样，由此奠定了德国糖工业的基础。从此以后，德国人无须进口糖，甚至还能出口糖。甜菜糖是19世纪普鲁士最重要的出口产品。类似的情形还有靛蓝，之前靛蓝须从英国人控制下的印度进口。当巴斯夫股份公司和发明人工合成靛蓝的化学家阿道夫·冯·贝耶尔（1835—1917）合作以后，英国靛蓝垄断集团立即土崩瓦解。哈伯-博施氨合成法让德国人不再仰仗智利的硝石工业，后者自此败落。也许人们也能找出正确的合成橡胶的方法。

德国化工业发起了寻找人工合成橡胶方法的运动：1906年10月18日，拜耳管理层大会承诺将20000马克的奖赏金发给能在1909年11月前“研发出人工合成橡胶工艺或者找到完美替代品”的化学家。化学家弗里茨·霍夫曼（1866—1956）接受了挑战，并在花费了100万马克研制经费后大功告成。1909年，在拜耳公司位于艾伯费尔德（也就是今天伍珀塔尔市的一部分）的实验室里，霍夫曼对碳氢化合物异丙二烯作出相应处理后得到了普通橡胶。皇家专利局因此授予这家染料工厂专利：位于艾伯费尔德的弗里德里希·拜耳公司得到专利号为250690的“人造橡胶生产工艺”专利。之后，霍夫曼又研制出另一种合成橡胶，即二甲基丁二烯橡胶。德国皇帝威廉二世大力支持这种材料的生产：1912年他从国家专项资金里拨款支持采用二甲基丁二烯橡胶制作轮胎，他还给拜耳总经理卡尔·杜伊斯贝格发电报称“满意之极”。但霍夫曼的甲基橡胶在和平时期成本太过高昂，总部位于汉诺威的德国大型轮胎制造企业大陆集团（Continental AG）拒绝对该产品进行再加工，并且他们觉得其质量也不太过关。然而这个产品并没有就此消失。1915年，这昂贵的玩意儿进入大规模量产。第一次世界大战期间德意志帝国天然橡胶的供给被切断。而这种材料具有重大战略意义，尤其是德国潜艇的蓄电池组需要它。1919年底，勒沃库森的工厂生产了2000多吨人工橡胶，按照今天的标准，这个生产量并不多，但已经能满足当时潜水艇舰队的需要了。战争结束后，因为成本高，而且甲基橡胶的确不适合用来制作汽车轮胎，生产线又停下来了。

改良的合成橡胶布纳在1930年前后研发成功。这种合成橡胶起初造价也很高昂，所以当时的橡胶业并没有考虑大规模投产。尽管如此，因为希特勒想要这种材料，于是布纳合成橡胶厂很快建成。

1936年8月希特勒起草了一封绝密的《四年经济计划备忘录》，他下令不惜一切代价制造这种物质："显然，就是要确保组织和建立大规模合成橡胶工厂。尽管有人声称这种技术尚不成熟，或者还有其他托词，从此刻起这些声音都得销声匿迹。"这段话的口气不容置疑，彰显出权力的力量。希特勒在文件中明确指示，德国经济必须在四年内完成战备。之前人们梦想中的德国人造橡胶工艺，因为这个命令变成现实。

德国纳粹政府通过讨巧的创新政策，鼓励大家对该产品进行改良，德国人造橡胶工艺因此很快就具备了竞争力。大多数德国化学家本就为纳粹帝国而振奋，现在又更多了一个欢欣鼓舞的理由。1930—1940年期间，没有哪一个学科能像“化学”一样拥有如此高的社会声望。当时化学家们成了民族英雄。因为他们能用发明作出决定性的贡献，让德国一步接一步摆脱欧洲老牌殖民大国，比如法国，尤其是英国的牵制。卡尔·阿罗伊斯·申岑根在《苯胺》一书中写道，德国化学家因为让祖国变得更自由而被赞美。这本书成为纳粹国家最畅销的小说。书中最后一个章节讲到合成橡胶，作者认为，德国民众要想生存，这种合成橡胶就是一种“必需”。战后的修订版中这个章节被删掉了。

化学家们为橡胶制品而自豪，认为它不仅是一项化学领域的杰出成就，也是人道主义行为。他们认为橡胶可以服务全人类。橡胶种植以及亚马孙橡胶生产过程中充满暴力和压迫的情况尽人皆知。德国人以谴责的态度谈论“血色橡胶”：比利时人在刚果压榨当地人以获取橡胶；英国和荷兰的橡胶种植园里的情况也极为相似；还有来自亚马孙的橡胶，印第安人被逼采集橡胶，一旦天平上显示的数量没有达到预先规定，他们就会被施虐折磨。“而我们则相反，”化学小说里如是说，“我们使用单纯干净的原材料——本国现有的炭和石灰。这是一次理性的胜利。”然而，这个项目很快就滑入了一条罪孽深重的轨道。

染料工业利益集团法本公司是当时全球最大的化工集团，它很快就向纳粹靠拢，为虎作伥。这家总部位于法兰克福的大集团准备在纳粹德国建造三家橡胶工厂，最后也都建成了（分别位于赫斯、路德维希港和施科保）。1939年德国突袭波兰，战争打响，德国显然需要第四家工厂，于是计划在上西里西亚建造。奥斯威辛集中营当时已经建造在此处，这对法本公司经理选新厂址有着重大影响，因为集中营可以提供大批廉价劳动力。于是奥斯威辛法本公司，东欧最大的化工工厂建立了。

投资建厂资金高达约6亿马克，成为纳粹时期最大的一笔投资。工厂主要为高度机械化的纳粹德国国防军生产布纳橡胶。工厂于1941年动工，一年后又专为布纳橡胶厂设立了一个营地，以便缩短囚犯的步行时间。

法本公司的这一决定是给纳粹德国党卫队头目海因里希·希姆莱的献礼。法本公司给每个囚犯一天的报酬是3—4德国马克，这笔报酬直接付给党卫队，对后者来说这几乎是一笔纯粹的进账。因为为囚犯提供膳食几乎没什么花费，于是上百万收入就流入了希姆莱的腰包。

法本公司化学家们很快发现这些骨瘦如柴的囚犯生产力低下，但他们的结论不是给犹太囚犯提供更好的工作条件，相反，他们认为应该更快地用新囚犯来代替“已经压榨不出油水”的人。

而这些“毫无利用价值”的囚犯就被送进比克瑙毒气室。法本公司经理也可以对个别囚犯提出惩罚方案，纳粹德国党卫队会立即实行。曾在奥斯威辛集中营里写了一首悲伤的《布纳之歌》的弗里茨·罗纳·贝达，因为被法本公司经理投诉工作效率低下，不幸被乱棍打死。集中营里总共有大约35000名工作囚犯，超过25000人命丧于此。犹太囚犯平均只能活三个月，有时只有短短几个星期。所以布纳劳改所并不是所谓的“有工作能力的”犹太囚犯的生路，不过是换了一种杀死犹太人的形式而已。那里的工作条件以及起居饮食都极为艰苦，以至于犹太囚犯精疲力竭，不久以后便命赴黄泉。

普里莫·莱维于1944年2月22日到达营地：“人们能看到一扇巨大的门和上面金光闪闪的字：工作创造自由（这场景直到今天还是我的梦魇）。”这位当时刚刚获得博士学位的犹太化学家在意大利参加了一个反抗组织，被法西斯民兵抓获后送到了奥斯威辛集中营。

莱维进入了一个建筑小分队，为在建的工厂运输原材料。只过了两个月他就已经疲惫不堪。一位饮食还算不错的波兰囚犯盯着他说：“你这犹太人累坏了，快要被送去火葬场了。”莱维不愿意相信布纳营地就是集中营。邻铺史沐可让莱维展示一下自己的工号：“你是

174517号。”因为号牌编码是连续的，也就是说奥斯威辛集中营已经有过174000多名囚犯。史沐可估算了一下，当时在押囚犯最多也就3万名。“其他人都去哪儿了？”他用意第绪语问。莱维心存侥幸地说：“也许被送到其他营地了。”史沐可摇摇头：“他无药可救了。”几天以后莱维就被上了一课，他眼睁睁看着史沐可在一次筛选中被党卫军挑出来送进毒气室。

布纳营地的囚犯们被从纳粹占领的祖国驱赶到这里，布纳橡胶合成工艺的每一个步骤，都是他们苦难历程的一个站点：“布纳营地中的烟囱高耸入云，我们很少能见到它在迷雾中的塔尖。这座烟囱是我们修建的。它的材料是砖块，来自不同国家的人们分别把它叫作Ziegel，mattoni，briques，tegula，cegli，kamenny，bricks，téglak。仇恨把砖块黏结起来，仇恨和纷争，就像通天塔。而我们也叫它通天塔……仇恨就在元首荒唐的千秋大梦里，在他对上帝的轻慢，以及对人类的蔑视里。”

布纳橡胶实验室里需要化学家。莱维化学家的身份让他在集中营里得以幸存。在布纳工厂聚合部门庞韦茨博士手下进行了一次化学测试后，他被调到化学指挥部。他从实验室里偷出火石，在营地里用它换面包，因为那些非犹太囚徒使用打火机需要火石。1945年1月18日苏联红军解放了集中营。此前一周莱维得了猩红热被安置在病区，而且他虚弱得根本无力走路，结果反而躲过了死亡行军。他获救后一路辗转，不知绕了多少弯路后终于回到意大利，回到他最初当化学家后来成为作家的地方。奥斯威辛集中营的可怕记忆萦绕了他的一生。

战后，同盟国机构把所有涉案的奥斯威辛法本公司的责任人都列为战犯。负责选址的奥托·安布罗斯（1901—1990）被抓起来的时候正忙着做肥皂买卖。肥皂这种很有用的化学产品，战后需求量很大，因为很多德国人都有一双脏手。同盟军将安布罗斯告上法庭，而这个因沙林毒气在史上留下恶名的人竟不明白为何被起诉。他在莱希河畔兰茨贝格蹲了几年监狱，出来以后又立即投身到化工业中，依然受人敬重，并很快在董事会和监事会得到了职位。奥斯威辛法本公司其他责任人还有化学家卡尔·克劳赫（1887—1968）、沃特·杜菲尔德（1899—1967）、亨利希·布特菲舍（1894—1969）和弗里茨·特·梅尔（1884—1967）都在短期监禁后离开了战犯监狱，迅速回到德国化工业中，并且全部又重新占据高层职位。当然，这些化学家没有一个人在关押期间尝过毒气、枪杀或毒打的滋味。

他们作恶的方式和大多数人一样，即对别人的虐待和谋杀行为点头默许。所有担负责任的化学家都清楚奥斯威辛集中营里到底发生了什么，也知晓屠杀细节，并且从奥斯威辛集中营获取了丰厚的利润。他们其中几人还经常和奥斯威辛的司令员霍斯碰头，互相之间形成了高度的默契。

西德化学界不仅认为重新聘用被审判的战犯没什么大不了的，而且化工业大多数人认为这些有功之臣受到了不公正的对待。在西德化学周年纪念册里，人们从未提及奥斯威辛第四布纳橡胶厂。迄今为止，也没有人倡议成立普里莫·莱维基金会，来审视大屠杀和化学界的关系。相反，1964年勒沃库森拜耳公司在常任监事会主席80岁大寿时成立了弗里茨·特·梅尔基金会。此人是奥斯维辛法本公司的最高领导，一个被审判过的战犯。该基金会直到2006年都在给化学系学生颁发奖学金。

布纳橡胶是奥斯维辛集中营的重要部分。有些历史学家甚至认为，布纳橡胶对于奥斯维辛集中营的存在具有决定性影响。正是因为法本公司的投资决策，纳粹党卫军头目希姆莱才把注意力放到了东部的集中营，让这里成为大屠杀的核心地区。

化学和权力息息相关，正因如此，化学难辞其咎。它从一开始就不是一门“纯粹”的科学，要么良善要么丑恶，化学本身的杀伤力就足够强大。正因如此，我们不仅有必要研究化学的成功史，即化学家们如何利用先进技术造福国家和人类，化学技术对人们深入了解自然界、战胜疾病、抵御饥荒、促进经济繁荣、扩展人们的意识领域以及生态环保都有不小的贡献；我们还有必要研究化学另一面的历史，了解化学家们所背负的罪责，或者他们被蛊惑后犯下的为虎作伥的罪孽。参与了这段历史的化学工作者，既不要自以为是俯视别人，也不要赌咒发誓说自己什么也没做过，而是应该对个人的所作所为细细掂量并扪心自问，在极其错综复杂的环境中，人应该如何保持高尚的品德。

阿司匹林

弗里德里希·史透纳发现吗啡，在19世纪和20世纪，这一直被看作是一件有益于全人类的善举，因而备受赞誉。吗啡能缓解疼痛，尤其是剧烈疼痛。但问题在于，吗啡比鸦片更容易上瘾。一方面是因为有效成分更集中；另一方面，人们找到了一种新的用药方法，即针剂。人们想到用针剂，原因在于吞食吗啡容易让人恶心，注射就能有效避免这个副作用。人类最早用于皮下注射的物质就是吗啡，但人们没有想到，也无法预知的是，通过注射既能镇痛，也能获得前所未有的快感，也就是所谓的药物兴奋。它会让人极度上瘾。止痛剂大肆盛行，首先在野战医院，然后进入普通市民生活。19世纪人们定义了一种新疾病——吗啡成瘾症。有些人一旦用过吗啡，就再也离不开这东西。他们每天注射吗啡，并且剂量不断加码，长此以往，无论身体还是精神都会垮掉。所以尽管吗啡被标记为止痛药，但和其他副作用较小的药物相比较，它需要医生严格控制用量。

吗啡成瘾症触发了人们继续尝试用化学方法来抑制这种狂野药物的动机。人们期望通过简单物质转化，从而既保全该物质里良好的特性，又去除负面的上瘾可能性。所以在艾伯费尔德区——也就是今天伍珀塔尔市的一部分，一位名叫菲利克斯·霍夫曼（1868—1946）的化学家在1897年8月10日又开始研究这种名声不太好的物质。他用脱水的醋酸来烹煮它。这种处理方式当时很流行，许多为人熟知的药剂都是这样提纯的。两周前，霍夫曼就用同样器材、在同一个工作位置上用相同方法将另一种物质水杨酸“乙酰化”了，由此生成乙酰水杨酸，也就是今天最知名的药物之一阿司匹林。

现在，霍夫曼把吗啡进行乙酰化，生产出二乙酰吗啡，海洛因由此而来。当时被褒奖的事物，今天则受到世人唾弃。人们首先在动物身上测试这种药品，然后是工厂工人及其家庭。作为一种止咳药，海洛因疗效显著。为了治疗当时的疑难杂症咳嗽，人们曾经用过吗啡。而病源在于空气污染。重工业正一路高歌猛进，烟囱里向外冒着滚滚浓烟，人们压根不知道还有空气净化器这种东西，即便知道，他们也不会去用。相反，人们研制出各种止咳药剂，海洛因就是其中之一。它的治疗效果非常明显，以致厂家在宣传单里建议把海洛因用在孩子和对吗啡上瘾的人身上。董事长亲自用药，并乐意把它推荐给其他人。报纸广告渲染孩子们喝海洛因药液有多么开心，并且总想喝得更多。全世界范围内这类广告随处可见，几年的时间里它成了厂家的希望所在。接下来，人们开始对这种药越来越谨慎，因为人们发现，它也让人欲罢不能。正如大家所知道的，海洛因、吗啡、可卡因和其他这类物质，一方面能起到积极疗效，另一方面，负作用不容小觑。有人一旦上瘾，所需剂量会越来越高。对此，人们必须采取大量更理智的措施。比如为其引入严格的处方规则，为已经上瘾的人提供疗养和其他帮助。人们可以把著名柏林药理学家刘易斯·莱文（1850—1929）的至理名言作为行动指南。他说："我们必须找出方法来对抗它们在世界范围内造成的弊端，但是不要希冀把它们彻底根除。"

这句贴切的话却并没有定下海洛因后续故事的基调。人们更多则是发起了"对抗毒品的战争"。战斗首先在美国打响，并滑稽地出现在标志第一次世界大战结束的《凡尔赛和平条约》里面。条约第295条规定，战败国尤其是德国有义务全面禁止毒品。

这里我不得不提到阿司匹林。

这两种物质可以说是同父异母的姐妹，不仅因为它们由同一位化学家菲利克斯·霍夫曼在同一张实验桌上、用同样的器材在同一个夏天生产出来，还因为它们有着相似的音节名称和化学上同源的父亲——醋酸。只是它们的母体有些不一样，一个是吗啡，另一个是水杨酸。阿司匹林出现的原因和海洛因被制造出来时的目的一样。对于缓解疼痛和退烧的古老药物，菲利克斯想通过进行少许改进减少其已知的弊病。阿司匹林无疑是一种良药，它不仅能缓解头痛，也能治疗感冒或流感。当人们发现服用少量阿司匹林还能有效预防中风后，对它的喜爱更甚。它不仅被其商标所有人拜耳股份公司看作奇迹药物，更被看作世纪良药。没有比这更鲜明的对比了：一边是撒旦毒品，一边是神奇药物。

阿司匹林也有副作用，正因如此，艾伯费尔德的医学家霍夫曼起初不想把它投放市场。乙酰水杨酸能减缓血液凝固，从而降低中风和心肌梗塞的风险，从今天医学角度看，这对许多人来说都是积极的副作用。但另一方面，它也大大提高重创时失血过多的风险。阿司匹林止痛时间只能维持数小时，但稀释血液的功效却能持续数日。尽管阿司匹林在药店是非处方药，可随意购买，但人们用药时还是要慎之又慎，不要觉得它完全无害。化学家和诺贝尔奖得主莱纳斯·鲍林（1901—1994）自70年代以来就告诫世人："60—90片阿司匹林就足以让一个成年人毙命。没有任何药物会像阿司匹林一样这么频繁地被用于自杀。"另外，疏忽大意导致幼童药物中毒死亡的事件中，15%都归因于阿司匹林。正如我们所知，阿司匹林能引发极为严重的疾病，还有些人对阿司匹林过敏，哪怕只吞下一片阿司匹林，也会严重影响其健康。

尽管如此，阿司匹林并没有成为被妖魔化的药物，但不难设想，因为几例轰动的知名的死亡事件，阿司匹林完全有可能被法律禁用。幸亏不至于如此。事实上尽人皆知，所有高效物质往往都带有强大副作用，主要疗效越显著，副作用往往越剧烈。但谁都不会因噎废食。大家了解阿司匹林的副作用，许多服药者都谨慎行事。总体说来，阿司匹林的诞生过程是一次化学发明，既有理性，又有一定尺度。

稀土元素

“吵闹村的孩子们”通过瑞典作家阿斯特丽德·林格伦而闻名于世。相反，“隔离村[1]的孩子们”只有化学家才知道，最近还来了些金融人士。隔离村其实应该叫作伊特比（Ytterby）。这个世外桃源般的村庄真实存在，位于斯德哥尔摩附近一座小岛的外缘。这个小地方竟然拥有一类元素，一种在当地矿产中首次被发现并分离出来的矿物质。它就是所谓稀土元素，一般隐匿在偏僻之

1 吵闹村原文为Bullerbü，而隔离村原文为Ütterbü，二者音节相似。——译注

处，十分稀有。在元素周期表上，它排在一长串元素之后，往往被隔离出来或者作为注脚添加上去。稀土元素排列在具有放射性的锕系元素序列里，和锕在很多方面有同源关系，大多同时出现。

它们分别是：钪、钇、镧、铈、镨、钕、钷、钐、铕、钆、铽、镝、钬、铒、铥、镱、镥。

其中一半的名字多少都指向瑞典，另外两种元素的名称显示出它们的产地尤其偏远：镧意味着“极其隐蔽”，镝意即“不可接近”。所有这些元素都不易获取。但对斯堪的纳维亚的化学家们来说，这些不可接近的元素就是近水楼台了。他们能直接接触到来自伊特比的矿物质。起初，芬勒·约翰·卡多林（1760—1852）在那里发现了钇；接着，琼斯·雅可比·贝采里乌斯（1779—1848）发现了铈和放射性元素钍。这几种元素虽然并不在稀土元素之列，但和它们有直接的近邻关系，在自然界里往往也同时出现。贝采里乌斯也引入了今天现行的化学分子式语言和常用元素缩写。贝采里乌斯的学生卡尔·古斯塔法·莫桑德尔（1797—1858）发现了镧、铒（根据伊特比命名）和铽（也根据伊特比命名）；然后佩尔·提奥多·克勒夫（1840—1905）在伊特比的矿物质中发现了铥（根据极北之地“Thule”命名，那是一个北方神秘岛屿的古老名字）和钬（根据斯德哥尔摩命名）。斯堪的纳维亚的化学家为自己和祖国甚至古老的北欧众神（北欧神话中的雷神“Thoi”）在元素周期表上偏远的地方建立了一座纪念碑。

至于人们能用奇特的物质做什么，瑞典科学家们并没有进一步研究。奥地利化学家卡尔·奥尔·冯·威斯巴赫（1858—1929）系统研究了元素周期表上这些几乎无人涉及的领域，让它们变得有用。奥尔是奥地利宫廷印刷厂经理阿里奥斯·奥尔的第四个孩子，他在一个富庶的中产阶级家庭里长大。在校时，奥尔就在物理和数学上展露出超强天分，而他最钟爱的还是化学。他的德育、体育、几何、绘画和化学科目毕业成绩都是“典范的”“德行优良的”“优秀卓越的”，只是在语言方面稍有欠缺。他毕生对阅读和写作兴趣寥寥，甚至都没有完成博士论文。在没有论文的情况下，海德堡大学教授罗伯特·威廉·本生（1811—1899）还是授予了他博士学位。他一生出版的论文只用一本薄薄的小册子就能全部收录。奥尔讨厌遣词造句，最喜欢的地方则是实验室，而且偏爱在下午其他化学家离开的时候钻进实验室，第二天一大早，当其他人来时他便又离开了。他的人生梦想是开着一艘游艇在大海上航行，而游艇上要有一间装备齐全的化学实验室，这样他便能随着波涛起伏潜心化学研究。他的这个梦想没有成真，但凭借发明购买的房屋和城堡里，他建造了一间偌大的实验室，并在里面度过了大部分光阴。他亲手操作所有步骤：磨粉、搅拌、烹煮、过滤。他排斥以小组方式来组织研究，这也是他拒绝在大学任职的原因。

奥尔生性不喜热闹，这就解释了为什么他会选择元素周期表上一个非常冷僻的角落——稀土元素作为研究对象。这一点引起了他的老师本生的注意，他俩毕生都保持着令人感动的忠诚友谊。稀土元素位于偏僻小岛的边缘，几乎没有人航行到过这里，而这正好符合奥尔对理想研究对象的期望。至少奥尔基本上不需要阅读与这些元素相关的文献资料，因为这方面的文献非常少，而他正好不爱阅读。

奥尔首先研究一种叫作钕镨的稀土元素，其名字意为双胞胎，因为人们发现它和镧有非常接近的亲缘关系，以至于经常把两者混淆。奥尔进一步细化了由瑞典人研发出的分离方法，并且让斯堪的纳维亚人相形见绌的是，他证实这种元素不是双胞胎中的某一个，而是由两对双胞胎组成：绿色双胞胎镨（因为由它形成的盐是绿色的）和新双胞胎钕。我们都知道语言是奥尔的短板，所以通晓业务的奥尔向一位老语言学家请教，从而得到这种元素的希腊名称。才刚刚27岁的他就成为两个新元素的发现者。同年，也就是1885年，他还获得了一项煤气白热光专利。野营者和柏林人都知道这种光，因为这项发明今天只在野营营地和柏林继续发光发热。而以前，几乎全世界所有城市和大部分公寓都用奥尔的煤气白热光照明。

奥尔发现用煤气火焰加热某些稀土元素氧化物时，能发出很明亮的光芒。于是他灵机一动，用镧盐溶剂浸泡棉布纤维，然后放到本生灯里点燃。让他惊讶的是，燃烧的灰烬不仅形状保持不变，而且相对很稳定。奥尔不断尝试用他母亲在维也纳编织的棉布制作煤气灯罩，并且通过加入其他东西让灯罩更牢固。由此，他发明了一种全新的灯具，其亮度是通用的煤气灯的两倍，而用气量只有后者的一半。七年后，奥尔的这个专利卖了上百万古尔登[1]，他从此跻身富人行列。他继续做实验，继续改良煤气白热光，同时发现就在稀土元素行列旁边，浓度非常低的放射性元素钍能给出更好的结果。奥尔发明了第一个金属丝电灯泡，并在里面应用了锇（Osmium），这种金属丝很快被钨（Wolflam）丝取

1 古尔登，14—19世纪德国、奥地利等国使用的货币，起初为金币，后也出现银币。——编注

代。奥尔把这两个元素的名称拼在一起，造出了欧司朗（Oslam）这个直到今天依然存在的品牌名字。沿用至今的还有打火机里面的铈铁打火石。奥尔的老师本生在实验室里向学生们展示，如何用锤子击打铈，或者用锉刀刮擦让它迸发火花。后来奥尔想起这个令人印象深刻的演示，用铈、铁、少量铜和镁制作出产生火花的最理想的合金。直到今天，大多数打火机还在应用该原理。

他继续做基础研究，在1907年差一点又成为两个新元素的发现者。因为他指出，一直被当作一个整体的镱其实是由两个不同但又非常接近的双胞胎一样的元素组合而成，他把它们叫作铥和镥，可惜其他化学家抢在他之前公布了同样发现。奥尔对稀土元素如痴如狂，以至于在弥留之际仍坚信还可以发现更多这类元素。他甚至认为该序列里隐藏着一个全新的元素周期表。不然的话，为什么许多以前被认为是元素的东西，结果却可以分解成新元素呢？正因如此，迷宫里才会始终不断地出现新双胞胎。最后，他认为当时产生的量子物理学不能真正理解那些稀土元素，其实人们有必要为它们建立一个全新的的理论体系。

奥尔也研究放射性物质。居里夫妇发现的镭（我会在接下来的章节里具体讲述）第一次大规模产出就在奥尔的工厂里。奥地利矿业城市约阿希姆斯塔尔发掘出1万千克含有镭元素的石头，奥尔的雇员在奥地利科学协会的委托下一共提炼出4克镭，相当于一块方糖的量，当时值150万克朗，可谓价值连城。可奥尔从来没有考虑过个人利益，在20世纪二三十年代，他慷慨地为当时的前沿学科核物理学和核化学的研究者提供纯净的样品。为了表彰奥尔在科学和工业上的功绩，奥地利国王弗兰茨·约瑟夫一世于1901年赐予他可以世袭的爵位，并允许他挑选一枚勋章。他选择了刻有座右铭Pluslucis（意即更多光明）的那一枚！奥尔相信大自然的万事万物，都是上帝带着无限爱意创造的，都是有生命的。万物皆有灵，光芒无处不在。1929年8月，奥尔在家人的陪伴下离开了人世。

今天还有大量稀土元素积极参与照明工作，只是它们不再应用在煤气灯中，而更多在荧光灯管中完成照明使命。由奥尔发现的元素钕和镨被用作强力磁铁，在风车，也包括手机和发动机里得以应用。于是，这些处在元素周期表冷僻位置的物质今天变得灵活机动，给我们提供了大量服务。

我们现在使用的稀土物质从何而来？它们早就不是来自斯德哥尔摩旁边静谧的小岛了，因为那里的少许蕴藏早已开采殆尽。奥尔那时就从巴西获得稀土元素，因为当地人能找到一种很特别的沙子，叫独居石，它们质量很重，长期用作船上的压舱物。它们含有不少稀土元素，无论多么罕见的稀土元素，在独居石中出现的频率也会高于白金或黄金，只不过达不到值得开采的浓度含量罢了。

今天大约95%的稀土来自中国，美国也有相当可观的蕴藏量。还有澳大利亚西部的韦尔德山，那里除了淘金者就是袋鼠。一家叫作莱纳斯的澳大利亚稀土矿业公司在当地开采稀土。分离稀土元素代价高昂，因为它们就像同卵双胞胎一样非常近似。要用到包含许多化学要素且非常费劲的操作方法和强酸才能将它们分离。这个过程还需要大量水，而澳大利亚西部水资源宝贵，而且当地廉价劳动力紧缺，加之各种环保的条条框框限制，所以莱纳斯矿业公司并不在当地完成这些步骤。

莱纳斯矿业公司想了一个主意，把矿砂运到马来西亚加工。只要公司在马来西亚南部关丹投资建厂，政府便承诺给企业12年免税的经济支持。这个地方地理位置相当有利，就在河边，不仅能提供大量用水，而且每天产生的成吨废水也可以排放到河里，最终被冲到大海中。

我的同事卢特加德·玛莎长期研究稀土元素历史。她曾写下了一篇关于铝的精彩故事，可她没机会去访问位于亚马孙的制铝设备基地，所以很多故事素材仅限于文献和书籍。对于稀土元素，她决定哪怕绕大半个地球，也要一探究竟。如今许多物质到达欧洲之前，已经经过了漫长的旅程。卢特加德决心飞往马来西亚，实地考察加工稀土的设备。

她带着小麦色的肌肤回来，也带回了精彩纷呈的故事。在一片田园牧歌般的热带地区，有一片宽阔的沙滩，在那里莱纳斯矿业公司的代表热情礼貌地接待了她。在一次为客户准备的路演活动中，公司介绍了许多规划，比如清洗和分离从澳大利亚运来的稀土元素的整个操作过程符合最新行业标准，对于自然环境和周边居民几乎不会带来任何负面影响。莱纳斯矿业公司从邻近的一家巴斯夫股份公司子公司获取在矿砂浓缩加工中具有威胁性的化学药品。这能够说明一切就都符合规矩了吗？

卢特加德也见到了当地居民。她发现对抗稀土加工的民众运动风起云涌，那里出现了马来西亚有史以来最大的抗议活动。活动名称为SMSL——拯救马来西亚，阻止莱纳斯！难道抗议者不知道稀土对于新型生态技术、节能灯、电动汽车，包括智能手机和其他出色而时尚的东西都是不可或缺的吗？“马来西亚曾经有过一家稀土精炼厂，由三菱公司经营。”卢特加德说，“公司成立于1982年，经过几次法庭判决后于1994年关闭，但没有对放射性废料进行合理清理。”关闭的工厂位于马来西亚另一侧，卢特加德租了一辆汽车横穿马来西亚岛。马来西亚这个国家主要由海岸线边的城市组成，中间是热带雨林，更确切地说，曾经是热带雨林。现在那边有绵延数公里的棕榈油种植园，专门生产棕榈油，一种所谓的可再生原料。卢特加德在武吉美拉遇到了日本科学家野田佳彦，和她一起带上盖革计数器考察当年的工厂。正如前面所说，稀土矿石往往和放射性物质（比如钍）同时出现，因此精炼稀土的设备所产生的废料往往都有放射性。“部分废料会在晚上和雾天用载重卡车运出来随便倾倒在街边。”她和日本科学家一起找到好些这样的地方，部分不明真相的马来西亚人甚至就在倾倒放射性元素的垃圾场修建房屋。

“这里所发生的一切，被马来西亚人称作污染输出，一种把环境污染输出到国外的做法。所以他们开始抵制，绝不希望和日本企业合作时遭受的一切伴随着澳大利亚公司卷土重来。”当年工厂附近的村庄中，居民的白血病发病率上升，畸形儿童出生率也提高了，罪魁祸首就是放射性元素。马来西亚人组织了多次群众集会和示威游行，也开展了大量调查研究，结果都显示出莱纳斯矿业公司的废料排放和清理理念存在极大漏洞。可惜到目前为止，环境保护者们的行动犹如螳臂当车。莱纳斯矿业公司已经投入运营。而稀土元素价格回落，令他们能在环保上投入的费用变得更少了。

我们想要利用更环保的技术，并不等于要把环境污染输出他国。卢特加德的结论是，我们利用稀土元素的正确方式应该建立在对它们进行回收再利用的基础上。但目前这个阶段，这一点几乎无法实现。一方面缺乏相应的方法；另一方面，因为在产品中，比如智能手机里，稀土元素用量微乎其微，所以之后不可能把它从产品中回收。理论上使用过的稀土元素大约只有不到1%能回收再利用。一部智能手机里大约有40种不同金属，其中也有稀土元素。节能灯的稀土元素随着荧光灯管被废弃也不太可能回收。“这是一种不可思议的浪费，”卢特加德说，“其实稀有金属非常适合回收。它们本身不随产品损耗，因此能无限次反复利用。”她的建议是，租用或者买二手货来提高产品的利用率。“人们不能让历史的车轮倒转，也不能让曾经沉睡的稀土元素再度深眠。我们既然花费不少代价获得它们，就应该尽可能反复利用，不然环保技术从何说起？”

牙膏里的镭

“对于切尔诺贝利我记忆犹新。那是1986年4月底，”奥格斯堡环保局的化学家汤姆·格拉茨说，“那之前两三个月我恰好开始卫生局的工作，做污染地段的研究调查。然后放射性云层就突然出现了。”

人们自然什么都看不出来。汤姆解释说：“一切看起来还和往常一样。起初我们用盖革计数器来测量沙砾和植物样品。接着我们又买了一台伽马射线光谱仪，整日整夜用它研究样品。我们一共进行了16000次实验。”奥格斯堡一般刮西风，而就在切尔诺贝利（位于今天乌克兰靠近基辅的地方）核反应堆爆炸时，风从东边，也就是反应堆燃烧的方向刮来。放射性同位素，尤其Cs-137和Cs-134，起初还有许多含有放射性的碘元素到处淤积。官员们极力安抚民众。“巴伐利亚环保局长在摄像机前吃了一勺奶粉，同时解释说大家无须担心。可是人们不太相信官方的说法。连他本人也许也不大相信吧。”有些政治家警告说，这是有人有意制造恐慌情绪。“市议员在议会上对放射实验室大加斥责。女人们拎着装满食物的篮子到实验室做检测。”人们还带着在储藏室里找到的东西来检测。汤姆还记得：“她们拿来的东西，有的甚至是镭刚被发现那个年代的。这简直是放射性物质大杂烩：瓷砖、煤气灯纱罩、宝石项链和氡杯。人们过去还使用下面装着放射源的水杯，他们认为被辐射的水有疗效。”汤姆把杯子和其他放射性日用品收拾起来，送到巴伐利亚州环保局，放在最里面的角落里。这些收藏品我看过，其实非常悦目，藏品里有很多首饰、用一点点氧化铀制成的闪着黄绿色光芒的含铀玻璃、着色的瓷砖、带有夜光钟表盘的天然闹钟和手表。

切尔诺贝利让人们对所有放射性物质心惊胆战。人们很快忘记，当初镭和其他放射性物质的发现是现代自然科学历史上轰动一时的大事件。尽管每发现一个新元素都能扩展我们对自然界的认识，但镭和放射性元素的发现为人类的整个知识体系奠定了新基础。

镭的发现和研究引导了全新化学和全新物理学的开端，它更新了天文学，帮助人类解决了地理学难题，对于现代考古学也不可或缺。连医学都因为镭而全面革新，更别提政治了。现代政治笼罩在核武器的阴影下，还必须面对如何和平使用核能源的问题。所以我们要深入了解铀、钍、钋、氡以及镭的属性和情况，挖掘元素周期性体系的内部联系。许多自然界的古老之谜伴随着放射性元素的发现而真相大白。

这个过程究竟是怎样的呢？19世纪末期，1896年12月维尔茨堡物理学教授威廉·康拉德·伦琴（1845—1923）发现了以其名字命名的伦琴射线。当时，能看到皮下组织的神奇物质让同时代的人激动不已，几乎人手一张个人手部或头骨的X光照片。很快研究者们试图寻找其他可以固定发出伦琴射线的情况。巴黎物理学教授亨利·贝克勒尔（1852—1908）也加入找寻者大军。制造出伦琴射线的阴极射线管（克鲁克斯管）由玻璃构成，而且在发射伦琴射线时发出绿色荧光，所以人们很容易认为阳光下的荧光物质都能发出射线。

荧光物质意味着一种在太阳光照耀下能发出更强光亮的物质。能做到这点的首先是铀化合物。1789年被发现的铀能形成许多有颜色的矿物质，往往闪耀着一种不自然的微光，也就是荧光。人们用铀给玻璃染色能得到奇异的色泽，或黄或绿莹莹。人们喜爱这种玻璃，直到新艺术运动时期它都是一种时尚。切尔诺贝利事故之后，它才被清理出首饰盒。

因为铀矿物质和铀产品都闪烁着奇异的光芒，贝克勒尔认为一旦收集到大量这种矿物质，就能让它们在阳光照射下发出伦琴射线。他把一块照片板包得密不透光，把一块铀矿石样品放在上面，让它们整个被阳光照耀。阳光不能把这块板变黑，但是在矿石中产生的伦琴射线可以，因此贝克勒尔预期可以看到明显变黑的痕迹。

结果是，硫酸铀钾确实让照片板变黑了。贝克勒尔在1896年2月24日报告发现了一种物质，能把阳光转化成和伦琴射线近似的射线。他非常得意，以为这为科学的进步做出了贡献。但这还不是真正的发现。对于大发现，糟糕的天气起到了关键作用。2月接下来的几个白天巴黎的天空总阴云密布。贝克勒尔把实验设备，也就是一个密不透光的照片板和硫酸铀钾晶体放在角落里。尽管如此，照片板上还是出现了一圈很淡的轮廓。在报告中他这样描述这个看起来简陋的实验："相反，轮廓展示出很高的强度。"即便没有太多光线也能实现染黑过程。是的，贝克勒尔接着展示，甚至在一个全黑空间里也能获得实验结果。也就是说，阳光可有可无！射线来自物质本身。

这就是放射性元素的发现过程。

显然有些物质能发射出和伦琴射线近似的射线。但和产生伦琴射线的设备不同的是，这种物质的射线完全来自自身，没有任何电能量的输入。贝克勒尔发现的新射线起初无人留意，只有几位专业人士对这位巴黎教授的发现饶有兴趣。这并不奇怪，因为他完成的结果图像多少给人一种雾里看花的感觉，和手部、头部以及人体骨架清晰的X光照片无法相比。当时，全世界范围内的伦琴射线爱好者规模不断扩大！

如果想从贝克勒尔的发现中得出更多内容，就需要进一步研究。这里我就要提到居里夫妇了。出生于波兰的物理学女学生玛丽·斯可罗多夫斯卡（1867—1934）在1895年7月和当时担任巴黎物理和化学工业学校实验室理事的皮埃尔·居里（1859—1906）喜结连理。他们的第一个女儿在1897年9月出生。

玛丽·居里不只想做一位贤妻良母，她热爱科学。她仔细斟酌了博士论文主题，最后决定研究亨利·贝克勒尔的射线。丈夫的雇主把校舍底层的一间手工课教室给她当工作室。玛丽·居里在里面测量不同样品的射线强度。几周以后，她很肯定样品中射线强度和其含铀量成正比，和其他任何物质都无关。于是这位女学者开始研究所有其他已知化学元素。在钍元素上她也发现有射线。铀和钍身上可以观察到的特性被她称为放射性。至此，本来她的工作可以完美收官，实验结果对于撰写一篇博士论文来说绰绰有余。但是玛丽·居里还想继续钻研下去，顺着这条研究道路她几年内就发现了镭，科学史也包括人类史从而出现了重大转折。

她研究埃科勒的矿石收集品，寻找可能出现射线的矿石，在两种铀矿石中有了新发现：有一种物质的射线强度比铀还要大得多。

因为她之前测量过所有已知化学元素，所以断定这种放射性元素是一种迄今为止无人知晓的全新物质。1898年4月12日她把该假说报告给法兰西科学院。

正在这时，她的丈夫皮埃尔·居里意识到妻子正在追踪一种全新事物。他的直觉告诉自己，玛丽即将开启一扇新大门，进入一个从未被涉足的领域。居里先生决定放弃自己手头的研究任务，加入妻子的研究项目。之前他就帮过妻子大忙，他亲手制作了一台放射性测量设备。

一则炼金术古老教义说，要完成一件伟大作品同时需要男人和女人。因此炼金术手抄本的装饰中往往出现双重性别，即男人和女人同时存在，象征着最高精神境界。居里夫妇虽然和神秘理论全无关联，但事实上他们组成了一个完美的团队。他们齐心协力完成了一项伟大的事业，起到了典范作用。在一间几乎没有暖气的小库房里，他们独立把铀矿石，也就是沥青铀矿石用分析化学的方法进行分离。他们找到两种性质相近的放射性成分。玛丽·居里为了家乡的荣耀而称之为钋[1]。这可以说是一次政治上的挑衅，因为当时波兰从地图上被抹去，它被俄罗斯、普鲁士和奥匈帝国瓜分了。

一点点沥青铀矿根本不够居里夫妇将这两种元素分

1 Polonium，词根源于“波兰”（Poland）。——译注

离出来。多亏奥地利君主的矿业管理机构慷慨大方，让他们拿到了几吨废料，这些废料都是约阿希姆斯塔尔的采矿厂在制铀过程中产生的。他们从里面分离出微量的第二种元素，该元素放射强度大得多，这就是镭。

镭能自体发光，而且持续不断，哪怕极少量也能发出明亮的光芒。几毫克镭的光亮足够用来阅读。它们也始终都在发热，也是从自身发出来的。它们持续不断释放能量，从不停歇。人们可以把镭加热或冷却，但它始终释放出同样能量。这种谜一样的属性，使得关于它的消息迅速散播开来，掀起了一阵镭的热潮。在奥地利约阿希姆斯塔尔，也就是成功从沥青铀矿里把镭分离出来的地方，人们纷至沓来，当地旅馆兜售“镭烤肉”和“镭糕点”，游客还能买到“镭肥皂”和“镭雪茄”。柏林生产和售卖一种名为“多拉玛”的含镭牙膏，人们相信新物质能让人拥有一口洁白如玉的牙齿。英国物理学家弗雷德里克·索迪（1877—1956）估计太阳就是由镭组成，而阿尔贝特·施韦泽则把镭和耶稣基督相提并论。

因为镭会发光、闪烁并发热，自身却没有任何可见的损耗，爱因斯坦曾用著名的公式$E=mc^2$来解释这种神秘物质。所有放射性元素都能释放能量，同时减少质量——但这个过程极其缓慢。公式的意思是只用很少一点质量（m），能释放出大量能量（E）。而其中还要乘以常数c，这代表光速，所以是一个非常大的数值，更别说还是c的平方了。

对于玛丽·居里来说，放射现象并不可怕，现代科学也不是敌对势力。1933年，也就是居里夫人去世前一年，她曾用一句质朴而令人动容的话来表达自己的人生信念："我坚信科学是美好的事物，在实验室里的科学家并不只是技术人员。科学家面对大自然秘密时表现出的虔诚和挚爱，一如孩童面对美妙童话。"

越来越多的学者加入放射性元素研究队伍。1899年，新西兰的欧内斯特·卢瑟福确信，"最初的辐射"由两部分组成：一种射线穿透力很弱，哪怕一页纸就能截断它，被称为“阿尔法射线”；另一种形式的射线有很强穿透力，被称为“贝塔射线”。之后人们还定义了第三种放射性射线类型“伽马射线”。人们利用这些射线了解原子的构造。一定程度上说，射线就像射进原子的子弹。这样人们非常快得到一种直到今天都成立的认识：原子由一个小小的带正电荷的核组成，它几乎构成整个原子的质量。距离原子核相对较远的地方，环绕着满载负电荷的电子。大约100年前丹麦物理学家尼尔斯·玻尔（1885—1962）第一次以理论形式写出这个设想，他所使用的工具超越了传统物理学范畴。

至少放射性元素的衰变始于自身，完全不是由外界施加影响。它们在放射的同时转化成另一种元素。这个进程在镭、钋、铀和钍元素上都自行发生。最后确定，原子核里不仅有正电部分，即质子，还有中性部分，就是中子。

在放射性元素被发现之前，人们一直以为物质都是均质的。人们也觉得元素不能转化。现在则很清楚：世界上存在能转变成其他元素的元素，并且在转变过程中释放射线。而从一种元素转变成另一种元素的过程中所释放的能量，比以前所有已知质变都要大得多。这样一来，许多古老的谜便彻底解开。人们现在能理解同组元素为何很相似，因为它们的原子结构是相似的！人们现在能从原子种类上去理解元素周期表上的化学元素，它们由特定的基本粒子组成，也就是由质子、中子和电子以一种非常简单且容易理解的方式组合而成。氢，这种最轻的元素是由一个质子和一个电子组成，彼此间是中和的。而铀，这个当时所知的最重的元素由92个质子和92个电子组成，此外还有100个没有负荷的中子，它们对于原子核的稳定至关重要，但对其化学特性没有影响。在元素周期表的行列中，从一个元素到下一个元素总会多加一个质子和电子，附加中子。一组元素之所以表现出相似的化学特性，是因为它们拥有相同数量的外层电子数。

放射性是一扇通往了不起的新世界观的大门，它超越了人类精神发展史上目前为止所有的世界观。

通过研究放射性元素，我们今天彻底明白了19世纪人类眼里完全扑朔迷离的事物。

地球究竟有多老？开尔文勋爵、苏格兰物理学家威廉·汤姆森（1824—1907）认为，地球最多只有9400万年历史。他的依据是地球曾经有过非常炙热的时期，之后开始冷却下来。但地球依然是热的，正如矿山里的人所感受到的一样，采矿时挖得越深，温度就越高。开尔文勋爵认为这就是曾经炙热的地球球体留下来的余温，然后据此倒推回去。曾经炙热的东西渐渐冷却的过程是按照大家所知道的法则进行的。所以如果能测量现在地球的温度，人们就能算出从它发热到现在经过了多长时间。开尔文勋爵计算的结果是9400万年，由此出发他认为查理斯·达尔文的进化论并不符合事实。根据这个计算结果，进化根本不可能发生，而所有生物在陨石撞击地球时早已完全成形。对于达尔文的进化论思想来说，地球实在太年轻。达尔文很重视他提出的异议。

随着放射性元素的发现，开尔文勋爵的计算方法无异于建立在一个错误前提上。因为地球有放射现象，所以它始终都在发热，有些地方甚至温度太高。大约一半地热都来源于放射性过程！换句话说，我们生活在一个反应堆上。正因如此，我们今天认为地球的年龄比19世纪物理学家所推算的要长得多！地球里含有持续制造能量的放射性元素，我们今天确信地球的年龄不止几千万年，而是好几十亿年，久远得足够发生进化过程。我们放射性的星球能持续发热且充满活力，它的年龄也比人们以前所想象的大得多。

因为放射现象，化学家的元素周期表变得更好理解。医学家们获得新的诊断和治疗方法，能有效治愈之前看来是绝症的疾病，尤其是癌症。考古学家和地理学家能够通过新方法来鉴定碎片、骨骼和石头的年代。生物学家如释重负，进化还是有可能的。除此以外，人们很快认识到轻微的放射现象是所有地球物种诞生的前提，对于生物的进化不可缺少，正是它带来了对物种产生必不可少的基因突变。如果没有原子弹，可能每个人都会更加了解这些事实。然而投放在广岛和长崎上空的原子弹爆发出的令人炫目的光亮，加上切尔诺贝利核电站喷薄而出的放射性烟云，为我们理解放射现象对自然界的巨大理论意义蒙上了一层浓重的阴霾。

因为对放射射线的研究工作，皮埃尔和玛丽·居里，以及亨利·贝克勒尔在1903年获得了诺贝尔物理学奖。1906年皮埃尔·居里在一次交通事故中丧生。他在巴黎被一辆马车碾压，受重伤不治而亡。从那时起，玛丽·居里独自继续他们的工作。1911年她第二次获得诺贝尔奖，这次是为了表彰她发现镭和钋这两种化学元素。

我们在这本书里曾经反复提到化学和权力之间千丝万缕的联系。战争是很多自然科学家面临重要道德抉择的时候。在这方面玛丽·居里的表现如何呢？和弗里茨·哈伯，还有全世界许多许多化学家和物理学家不一样，玛丽·居里绝不认为有责任参与新武器的研究工作。当时她所研究的是具有极高毒性和极高能量放射的物质，完全有能力提出积极有效的建议和方法。而玛丽·居里在战争期间做出了典范，她示范了一名科学家如何既为祖国服务，又不会给全世界带来新的灾难。

她做了些什么呢？第一次世界大战的技术装备战争每天都导致上千伤兵，他们在野战医院里根本无法得到充分照料。玛丽·居里这位射线专家发明了一种可移动射线车用于检查伤口。这样医生能清楚看见弹片在什么地方，进而在相应的地方做手术。玛丽·居里让所有实验室都提供伦琴射线装备，进行改良后装在野外移动设备中。她甚至还专门考取了驾照，亲自把伦琴射线移动检测车开到前线。她一直在野战医院装置伦琴设备，正如女儿艾芙·居里之后所写的一样：“外科医生和居里夫人站在漆黑一片的大厅里，那里只有神秘设备发出来的光亮。伤员被放在伦琴射线桌上，玛丽把设备对着裂开的伤口，并调整骨骼和肌肉组织造影清晰度，影像中暗处的一颗子弹或者一个弹片清晰可见。玛丽把影像复印下来，供外科医生在手术中使用。有时伤员甚至直接在射线照射下接受手术。”

上百万人在玛丽·居里建立的伦琴实验室里进行检查和治疗。除此之外，她把所有积蓄，包括两次诺贝尔奖奖金和另外一笔奖金所积累的财富全部以战争债券形式捐献出来。把居里夫人在战争期间的所作所为与她的化学以及物理学同行相比较，显而易见，比起毒气发明家和核武器创始人，居里夫人选择的道路令人折服。她既为祖国服务，也没有背叛全人类。她是了不起的典范，作为一名科学家有能力在任何时候做出正确选择。这就意味，当事人过后不会为自己的言行而感到羞耻。

1934年玛丽·居里与世长辞，享年66岁。她和皮埃尔生育了两个女儿。艾芙成为一名新闻工作者，而依伦和母亲一样是一名科学家，并和她丈夫弗雷德利克·约里奥·居里一起于1935年因发现了人工放射性物质而获得诺贝尔化学奖。

这两位科学家以玛丽·居里夫人为榜样投身科研，在其他科学家发明出核武器后，他们予以强烈谴责。他们的孩子埃雷拉和皮埃尔，也就是居里夫妇的外孙也是科学家。2003年，人们问埃雷拉放射性现象中令人恐惧的是什么，她回答说："地球从诞生以来就是放射性的，如果没有放射现象，地球早就是一个死亡星球。我们的生活就沐浴着放射性射线，它们来自岩石、大气和宇宙空间。所以地球本身从诞生之日开始就拥有大量放射现象，大约7000贝可。我们有大量利用放射性射线的方式，而主要集中在医学上。"

这一点毫无疑问！埃雷拉还坚信，把放射现象用于能源生产，并令人满意地解决由此产生的各种问题可谓意义重大。她没有提及当时法国的普遍观点。但她的看法和传统的法国能源政策一致：这个发现了放射元素的国家，到现在依然有78%的能源来自核电站。

"德国走自己的道路，"奥格斯堡环保局的化学家汤姆说，"我们关闭核电站，这也是我们抗争的结果。另一方面，德国有着很强烈的隐忧，我们担心对核问题毫无发言权。我们不能失去自己的专业能力。这种物质有着强大的吸引力。”

环境毒素

“在这个化学实验室里放着中子源，它其实是装在一个桶里带过来的，只用少量铅做了一些遮蔽，而这就是放射中的铀。这是一次实验，极小的实验，就在距离我工作地点5米的地方。”化学家艾瑞卡·克兰姆（1900—1996）所描述的是20世纪最著名的也是成果最丰富的一次实验。当时有一小段时间，她在柏林凯撒·威廉皇家化学研究所和奥托·哈恩（1879—1968）一起工作，并于1938年近距离观察过核裂变。在实验中，铀被中性基本粒子，也就是所谓的中子轰击，铀原子分裂开来，释放出中子，接着更多铀原子分裂开来。每一次核裂变过程中都会释放能量。当裂变的原子发生一次链式反应后，每一个裂变的原子都会再引发另外两次裂变，这些能量聚集在一起导致爆炸。因为核裂变所释放的能量比所有当时已知的其他反应都要多得多，所以其爆炸程度也比所有已知爆炸程度剧烈得多。可控的链式反应是之后原子弹以及所谓和平利用核能源的起源。艾瑞卡·克兰姆至今都清晰地记得哈恩在研究所台阶上，对她和其他同事所说的话："如果数据正确，我们现在的发现绝不是小儿科！"他的看法十分正确，事实上他找到的是一根足以将全世界置于火海的火柴。圣诞节晚会上，工作小组还兴高采烈地编写了一首打油诗："我们的头儿，奥托·哈恩，努力工作，分裂铀。"成功的喜悦很快烟消云散，因为纳粹当权者对建立在铀分裂基础上的原子弹表现出极大兴趣。而且大多数核物理学家也兴奋异常，他们以为能为第三帝国提供一种左右战局的新式武器。

为了研制炸弹，一个叫作“铀联盟”的工作组成立了。但是工作组既没有成功制造出一个炸弹，也没有实验出核反应堆。

艾瑞卡·克兰姆属于上世纪前半叶极少数学习并最后从事科学研究的女性，这绝不是一条坦途。

博士毕业后的四年时间里，艾瑞卡都没有固定工作。困顿迷茫中她接受了斜尔特岛上一家生物气候学研究所的一个职位。北海上狂风大作，有一天风暴极其强烈，把大门从铰链上吹了下来，击伤了这位女研究员的头。她出现脑震荡，头上肿起一个大包。奥托·哈恩听说她头部受伤，思忖着如何将这位天才女性从风暴肆虐的岛上救出来，于是发给她一笔继续从事科研的奖学金。可见那个年代，一位女士要想让科学对她敞开大门，得先经受北海风暴的考验。

生于慕尼黑的艾瑞卡·克兰姆始终钟爱南部，尤其是那里绵延起伏的山峦，于是1940年她欣然接受了茵斯布鲁克大学给的聘任书。但是她要想真正成为大学教授，还得一直等到1959年，她具有划时代意义的工作已经举世闻名。

艾瑞卡·克兰姆先研究了链式反应，得到极不寻常的、她之后自认为完全可以得诺贝尔奖的结果。第二次世界大战期间，在茵斯布鲁克她研究化合物乙烯和乙炔，和一种能把相近物质分离开来的方法。

战后，艾瑞卡和学生弗里茨·皮锐欧（1921—1996）一起继续研究这个项目。处理方法的核心，正如化学里经常出现的一样，是一根长长的管道，它能把人们想测试的混合物导出来。加热混合物使其蒸发，蒸气穿过管道。管道里装有硅胶和活性炭，它们能阻碍气体流动，但不是对所有气体都产生相同阻碍。

我们可以把整个过程想象成一次马拉松长跑。开始时所有选手汇聚成粗粗的长龙队伍，但很快队伍开始分化。一个由受过良好训练的顶尖选手组成的头部队伍脱颖而出。队伍最末端是一些超重但不乏勇气的参赛者。尽管他们疏于训练，血常规值状况不佳，挺着大肚腩，但仍锲而不舍地参与，可惜几公里以后他们就不得不第一次休息。也许最后他们到达了终点，但已经迟了，没准还是和街道清扫机一起到的。分离化学物质的情况与此相似，极苗条的小分子会第一个从艾瑞卡·克兰姆设计的装置中跑出来。人们用这种方式便将混合物质分离开来。

这种方法听起来挺平淡，人们在管道下方放入一些肉眼无法看见的物质，上方就有一些看不见的物质分离出来了，就这么回事。所以艾瑞卡·克兰姆的同事们不以为意，认为这种技术不过尔尔。

艾瑞卡·克兰姆在管道末端安装了一个探测器，它虽然不能告诉我们出来的到底是哪些物质，但总能显示出刚刚有物质出来了。整个探测器是一个热导体单元，由一个管道和一个探测器组成。这就是今天的气相色谱分析仪。这个天才般的想法利用了气体的特征，即每种特定气体都有特定的通过管道的时间。如果人们能够确定通过时间，就能把这种物质认出来。艾瑞夫和皮锐欧继续研究这种处理方法，最终明确了哪怕某种物质含量再少，也能用这种新式方法检测出来。

今天几乎全世界所有化学分析实验室里都有气相色谱分析仪。一根非常细的内部镀膜的软管代替了过去装了活性炭的管道，人们让气体从这个管道里通过。用气相色谱分析仪既可以分析香烟烟雾里的化学成分，也可以分析有机蔬菜里农药杀虫剂残留。这项新技术在社会和政治上的意义不言而喻。

如果没有艾瑞卡·克兰姆的气相色谱分析仪，也许人们发现臭氧层空洞的时间会大大推迟。因为气相色谱分析仪显示出，一些之前被人们看作无害的化合物，比如由喷雾器、冰箱和空调释放出来的氟氯烃事实上会导致臭氧洞扩大。这个过程虽然是在极高的高空完成，却有着深远影响。高空中臭氧减少，会导致皮肤癌发病率增高，因为臭氧层能阻隔特别有攻击性的UVB射线。英国化学家詹姆斯·洛夫洛克曾经用改良了的气相色谱分析仪探测器证明，大气中的确含有氯烃。通过长期国际协商，目前全世界范围内排放氟氯碳化物的产品大幅度减少了。

许多污染环境和损害健康的化学物质，比如滴滴涕或者二恶英，即使含量甚微，哪怕在稀释液中也能被气相色谱分析仪找出踪迹。之前人们对极稀薄含量甚至都没有相关单位描述，现在人们采用ppm，ppb甚至ppt来描述，也就是每百万、十亿和一兆里面的微粒含量，这些少到几乎不存在的含量都能通过气相色谱分析仪得到证实。所以含量微乎其微的兴奋剂、毒品或其他有害物质自此无所遁形。

同样，人们也可以用之前完全无法实现的准确程度来研究大自然各个过程。认为地球是一个很大的活跃的有机体的学说，也通过气相色谱分析仪的测量结果赢得了极强说服力。

艾瑞卡·克兰姆的发明对现代自然科学不可或缺。但她本人并没有从中获利，她没有为其发现申请专利。相反，她发现其他人凭借气相色谱分析仪名利双收。这是两位英国研究者，他们晚于她很久才有类似发现。艾瑞卡·克兰姆也不曾获得诺贝尔奖。

为了在男人主导的化学世界里占据一席之地，艾瑞卡·克兰姆态度谦逊：“你可以做科学，可以完成男人的工作，这在更早的年代几乎无法想象，所以你必须谨慎低调。”她的谦和固然保护自己免受攻击，但也生生阻碍了她获取应得的荣誉。

金霉素

1962年教育改革正在慢慢兴起，当时80岁的德国教育学家爱德华·斯普朗格写了一本非常薄、书名很奇特的书，叫作《教育学中的意外效应法则》。这也是他的遗作，一年以后他就去世了。书中他贬斥1960年代的改革热衷者，并说明教育事业中没有完美的组织结构。“人们必须在任何时候都接受弊端，它们和优点密不可分。”听起来就像老人和新世界格格不入时喜欢宣讲的处世格言。斯普朗格坚持说，这不是一般的思考结果，而是一种法则，不仅存在于教育界，而更多存在于人类所有的行为领域。每当人们希望有所作为，实际发生的事情往往超出人们原本的设想。斯普朗格把意外效应分成三大类：第一种可以预见，并且很快就能被有意识地修正；第二种是可以预见，但无法修正；第三种既无法预见也无法修正。其原因在于我们的行为总能影响整体，但我们的眼界却限于局部。比如人们能养殖植物和动物，希望能得到和提升某些预期特性。但正如经验所示，这个过程往往出现无法预料的变化。人们培育快马，但它同时也失去了一定承重能力。人们养殖出蓝眼睛的白猫，它们看起来的确特别漂亮，但再也不会抓老鼠，因为基因缺陷，它们几乎完全失聪。生物有机体异常复杂，彼此间联系极其紧密，所以改变一种特性往往会牵连出其他特性的改变，而之前谁都不清楚具体哪些会受影响。这种情况不仅适用于单个有机体，同样适用于整个有机体的共生环境，比如生态系统。在生存空间中，生命彼此紧密联系，如果人们在生态系统中改变了一处，比如让一种动物或植物灭绝了，那么就会在其他地方产生出其不意的变化。

但这些和化学有什么关系呢？关系非常重大。应用化学想要清除一些弊端，想要让有缺陷的事物变得完美。帕拉策尔苏斯就曾经把炼金术士看作是造物主的帮手，用发明让世界变得更加完美，这个理想让许多研究者干劲倍增。这一点也总是与时俱进，不断变换形式。正如我们之前所认识的溴的发现者安东尼·杰罗姆·巴拉尔，他认为科学的神圣任务在于，利用自然之力改良产品，让所有人生活富足，消除人之不平等状态。

许多现代化学家同样坚信这一完美的科学乌托邦，带着火一般的热情，想利用新的奇迹般的材料、药品和营养补充剂来创造美好新世界。他们想治病救人，优化生态系统，从而更好地为人类服务。另有一些化学家则谨言慎行，警告人们不要过于乐观。正是现代化学让我们不要忘记，大自然是一个紧密联系的整体，所有变化彼此间往往互为因果。

我们都已经知道了海洛因、石棉、邻苯二甲酰谷氨酰亚胺（反应停）的故事。很多现代物质也许能够除掉某方面弊端，却产生了新弊端；除此之外，有些弊端人们无法预测，有些人们有预感却加以隐瞒。发现新弊端在时间上往往滞后，在空间上可能也和取得成效的地方有一定距离。大家往往被成功带来的喜悦冲昏了头脑，之后才逐步意识到问题所在，正如人们慢慢发现白猫不愿意抓老鼠是因为没有听觉，而不是太优雅不屑于抓老鼠。

一则小故事就能把这种意外效应法则淋漓尽致地展现出来。这就是金霉素的故事。1940年代后期青霉素的巨大成功让人们热衷于继续寻找其他霉菌，正如人们在青霉霉菌中制造出青霉素一样。

在纽约工作的美国生物学家本杰明·达格尔（1872—1956）从全国各地寄来的土壤样品中寻找抗菌霉菌。密苏里大学也寄送了一份样品。这份样品来自一块从1888年开始种植青草，并从没施过肥的试验田。从这个土壤样品中能分离出一种霉菌，这种霉菌能把培养基染成金色，并且从任何方面来说都是金色骄子：它能生产出金霉素链霉菌，能有效对抗许多微生物，尤其是一种非常危险的病原体链球菌。人们从中提炼出高效抗生素金霉素。

真菌中也能生产出其他高效物质，比如维生素B12。人们把它用在动物实验中，用于检测霉菌中的特定组成成分是否能有效预防维生素缺乏症状。

这项实验的检验工作被委托给从英国移民到美国的生物化学家托马斯·朱克斯（1906—1999）。朱克斯发现金霉菌饲养的小鸡比用普通饲料喂养的小鸡长得快得多。并且他很快研究发现，促进生长的不是维生素B12，而是霉菌制造出的抗生素。

即便抗生素产品废料也能实现这种效果，母鸡变得更肥壮。由垃圾可以生产出肉类！于是人们就在家禽以及猪饲料里添加了抗生素。牲畜们不仅可以更快速地增肥，还更少生病，因而可以实现密集饲养。用更短时间、更少场地和饲料就能养出更多禽畜并销售，用行话说就是“提高出肉率”。低投入高产出，节约了大量金钱，同时还创造更多利润。因为美国农民都买金霉素添加到饲料里，这让生产商美国氰胺公司（其大部分并入辉瑞制药公司）赚得盆满钵满。朱克斯发现了这种药物出人意料的效果。在他看来，该效果让人们用更少金钱在更短时间里生产出更多肉类，绝对有积极意义。他认为自己就好比巴拉尔，为实现人类公平贡献力量，因为现在不仅富人，连穷人也能经常吃肉了。

后来大规模对家畜使用小剂量抗生素已然有了负面效应，而朱克斯并不想研究这些。这种肉类兴奋剂相当于给细菌提供了训练项目。低剂量抗生素对细菌而言不会致死，反而使其兴奋起来，不断发展针对抗生素的抵御物质，即培养抗药性。结果抗生素变得无效，这对于动物和兽医，甚至对人和医生而言都成了麻烦，因为致病的动物病菌也能侵袭人体。当抵抗力顽强的病菌多次引起流行病大爆发后，欧洲在2006年决定，禁止向动物饲料中添加以促进生长为目的的抗生素。

这样一来弊端就被消除了吗？禁用抗生素无疑是向前发展的有效步骤。然而故事还远远没有结束。一方面，在一个全球问题上，局部地区采取的措施非常有限。今天美国所出售的所有抗生素中，70%—80%被用于养殖业。而这还不是唯一的麻烦。

斯普朗格在书中写道，弊端和优势密不可分。人们无法彻底消除副作用。一方面，金霉素仍被使用在饲料中；另一方面，人们还用它来对抗人和动物的传染病。抗生素的确威名远播，它有效治愈了坏血病、肺炎、中耳炎、白喉、脑膜炎、鼠疫、肺结核、梅毒和许多其他之前几乎难以治愈并致死的疾病。

现在行。

未来还得行。

人类医疗中使用抗生素，对病菌而言同样是一个训练营。这些病菌就像天才化学家，能通过重新编程产生溶酶体，分解所应用的抗生素，从而让其失效。我们今天谈到“多重抗药性的病菌”一词，说它们源于家畜养殖，实际上医院才是它们更常见的温床。在这里我们遭遇顽固病菌带来的副作用。

对此没有有效解决方案。没有一个医生能放弃使用抗生素。我们所能做的只是两手准备：一方面研制新抗生素；另一方面，节制使用现有抗生素。这两点苏格兰细菌学家和诺贝尔奖得主亚历山大·弗莱明（1881—1955），也就是青霉素的发现者已经提醒了大家。他始终告诫大家不要漫不经心大量使用青霉素，并预言如果人们轻率开出抗生素药方，它就将失去价值。

他的警告并没有传播到世界各地。在印度购买抗生素甚至不需要医生处方。印度对其使用根本没有任何管控。正是在那里出现了第一个泛耐药性的病原体，也就是超级病菌，它几乎对所有抗生素都有抗药性。

斯普朗格的意外效应法则强调一种不确定关系，这个法则应该被严格遵循，尤其应该在化学教育中普及。它并不意味着我们最好故步自封，也绝不是为宿命论辩护。它警告我们，新鲜事物、化学新发现和新技术投入全球应用时要三思而后行，尤其要摈弃依靠技术方案就能“永远”战胜疾病或持续创造财富的思路。

我们不仅要纯粹从技术上进行检验，看看使用方法是否适宜，我们还必须对目标和价值不断进行审视。

意外效应法则警告我们要放慢脚步，要深谋远虑，准备好应对可能出现的变化。化学就是一门变化的学科，化学家们不应该束手束脚，仅仅在实验室或者化工厂中观察和阐明其间的变化。化学家自身也必须做好变化的准备。

生物圈的空气

化学家们往往只负责几种物质，用缜密的心思来研究它们，有时他们终其一生甚至只能研究一种物质。有些化学家不断缩小专业范围，所谓精益求精。这样的态度能让他们取得杰出成就，另一方面却使他们目光越来越短浅，这一点显而易见。

对所有物质之间的关系具有全局视野，俄罗斯化学家在这点上最为出众。不管怎么说，正是俄国人季米特里·伊万诺维奇·门捷列夫（1834—1907）首次发现了化学元素间最基础的内在联系——元素周期表。门捷列夫出生于西伯利亚的托博尔斯克，是家里14个孩子中最年幼的。父亲是一名高中校长，家里还经营了一家玻璃厂。门捷列夫13岁时父亲离开人世。祸不单行，不久以后一场大火将玻璃厂烧毁殆尽。于是母亲变卖剩余家当，带着小儿子长途跋涉来到了2000千米以外的圣彼得堡。她要让从小就显露出超常天赋的小儿子接受正规学院教育。门捷列夫被圣彼得堡一家教育机构接收了，这也是母亲向一位部长求情后获得的特许。就在这之后不久，母亲也撒手人寰，这次长途旅行耗尽了她最后的气力。

她的壮举让门捷列夫毕生感激，后来他还在一部重要的科技出版物上写下了缅怀母亲的动人词句。年仅23岁的门捷列夫担任圣彼得堡大学副教授，他还前往海德堡学习化学的最新方法。在海德堡的一年间，他用奖学金搭建了一个小实验室，每两周就写信给在俄国的未婚妻。在她面前，他表现得对德国人，尤其是德国女人嗤之以鼻，可实际上他在海德堡的生活十分惬意。门捷列夫经常出入戏院，和一名德国女演员打得火热，甚至生下一个叫作罗莎·弗特曼的私生女，门捷列夫一直给她提供抚养费，直到她长大成人。

回到圣彼得堡以后，门捷列夫和未婚妻完婚，并立即当上了大学化学系教授。1869年，35岁的门捷列夫发现当时已知的62个化学元素之间存在一种内在秩序。起初，门捷列夫并不想做研究，而只是想做好教学工作，给学生们准备尽善尽美的化学学习材料。其父当年就是一位满腔热情的教师。如何让学生们从宏观角度进一步了解化学呢？当时有62个化学元素为世人所知，如果能把相似物质放在同一组群里的话，人们就更容易记忆其特性和化学性能。一个纯粹教育学问题成为19世纪化学最重大发现的出发点。良好的教学首先要建立秩序。门捷列夫绞尽脑汁，想在课堂上把每个元素的知识都尽可能有组织有体系地表现出来，通过类比和横向联系使学习更简单有效。在找寻教材内容最优化的顺序问题时，他拿出小卡片并在上面写上每个元素的大写字母，再写

Ca
Sc
44,1
Ti
48,1
V
51,2
Cr
52,1
Mn
55,0
39,15
Cu
63,6
Zn
65,4
Ga
70,0
Ge
72,5
As
75
Se
79,2
Br
79,95
Ru
101,7
40%
Дмитрій Ивановичъ
Менделѣевъ
V·K
季米特里・伊万诺维奇・
门捷列夫

上其原子量和几项重要化学特性。接着他把卡片摆放在面前，像玩单人纸牌游戏一样，元素周期表的发现过程就是从纸牌游戏开始的。

他按照原子量大小来排列元素顺序，由最轻的元素氢开始。在这个过程中他发现除了个别元素以外，元素特性在一定周期之后会重复。他把接下来的卡片从第二排往下排，与第二排的首个元素间隔七个元素开始排更长的第三排，然后是第四排。排序过程并不完全顺利，因为空出了几个地方，也就是说该处缺乏相应元素。当他在纸上描绘这个游戏时，一个表格呈现出来，表格中除了几个例外情况，所有元素都按照其原子量大小依次排序。彼此相近的元素，在垂直轴上也互相照应。

他很快看出这不仅是一种非常有价值的化学教学方法，也是一种客观存在的秩序，也就是说，他发现了一种自然法则。他把表格进一步细化，1869年3月在彼得堡的物理化学圈子里第一次将它公诸于众。

他渐渐认识到，无论他如何旋转和翻转表格，空缺始终存在。对于硅、硼和铝后面的那些空格，他斩钉截铁地预言，之后肯定会有学者找到新物质，人们甚至可以通过表格预知这些物质的特性。我们无法得知这位年轻教授何以如此自信，大胆果敢的预言无异于一场赌博，风险巨大。假如错了，欧洲同行们肯定会讥讽他为预言神秘硅族元素的俄罗斯狂徒。毕竟人们从未研究过这些元素的特性，其原子量大小也很难确定。但门捷列夫完全正确。不久以后，真有人发现了他所预言的元素，分别将它们命名为镓、锗和钪。最后，人们甚至发现了一族元素，即惰性气体，这是门捷列夫没有预测到的，但它们能很好地融入周期表体系。时至今日，元素周期表上已经有超过100种元素。

天才的狂妄和无畏的远见让门捷列夫和卡尔斯鲁厄大学教授洛塔尔·迈耶尔（1830—1895）形成了鲜明对比，后者也在同期敲开了元素周期表法则的大门，然而他对于自己的发现太过迟疑，并没有充分发表观察意见，更不敢提出任何预言。所以元素周期表的发现过程今天更多和门捷列夫的名字联系在一起。

元素周期表自始至终都是化学知识的中心体系，不仅能用于研究，也能用于教学。门捷列夫留着长长的头发，浓密的胡须，不羁的眼神让人联想到苦行僧。在圣彼得堡大学的课堂上，整整一代热衷化学的年轻俄罗斯学生都崇拜门捷列夫。他们中间有弗拉基米尔·伊万诺维奇·维尔纳茨基（1863—1945）。他之后这样描述门捷列夫的课："他的一举一动都让我们终生难忘。"维尔纳茨基尤其欣赏这位大师不仅从元素周期表的体系出发，阐述元素之间有规则的内在联系，还把它放在地质学和生物学的语境中去解释。"他不是把化学元素看作一种抽象的、和宇宙分离的事物，而是把它看作一个巨大整体中不可分割的一部分，就像星球和宇宙一样血肉不可分离。"不知他这段话究竟是为了表述门捷列夫的意图，还是更多表达自己的观点。

维尔纳茨基研究地球上元素的运动。他的父母来自乌克兰，而他1863年在圣彼得堡出生，父亲是当地一名经济学教授。维尔纳茨基家境殷实，拥有巨大的庄园。孩提时他的兴趣爱好就很广泛，尤其喜爱植物学和化学，所以他研究自然科学，而没有明确专业划分。即便如此，他还是觉得研究范围过于狭窄，时年23岁的他在日记中写道："一个人有必要尽可能多学习知识，广泛涉猎哲学、数学、音乐和艺术。一位科学家要有更大作为，不能做狭隘的专家。"维尔纳茨基毕生都坚持这样的观点，而他的著作也证实他精通法语、德语和英语，在意大利文学上也很有造诣，这使他和今天通常只能阅读英语作品的科学家们相比有很大的优势。维尔纳茨基甚至能阅读拉丁文。他为人谦逊坦率，绝不会把过去时代的学者看作陈腐的、令人反感的空想家，而是始终看到他们的优点，从他们身上获得启发。

他还特别喜欢游历，正如他所写："一个人只有去过不同国家，才能获得必需的眼界，得到在书本上无法找到的思想和知识深度。我希望我能不断地升向高空，从空中俯瞰。"尽管心气很高，但是维尔纳茨基在学术研究领域里十分脚踏实地，他以矿物学和结晶学为专业，并以矿物学家身份获得了他的第一个学术职位——彼得堡大学矿物收集品的监管人。在俄国这样的职位当时是和一个贵族头衔联系在一起的。维尔纳茨基成为学院秘书，并在从彼得大帝创立的14级的贵族等级中获得第十级贵族头衔。这是1885年，当时俄国在亚历山大三世的统治之下。维尔纳茨基出生于1863年，也就是俄国废除农奴制度两年后。他经历了一个剧烈动荡的年代，尽管并非出于本意，但是他很快被卷入了一桩高度危险的事件中。

他无意中把一箱硅藻土存入矿物质收集品中，这是他的朋友亚历山大·乌里扬诺夫的朋友送来的。一天警察冲过来没收了这箱硅藻土，并怀疑维尔纳茨基参与密谋恐怖颠覆活动。硅藻土可以用来做硝化甘油炸弹。维尔纳茨基没有想到，他的朋友，因为蠕虫动物学研究得到一枚金质奖章的天才自然科学家亚历山大·乌里扬诺夫加入了一个革命组织，并想通过恐怖袭击颠覆沙皇政权。维尔纳茨基证明了自己的清白，于是乌里扬诺夫于1887年被绞死了。乌里扬诺夫的弟弟弗拉基米尔·伊里奇继续推翻沙皇统治的斗争，并且给自己起了一个有战斗力的名字——列宁，他建立了苏维埃社会主义共和国联盟。

维尔纳茨基一生中经历了四个时代：沙皇统治时代、1905年后的逐步民主化时期、列宁共产主义时代以及斯大林时代。他的职业生涯是从沙皇俄国一个小小贵族头衔开始的。1943年他被授予斯大林一等奖以及红色劳动者称号。第二次世界大战爆发的第一天他就预言了希特勒德国的投降，可惜他没有亲眼看到那一天，1945年1月6日维尔纳茨基溘然长逝。

他的学者生涯中最了不起的成果是什么？我们感谢他建立了地球上重大进程之间联系的全新图景。维尔纳茨基是化学界的洪堡，因为他像洪堡一样用思想构筑了一个整体，而没有拘泥于细节。他创造了“生物圈”这个概念，认为全球生态环境就是一个整体。

虽然“生物圈”这个词本身并不是由维尔纳茨基首创，而是来自奥地利地理学家爱德华·苏斯（1831—1914），他在一本关于阿尔卑斯山的书的倒数第二页里简短介绍过这个词。但维尔纳茨基用内容填充了这个概念，并给研究提供了新方向：生命、水系、土地和空气通过广泛的化学进程彼此联系。通过空气，也通过水和石头，我们和地球上所有其他生物都密切相连，既包括现在存世的，也包括已经灭绝的生物。有生命和无生命的物质密不可分。我们脚下的土地其实就是生命的产物，只要我们捧起一抔黄土就能清楚地认识到，无数微小生命就活跃在这里面。维尔纳茨基更进一步认为，连石头都是生命的杰作，尤其是石灰岩，如果没有生命的参与，它们在地球上就不存在，至少不会有这么庞大的规模。

那个年代大家普遍认为，地球是一大块无机整体。人们不知道，生命，比如一朵花如何钻出地表。维尔纳茨基则假定，生命从一开始就改变了这颗星球的表面。

维尔纳茨基在独立的学科之间，即在地理、化学、生物以及人类学之间架设了桥梁。那些由他开启的研究领域今天大多被归为生物地球化学，也可以叫作地理化学生物学或者生物化学人类学，因为维尔纳茨基把人类也引入了他的整体概念中。

生命比我们所认为的更强烈地依赖于无生命的物质，比如土壤、水和空气，这种思想并非空前。斯多葛派哲学家和我们在前面章节里所提到的哲学家波塞冬尼斯都把地球看作一个生命体。他们把这种思想传承给了炼金术士。

维尔纳茨基把古老的观念再次翻新，提出具体的化学研究问题。对他来说，整个世界的组织充满生机，绝不是死气沉沉的机制。为此，他举了几个例子。首先说到的是石油。在维尔纳茨基的年代，许多研究者认为石油源自无机物，在地球内部酝酿。维尔纳茨基以一长串证据链证实，石油源自有生命的物质。今天，他的看法已经得到公认，石油的组成部分是已经消逝的生物的汁液、骨肉和血液。正因如此，它在化学特性上非常复杂。在维尔纳茨基看来，石油的有机来源对世人是一种警醒。这种物质来之不易，不能就简简单单烧掉：“人类正在破坏而且肆无忌惮地继续破坏宝贵的产品，他们的所作所为完全出于无知，也根本不为将来打算。”

无所不在的物质，比如空气，更能清楚看到它们对生命的影响。现代化学书把空气描述成由不同气体组合而成的混合物，包括氮气、氧气、氩气、二氧化碳和其他痕量气体。地球上所有地方的空气成分或多或少都是一样的。维尔纳茨基教导说，气体绝不只是元素组合在一起，不是简单混合物，而更多是一种经过酝酿结合在一起的物质，是全世界范围的生物在演化过程中产生出来的物质，每个白天和每个黑夜又重新酿制一遍，且总能保持相同品质。无论对于最微小的藻类还是最庞大的大象，空气对所有生物都有影响，同时又受到所有生物呼吸的影响，不仅仅是无机混合物而已。维尔纳茨基把它看作过去生命的馈赠，其组合成分独一无二。空气供养生命，而生命又维系空气的存在，两者紧密相连。维尔纳茨基由此出发，认为宇宙中如果有拥有和地球类似空气的星球，它也会是生命体的家园。此观点引导出美国国家航空航天局各种不同的研究项目。

他对空气的思考中，氧气处于中心位置，这是决定现代化学命运的物质。18世纪末期，拉瓦锡曾提出过疑问，氧气到底是元素还是化合物，它在燃烧过程中的功能是什么。而门捷列夫在研究中进一步发问，氧气在元素周期表里到底从属于哪一族。在他的第一个周期表中，他把氧气直接放在氟后面，并强调这种物质拥有非常高的化学活性，正如他在那本杰出的著作《化学基础》里面写的："从化学的角度看，氧气十分活跃，非常容易和许多物质发生反应，这一点也正是氧气的显著特征。"门捷列夫解释说，我们所知的大部分物质里都包含氧：水里面8/9的重量是氧，沙子中则有一半都是，土壤和石头中的氧含量达到1/3；更别说植物和动物体了，它们中含氧量分别高达40%和20%。

但门捷列夫却几乎没有注意到一个奇特之处：空气中含有相当高比例的自由氧气，对这种反应如此活跃的物质来说，这怎么可能呢？维尔纳茨基进一步研究这个课题。他研究了氧气历史和我们今天所说的氧气的生态功能。他假设生物在创造地球物质过程中所发挥的作用比我们通常想象的要多得多。维尔纳茨基最后得出结论：氧气从一开始就是生命的一种产品。空气中氧气的高浓度是由生命创造，并由生命来维系的。这是对通常视角的完全颠覆。一般人们都认为，生命体的细胞、组织和物质都来源于无机世界，并且在实验室里研究如何发挥其功能作用。而维尔纳茨基的学说则反过来，认为自然界里的无机物，尤其石灰岩、石油和氧气都由有机物创造。

维尔纳茨基坚信空气的生物学起源理论，所以他预言，人类如果在宇宙中能够找到和地球空气组合成分类似的星球，那么可以设想该星球有生命存在。反之，倘若全球空气发生变化，也会对生物带来极显著影响。

由此形成的研究课题非常有启发性，激发了许多研究者的灵感。现在大家意见一致，空气中的氧气源于生物。空气中恒定不变的成分比很可能就是生物体调节的结果。

现在空气中21%的含氧量对生物来说最理想，如果再稍微多出几个百分点，那么即便是星星之火，也有可能引发一场全球范围的大火灾。假如空气中氧含量达到25%，湿润的草或树木就能自行燃烧。反之，如果空气中氧含量很少，高等生物会难以生存，因为哺乳动物的新陈代谢需要大量氧气。同时，只有这种助燃物质才能迅速产生大量能量。如果我们想点着火，空气中含氧量至少要达到12%，否则这个化学过程不可能发生。

维尔纳茨基第一个明确指出，人类是生物圈的一部分，为生物圈运转带来新物质，同时也改变了许多自然物质的发展道路。维尔纳茨基的想法和观点渐渐突破了直到1989年还把世界分隔为两个阵营的铁幕，他的生物地球化学的学说在全世界都拥有支持者。

美国科学家最近还把维尔纳茨基放到和达尔文同等的高度："维尔纳茨基对空间所做出的贡献，一如查尔斯·达尔文对时间所做出的。正如通过进化论我们联结起来，拥有共同祖先，现在我们在空间上也密不可分。"

维尔纳茨基建立的生物地球化学向我们展示出，人类既是地球的产物，也对地球产生作用，令其改变。他教导我们，地球体现在我们每个人身上，而我们也承载着整个宇宙和生命的历史。正如帕拉策尔苏斯所说，人类是"天地的产物"。我们由原子构成，而原子则在星辰中产生，它们的历史可以追溯到太阳存在之前，它们是恒星燃烧的灰烬。而构成我们的大多数原子，同样也构成其他无数生物，因为生命的原材料如此宝贵，需要被反复利用。地球就在我们身体里，就像我们在地球上一样。我们并非置身事外，而是和当地及全球生态系统休戚与共。我们并非生活在地球上，而是生活在地球里，也就是生活在我们人类和空气、水、土壤以及其他生物共同组合的一个生物圈里。我们总试图扔掉和摆脱的东西，不知什么时候又会卷土重来。

所以生物地球化学更新了我们的思维。它使得炼金术士有关微观和宏观宇宙的猜想具有了新的意义。在这个形象中，化学不再是一种野蛮的技术进步，一种破坏往往多于建设的技术。我们更加清楚地意识到，这个在宇宙中不值一提的、被唤作地球的小小星球是我们的家园，在这里我们融于天地万物之间。

说到为什么只对生物化学感兴趣时，加利福利亚人凯利·穆利斯给出了两点理由。一方面是因为星象，穆利斯说，他是占星术之友。他生于1944年12月28日17点58分，星座是摩羯座。摩羯座看重世俗的东西和稳定的收入，而后者在穆利斯看来可以通过化学专业获得。

另一个别具一格的理由是，比起其他自然科学，生物化学更适合在聚会上吸引女人的注意力。他的生活中，在星象、冲浪和DNA之外的重头戏就是女人。

穆利斯在自传中写道，他结婚四次并绯闻不断。孩提时，母亲觉得他头脑过于活跃，而成年以后，他各方面都过于活跃了。

1993年穆利斯获得了诺贝尔奖，他将它看作是“至少有一次打开了世界的所有大门”。几年以后他出版的个人自传封面上，赫然映入眼帘的是一个非同寻常的书名——《心灵裸舞》(*Dancing naked in the mind field*)。封面是一个并不稚嫩的金发小伙，宽阔的嘴唇，不羁的眼神，穿着黑色氯丁橡胶冲浪裤，上身裸露，腋下夹着巨大的斜角冲浪板刚从海里走上来。穆利斯生活的地方靠近加利福利亚有名的冲浪海滩，他每天早上都和一帮冲浪小伙伴一起拿上冲浪板，出海，等待最完美的浪峰。

小时候，吉伯公司在圣诞节时送给他的一套化学积木点燃了他对化学的热情。这套积木盒子上印着“美国从今天到明天的科技冒险”，尽管这种说法有待证实。穆利斯很幸运，母亲全力支持他的爱好，哪怕他在花园里尝试一种新的爆炸物质，她只会从阳台上吹着口哨说："凯利，小心不要炸伤眼睛！"正把硝酸钾和糖混合在一起，制造出有很强爆破力的混合物的穆利斯大声回答说："好的，我会小心的！"这就没问题了。若干年后，他早已成为知名化学家，母亲还会不时从画刊上剪下和化学进修课程相关的信息寄给他。穆利斯获得诺贝尔奖以后，便请求母亲以后别这么做了，要知道她的儿子对化学已经知道得够多了。

穆利斯在加利福利亚的希得国际有限公司拥有了第一份工作。那是1979年，当时的希得还只是一家小公司。人们在这里从事不同的生物技术项目，尤其是有机体的克隆。科学家们拥有极大的自由度。大多数工作的中心内容是DNA，也就是脱氧核糖核酸。这到底是一种什么物质呢？现在大多数人都知道DNA中有遗传密码。瑞士医学家弗雷德里希·米歇尔（1844—1895）最早在德国图宾根进修时发现了这种物质，确切说是在脓细胞（白血细胞）里发现的。1868或1869年间他从中提取了新型的含磷物质，称之为"核素"。米歇尔之所以选择脓细胞，因为它结构特别简单。从图宾根医院得到的黄色的绷带上他就能获取并加工这种细胞。而之前人们已经从生物体组织里过滤出了油脂、碳水化合物（比如糖或者淀粉）、多糖（比如纤维素）和蛋白（蛋白质）。这种核素是全新的。

在巴塞尔，也就是米歇尔之后担任生理学教授并做研究的地方，他继续研究核素，并改变了研究的基本材料。他用流经巴塞尔的莱茵河中的鲑鱼和鳟鱼的精子做实验，取代之前的医用绷带。当时这些鱼还在莱茵河里成群结队地游着。他猜测核素在受精过程中扮演了至关重要的角色。受精时精子细胞核和卵细胞结合在一起，孕育出新生命。米歇尔期待看到不同生物的核素从物质构成上就有差别，然而当时的技术无法证实这一点，只能证实其中含有氢、碳、磷、氧和氮元素。米歇尔猜测，精细胞会附着在卵细胞上。如果没有精子里的细胞核，卵细胞里什么都不会发生。正如米歇尔所说，卵细胞里“化学和物理性质都不变化，如同一只没有上发条的表”。

为什么？受精那刻化学上究竟发生了什么？哪些化学进程、哪些物质让生物特性被遗传下来？这个谜在接下来很多年都困扰着生物化学界。这个设想其实很容易理解，生物的所有特性很可能都和相应物质对应。米歇尔的远见卓识表现在他还考虑了其他可能性，所以他不仅提出一个新谜语，更提供了解决方案的基础。他因为肺结核在达沃斯疗养时，给叔叔安纳托·威尔海姆·赫尔斯写了一封信，信中他解释说，其实没有必要从卵细胞或者精细胞，这个大量化学物质的贮藏室里提取核素，因为每一个细胞都应该携带特别的遗传物质。他的研究结果充分说明细胞核里含有同一种物质，也就是核素。尽管成分都一样，但它的结构可能非常复杂。米歇尔借用比喻把这个问题阐释得更透彻。他写道，既然大多数语言中的词汇和概念都是通过20到30个字母来组合表达的，那有可能也能用相对简单的物质，以复杂的序列来传递不可计数的遗传信息。这个字母比喻对于后来的分子生物学和生物化学都有重大意义。这也解释了为什么分析化学的普通方法无法解答核素问题。传统的分析化学传递的只是元素的相对状态。然而就核素的情况而言，这种方法无异于人们把一篇文章里的所有字母进行合并归类，来“整理”其内容，结果注定是徒劳的。1895年，年仅51岁的米歇尔与世长辞。他叔叔写下令人动容的悼词，称世人对米歇尔及其工作的赞赏“不会随时间流逝而减少，反而只会增加”。米歇尔的叔叔认为，他的侄子会被人深深铭记，甚至觉得米歇尔一直就没有走远。

就在核素首次发现80年后，1944年英国细菌学家奥斯瓦德·西奥多·艾弗里发现某些特定细菌种类中提取出来的核素被放入其他细菌种类中后，能让这种细菌及其后代都拥有核素提供细菌的特性。这个过程中他把从某种特定组细菌中提取出来的高度纯化的DNA（今天我们对核素的叫法）输入其他细菌种类中去。被当时许多生物学家和化学家看作“蠢笨的物质”的DNA如何拥有如此特别的功能，令世人完全捉摸不透。艾弗里在全世界范围首次公开发表基因技术实验时已经67岁。他的兄弟在一封信中承认，艾弗里觉得这研究对他来说太吃力了："一项艰巨的任务，让人绞尽脑汁，心力交瘁。"人们渐渐发现几个相对简单的物质是DNA的主要构成成分，一部分是特定的糖类，即核糖；还有磷酸根；以及所谓的碱基，即腺嘌呤、胸腺嘧啶、鸟嘌呤和胞嘧啶。它们才是DNA真正的秘密。DNA能分裂成叫作核苷酸的基础物质，由一组碱基、一种糖和磷酸根组成。DNA中总是含有四种同样的核苷酸，这么复杂的细菌新特性如何通过如此简单的结构形式来实现？要么这种转化并非由DNA而是其他物质引发的，要么DNA并不像人们所想的那么"蠢"。

年轻的生物化学家埃尔文·查戈夫（1905—2002）来自布科维纳省的切尔诺夫策，这里当时属于奥地利，今天则属于波兰。艾弗里的实验给了他极大启迪，他多年以后解释说，他由此看到"生物学语法诞生时的深色轮廓”。查戈夫在维也纳，之后在波恩，随着纳粹政府1933年上台又先后去了巴黎和纽约继续研究。1950年代他发现DNA组成部分总以特定状态出现，腺嘌呤的数量和胸腺嘧啶一致，而鸟嘌呤和胞嘧啶的数量一样多，也就是这些物质都成对出现。某个DNA里这些物质的数量和这个生物体中大多数细胞里DNA的物质数量一样。一个人大脑细胞和肝脏细胞、精细胞或者卵细胞里的DNA一样多，即便细胞功能完全不同。在某个种类里，大多数都能找到同样化学成分的DNA。

DNA在生物特性上无与伦比的作用就是通过始终相同的碱基的不同排序所决定的，查戈夫是第一个提出这一点的科学家。腺嘌呤与胸腺嘧啶、鸟嘌呤与胞嘧啶在某种程度上就是生命的字母，照这么说，生命由四个字母组成。它们能在DNA中形成无穷无尽的排序多样性。每一种排序都对应生物体的一个非常有意义的功能，就好像古罗马人就知道四个字母能组合成数量相当可观的词语，比如罗马的拉丁名*Roma*，在拉丁语里这几个字母还能组合成其他词语：*Amor*、*armo*、*Maro*、*mora*、*oram*、*ramo*。只通过调换字母位置而形成的词语被人们叫作字谜。字谜是无意义诗句最喜欢的形式。带有些滑稽文学倾向的基因密码最终并非由查戈夫这样认真严肃的科学家，而是弗朗西斯·克里克（1916—2004）和詹姆斯·沃森（1928— ）这两位无政府主义者发现，而化学并非他们的强项。他们拜访查戈夫，想获悉他的最新研究成果。查戈夫对这两人印象不佳："他俩可怕的无知令我难以忘记。我从来还没有遇到过像他们那样不学无术还好高骛远的人。"沃森和克里克，一个是生物学家，另一个是物理学家，在第三人不知情或者不同意的情况下擅自利用其研究成果，通过查戈夫提出的规则和罗莎琳德·富兰克林（1920—1958）的X光射线图片就大胆断定，DNA是由一个神奇的旋转双螺旋构成，这两条链由其基石腺嘌呤、胸腺嘧啶、鸟嘌呤和胞嘧啶组合而成。1953年，他们把这个结构模型发表在《自然》杂志上。而他们竟然是正确的！他们挖空心思想出来的这种结构规则此后被无数次新实验所证实，并为两人带来1962年的诺贝尔奖。DNA中某些特定段落被我们称作基因。一个细胞分裂后，DNA就得到复制，因为中间的碱基始终成对出现。每一个特定碱基都在螺旋对面那一侧拥有特定的互补碱基，这种复制大多是零失误的。正如亚里士多德曾宣称的一样，人就是人，而绝不是一条鱼或一只浣熊。

说到这里我们再回到凯利·穆利斯。当人们探知到DNA的结构时，他才9岁。在他不断长大的岁月里，生物化学界对DNA的认识也在不断增长。对穆利斯来说，DNA早就不再是一种“愚蠢的物质”，而是分子中的分子，因为它知道“一切的一切”。他以一名化学家，而不是生物学家或者物理学家的角度看待DNA。DNA首先是一种物质。这种物质能决定一个人是金发，另一个人是黑发，而有些人会早秃，更别提一些显著特性和遗传疾病。这些最重要的生物物质在人体细胞里的浓度却极低。穆利斯很清楚，如果想在DNA的研究上更上一层楼，从化学上着手更容易有所发现。

1983年，在他从伯克利驱车前往周末度假屋的路上思绪豁然开朗。那是个迷人的五月天，加利福利亚的板栗开花了，夜半时分空气中弥漫着馥郁诱人的芬芳。车一路行驶在沿太平洋海岸线的高速路上，伴随着海浪低沉的咆哮。穆利斯在1993年诺贝尔奖的获奖致辞中描述过这段旅程。他的缪斯女神、实验室女同事詹妮弗一直在他身边全程打瞌睡。穆利斯突然惊呼一声“我的天哪！”并在高速公路中停下来，把电光石火般的想法告诉了詹妮弗，女缪斯却不为所动，只是打个呵欠又迷迷糊糊睡着了。

穆利斯想到的是复制DNA的方法，其出发点就是一种叫作聚合酶的物质。这是一种自然界就有的物质，细胞就是用它来实现DNA复制的。在某种程度上，聚合酶就相当于自动复印机。人们给它一个DNA，它把DNA分成两半，再加上许多核苷酸形式的字母，这样聚合酶就能从一个DNA做出一模一样的另一个DNA。而这些不是穆利斯的功劳，而是自然界的发明。穆利斯则发现人们能不止一次，而是十次、二十次，或甚至上百次重复进行这个过程，然后生产出任意数量，而且完全等同的DNA。

人们只用把DNA分成两份，聚合酶给出同样配方，于是从一个DNA里得出两个、四个……这样的流程进行过十次后就已经制造出1024个毫无二致的全新DNA。再继续下去，突破10亿数量界限也不在话下。理论上，人们能用这方法将某种特定的DNA，比如冰人奥茨的DNA生产出成千上万份。分割DNA的工作在实验室条件下很容易操作，只要把温度加热到90℃，DNA的两条螺旋链就会彼此分离。接着它又必须被冷却，因为聚合酶只在低温时发挥作用。普通聚合酶在高温时甚至会被摧毁。所以人们必须反反复复冷却、加热、冷却。原则上人们可以生产出同一个DNA的无限复制版本。这还只是穆利斯发明内容中的一半。

聚合酶发挥作用需要一种触发剂，就是一种放在

DNA特定位置上的物质，相当于人们在一本厚厚的小说里夹入的书签。复制就是从这个地方开始。科学家们清楚书签到底该放在哪儿，生物化学家们对许多DNA的结构都了如指掌，至少知道那里面都有些什么。这样就有可能只将DNA的特定部分复制下来，意味着人们能有选择性、有针对性地复制和研究DNA中的特定片段。

穆利斯驾车时就已经确信无疑，这个发现将为他赢得诺贝尔奖。女友詹妮弗对他的狂热反应平淡，并且在这不久后离开了他。就连希得国际有限公司的同事起初也没有领悟到聚合酶链式反应的内在潜力。反应过程相当复杂，人们要把试管反复降温和加热，并且一定要控制好温度。不管怎样，企业领导给穆利斯投入了1万美元经费。几年以后，几乎所有生物技术实验室里都建立起PCR系统，而希得国际有限公司以3亿美金的价格将专利卖给了瑞士罗氏制药企业，而已经离职的穆利斯连一分钱都没有得到。

如果把DNA比作一本书，基因字母表上的四个字母将遗传信息记录了下来，那么穆利斯的多聚酶链式反应的发明就可以和印刷术或和复印技术的发明相提并论。原则上它可以将书的一部分或者整本书随意重新制作。印刷术和之后的复印技术的发明让信息的使用更便利，因而具有划时代意义，与之相类似，PCR的出现给科学界带来的变革同样也是革命性的。

医学界用它诊断疾病。细菌、病毒或者癌细胞的量往往很少。在诊断时可以用PCR技术让它们在特定区域大量复制。基因技术中这种方法也必不可少。所以PCR被看作该领域里至关重要的发明。人们后来发现挪威生物化学家杰里·克拉柏（1934—1988）1971年就曾经概略描述过类似反应，只是没能进一步研究。

PCR技术最著名的应用则在司法鉴定上。人们在犯罪现场总能找到一两个细胞，比如来自嫌疑犯的头发。但这里面含有的DNA极少。英国遗传学家亚历克·杰弗里斯1984年确认，DNA上特定区域能标识出某个人，甚至同时揭示出其家庭关系。通过PCR技术，能复制少量细胞里获取的DNA，从而提供很大数量供人们解析，便于指证罪犯。随着基因指纹的建立，有罪和无罪认定便建立在更新的基础之上了。大量杀人犯被绳之以法，而无辜的人无罪释放。

之前说过，穆利斯坚信自己的发现能得诺贝尔奖，而这一天也没让他等多久。然而穆利斯和朋友们担心，他离经叛道的生活方式会让诺贝尔奖花落别家。穆利斯的情感和私生活的方式不是同时代（也许所有时代）保守人士们所喜闻乐见的。他一度热衷于不同毒品。母亲劝诫他戒掉毒品。当她觉得好说歹说都无用时，就希望儿子至少不要大肆宣扬。她专为此事给他打电话，可他反驳说："你不是一直教导我说实话吗？""是的，我要你说实话，但不是说这样的事实！"穆利斯坚信这一切没有什么见不得光。幸运的是，瑞典评审团毕竟不是道德审判团，对这些毫不介意。

从此以后，他对离经叛道的行为更乐此不疲。1994年他在美国体育明星辛普森谋杀一案中担任辩护。他把检察官提供的DNA证据驳斥得一无是处。专家穆利斯虽然没有亲自到场，但他对着镜头开心地眨眼睛，并向辛普森索要其前女友的电话号码，因为她让他魂牵梦萦。穆利斯还是所谓艾滋病怀疑论者，否认艾滋病由病毒传播。他也不相信人为的气候变迁，不认为氟利昂是大家普遍认为的破坏臭氧层的元凶。相反，穆利斯肯定地说，某天晚上当他在度假屋周边的森林里散步时，一只发出不自然磷光的小浣熊千真万确对他打招呼说："晚上好，博士先生！"

在众多不寻常甚至非常奇特的爱好中，他发自肺腑地热爱占星术。作为占星术忠实拥趸的穆利斯其实代表了一种上百年甚至上千年的传统，毕竟直到18世纪还有许多化学家和炼金术师对占星术深信不疑。许多知名自然科学家也热衷于占星术，比如约翰尼斯·开普勒（1571—1630），他准确占卜了华伦斯坦将军命数的故事广为流传，而这只是众多传奇之一。穆利斯为占星术辩护的理由是：第一，他本人被三位全无关联的人都认作摩羯座，这种情况发生概率只有1/1728；第二，女儿的出生星座与他以及孩子母亲的星座有着确切的关联；第三，还是关于他自己的出生星座，他和朋友们对于这星座和他的契合度提出了一系列异议，于是他仔细探查，发现其实弄错了出生时间，在纠正错误以后，其真实星座就和个人相当吻合了；第四，他认为许多现代科学都利用了很多其他前科学学说，从土著居民那里也得到很多植物学知识。所以占星术里面也蕴藏许多真理，面对它时人们不要带有成见。

凯利·穆利斯还多次继续了古老的炼金术项目。其中一个想法是通过生物技术改造一块海绵，让它能在萨克拉门托河里淘金。他最重要的发现多聚酶链式反应就是一个古老炼金梦的全新版本：梦想通过新的反应，并借助火（在他这里就是借助热源）来生产罕见又珍贵的物质。

另一方面，穆利斯的生活方式和贪图安逸的个性使他比过去的炼金术士和化学家们过得轻松得多。这位爱好冲浪的阳光男孩在大多数情况下都很惬意自得。他所散布的人生信条是加利福利亚的阳光沙滩，而不是审慎学术气息。科学需要创意和乐趣，也就是需要天马行空。穆利斯坚信天地之间有很多事物玄而又玄，连科学实验都拿它无可奈何。而且对他来说自然科学仿佛充满魔力，每年都“像野草一样”疯长。而这些令人厌烦的野草所带来的，是“年复一年奇妙的真相和全新的器械，丰富了我们的生活”。我们不应该只观察野草的疯狂生长，不只受它牵制，被动地接受获得胜利果实的喜悦。“因为只要我们愿意，每个人都能成为自然科学里富有创意的积极的一分子。”

火焰中的秘密

没有方程式的化学书

（3）

[德] 延斯·森特根　著

[德] 维达利·康斯坦丁诺夫　绘

王萍　万迎朗　译

人民文学出版社　天天出版社

火焰中的秘密

没有方程式的化学书

（3）

[德] 延斯·森特根　著
[德] 维达利·康斯坦丁诺夫　绘
王萍　万迎朗　译

人民文学出版社　天天出版社

目　录

实验　/ I

实 验

下面的实验能让你了解重要的物质和反应。前面故事部分提过的主要物质也会在这里登场。这里不仅有经典实验，也有新实验，正如帕拉策尔苏斯所言：既然满天星辰还没有全都发挥作用，那么新的发现就还远未到尽头。

我们依照以下原则设计了实验。

※ 不用药品的化学 ※

这是没有化学药品的化学；除了三处例外，这里的实验不需要那些只有在药店或是专门商店才能买到的化学药品和原料。所有原材料要么可以在自然中获取或自制，要么能在超市或者建材市场买到。

你不需要去药店请求药剂师卖给你一些危险物品。

仔细阅读

在我看来，药店体现了社会的变迁。在我还是孩子的时候，在本斯贝格公园药店我能轻易买到盐酸、硝酸钾和高锰酸钾。而今天，如果有孩子到药店柜台前要求买五克硝酸钾，可能店员马上就会走到里间报警。无论我们觉得这是正确的，还是神经过敏，现状就是如此，任何一本现代实验手册上都会列上许多禁用物品。

未成年人参与本实验，需成人协助

如果我们只使用一些日用品，另一个优点则是我们无须担心怎么处理废弃原料。它们可以被排放到下水道，也能被扔进垃圾箱。尽管如此，处理废品还是不能太过轻率！在我们存放过化学物质的容器上必须明确标注里面到底是什么，而且一定得放在幼儿够不着的地方。

禁止宠物

小心失火

佩戴护目镜

※ 没有试管的化学 ※

化学家在多数人心目中的形象是披着白大

褂、戴着护目镜对手里握着的试管细细端详的样子。去研究一下这样的玻璃器皿何时成了化学研究中的主要设备，也许是件很有趣的事。至少有一点很肯定：现在，无论在学校还是在实验室做化学实验，你迟早会用到试管。试管有一些好处，但也有不少缺点，因为对化学反应而言，试管是非常不完美的容器。为了配合它又细又长的身材，人们得先将材料磨成粉末才能放进去。试管中的反应往往非常迅速，再加上用力晃动加强反应，使得一些过程很难被观察到。虽然这样更高效省时，但有些本质的东西，尤其美学上的享受就丢失了。

烤炉/明火

煮

有毒！

这本书里进行的是没有试管的化学实验。如果你有试管，那么让它从今天起休息吧，或者干脆用它插花！对于我接下来要介绍的实验而言，你不需要它。

实验服

手套

我们将采用洗干净的玻璃罐头瓶（比如芥

末、酸黄瓜或番茄酱瓶子这些本该被扔进垃圾桶的东西）来代替。你无须去专业商店购买昂贵的设备，而是可以利用家用设备完成所有实验。但我还是向你推荐一种专业用品——培养皿，而且需要不同大小的，比如直径20或30厘米的，最好多买一套。培养皿由一个呈圆盘状的底和一个盖组成，我推荐用玻璃制的。在网店或者一些专业商店中能买到价格便宜的。

你还会经常用到锅。你可以从厨房里拿一个，不过我建议你买一口锅专门用于做实验，并且从颜色上和其他锅有所区分。也请选购带盖的不锈钢锅，它们加热更快，合适的容量是二到三升。

在很多实验中不可或缺的是一副有侧面防护的优质护目镜，你能在建材市场买到这样东西。眼镜店里的普通眼镜保护作用有限！你还需要一包大小合适的乳胶手套，这在每个超市中都能买到。如果需要抓取发烫的物品，皮制手套也是必需的，注意千万不能戴着乳胶手套去抓。偶尔你还会用到棉布的实验服，或者也可以用不

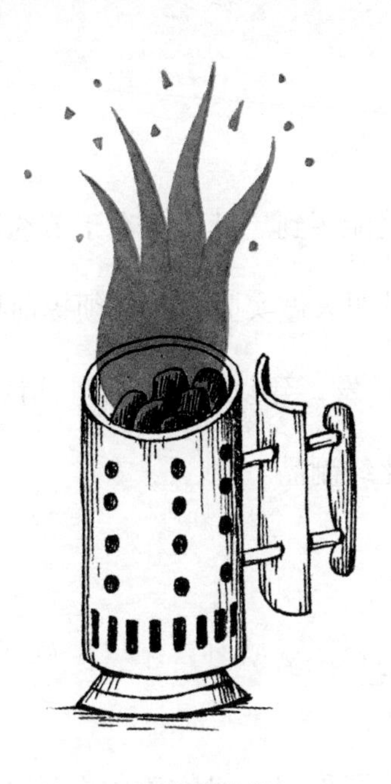

烧烤助燃器

怕被弄脏的棉质旧衣服来代替。一些需要特别注意的实验我们都会标注清楚。

化学离不开火炉，但这本书里的实验中你不会常常用到明火。本生灯则完全用不上。大多数实验都可以在现代化的电炉上进行。

有少数几个实验可能会用到木炭烧烤炉以达到足够高温。而这样的实验只有在你已经有充足烧烤经验以后才能进行。如果你不会，则需要寻求烧烤能手的帮助。这些实验最好使用烧烤助燃器或者烧烤筒，这些在夏天花大约五欧元就能买到。其优点在于节约用煤。

用烤炉以及明火做实验时都必须提前把易燃物拿开。如果你有一头长发，建议扎在脑后。请穿上棉布衣物，而不是易燃的化纤制品。

※ 物质的化学 ※

这并非与原子作对。对物质内在性质的认识是现代自然科学的巨大成就，这特别有赖于化学和物理学的发现。但原子在本书的实验中只起到次要作用。这里所展示的化学，是物质的化学。为什么？

因为物质比原子更重要。

这不仅仅因为我们吃的喝的，以及我们所呼吸和触摸的并非原子，而是物质；更在于，我们关于原子的所有知识并非通过原子本身获得，而是通过物质实验。即使物理学家们利用电子显微镜工作，并声称能看清单个原子，但实际上也是对某种物质进行操作，比如小小的硅片。如果关于原子的知识并非建立在坚实的物质知识基础上，那只是无根基的空想而已。

我所谓的物质就是大家日常所接触到的东西，比如沙子、木板、黄油、水、铝、银以及空气。人们大多这样区分物质和物品。物品是刀、叉、桌子、瓶子、杯子、手机或自行车，由物质构成，但不再是物质了。人们可以随意分割物质，但这改变不了它是这种或者那种物质的本质。如果我们切开一块黄油，就会得到两块黄油。而我们切开一张桌子，不会得到两张桌子，只会得到一张坏掉的桌子。

我们的整个世界都由物质构成，还有非物质的因素——声音、光、颜色、思维和感觉，而它们离开了物质也不会存在。我们的所思所感都受到某些物质的影响。因为在地球上、宇宙中和我们脑海里发生的一切都和具体的物质紧密相连，所以化学有着广泛的意义。和地质学、天文学以及生物学不同，化学不仅仅涉及真实世界中特定的受限的领域，而且关注普适性，即广泛适用的意义。这一点类似数学。因为数字无处不在，正如同物质无处不在一样。化学研究因此也就有了多个分支：心理化学、天体化学，还有诸如生物化学、地质化学以及生物地质化学等。

与数学所研究的数字不同，物质具体有形。即使我们没有去思考它，它也依然存在，并能被觉察出来：有臭味或香味，会引发过敏，让我们保持健康或是生病。数学家能用数字来实现很多东西，能列出公式、等式，还能设想出纯粹的数字空间。数学家所琢磨出的思维形象，会令同行觉得兴奋或是无趣，而圈外人则无感，因为这些纯粹是头脑产物。而化学家们的产品总能在化学家圈子以外的世界里激起波澜，是的，它甚至对非人类的、根本就不知道化学为何物的生物也会产生影响。原因在于物质和数字不同，它具有独立性，只能被部分研究和规划。它能主动行动，能被动做出反应，而且大多数物质从见到这个世界的第一束光亮起就始终在路上。

化学便是致力于研究物质的世界和物质变换的科学。

因为我们感兴趣的是物质，所以即便没有公式也完全没问题！对我们来说有物质的俗名就够了，比如我们说“生石灰”，而不是CaO。普通的物质名称往往还反映出物质是如何产生的：石灰石高温煅烧成生石灰，生石灰加水熟化成为熟石灰。物质的化学名称反映出物质的化学反应，但它总来自特定的出发点，即元素。氧化钙（CaO）就来源于对钙（Ca）的氧化。化学反应是化学中的大课题。

我们也会不时讨论公式，只是不会把例如“原子”“轨道”“外层电子”这样的概念放在前面来讲。人们只有对物质世界现象有了深入认识以后，才能理解这些术语。没有这样的基础，即便能拿这样的词高谈阔论，也没有真正吃透它们的本义。这样做不是学习科学，而是背离科学。因为这样下去，建立更宽广的经验基础的目的成了哗众取宠，而非获得更多知识。

※ 化学的前世今生 ※

化学家通过分析与合成教大家更好地理解自然。他们也会创造出新的社会和政治事件，例如生产出新武器。因此，化学家必须对其行为做出哲学和伦理上的深度思考。这一点对中世纪和新时代早期的炼金术士而言毋庸置疑。帕拉策尔苏斯为伦理、理论和哲学思考所付出的精力与时间，和他为化学和医学实验所付出的不相上下。

后来，伦理学上的反思渐渐被人们遗忘，法国化学家米奇林·贝洛特认为，从事自然科学研究本身就担负着某种道义，因为它能释放人的想象力并让人类得到幸福。但这种看法在科学家们发明原子弹后，就再也无法堂而皇之地说出来了。

所以这本书中的实验不仅让人从化学角度思考，更让人思考化学这门学问。这方面的内容在本书中被标记为“思维游戏”。

※ 审慎的实验 ※

本书只需要很少的基础知识，但也并非完全从零开始。你至少要具备一些能力，也就是说多少会点什么。

这种能力就是：你要会烹饪。这意味着做一顿简单午餐或者制作饮料所需的技能，如切菜、称重、称量，把原料放在一起烹煮、烧水、过滤咖啡或花草茶，并搅拌原料等。只要能煮出番茄酱意面或者菊花茶这样的简单饮食，就足以胜任实验工作了。如果你还会生火、会烧烤，那就更好了。如果你已经掌握这些技能，实验对你来说就是小菜一碟。如果还没有，那就照着书学习吧。化学和炼金术不过是烹饪的延伸，只是用不同的器材和原料，为了不同目的而烹饪，操作大同小异。

下面为实验更安全和成功地进行提供了一些小技巧。对所有想做实验的人来说，最重要的就是仔细阅读实验手册。哲学家和炼金术士亨利·诺里斯（约1583—1626）在著作《严谨的物理学》（*Physica Hermetica*）中指出，如果你没有理解手册内容的话，就必须反复诵读，必要时甚至诵读十遍。

请在实验前就将所有需要的物品放置好，在头脑中把每个步骤都过一遍。每一次实验中不仅要清楚知道所需的东西，更要对安全须知了如指掌。正如前面所述，我有时会推荐穿戴护目镜、白大褂、一次性手套或皮手套。不仅要考虑自身安全，也要注意你的实验场所可能会有宠物和小孩跑动。实验结束后请把所有东西清理干净。注意把所有物质保存在密封且贴上标签的容器里，留意不要让幼儿触碰它们。

需要具备更多经验的实验被称为“挑战性实验”，在本书中也有一些这样的例子。因为我认为，让读者对所有能做到的东西有个前瞻性的了解也很重要，这样的实验会用“★”标识出来。你不应该从这类实验入门，而应该在具备一定经验以后再为之投入精力。如果能与其他人共同完成也将很有收获。

完成这些实验的危险性并不比骑自行车大多少，但也并非毫无风险。实验本身就要冒险，骑自行车也一样，即使戴着头盔也依然如此。不过，它能不断拓宽你的视野，学习新东西和获得进步会让人饶有乐趣。

学骑自行车可不是光看书就能会的，需要已经学会的人来演示。做实验最好也有经验丰富的人来助你一臂之力。书本只是权宜之计，而且有风险。书看上去似乎能代替师傅，但这个印象是有欺骗性的。因为书本实际上既没有眼睛，也没有嘴巴。哪怕一场灾难就在它面前酝酿，书也只会待在一边无动于衷，而一个人却不一样，他可以马上出手相助。

书籍只能作为有血有肉的教师的不完善替代者，因此尽管有详尽的实验手册，我们也不能完全排除实验可能遇到的风险。按照本书指导进行实验操作的人应当有风险意识和责任感。这里的实验是为喜欢做实验的**十四岁以上的青少年以及成年人**设计的。

想要用百分之百无害的物质来做百分之百无风险的实验，还总能成功的人，其实并不适合学化学。因为在炼金术和化学长达数千年的传统中，化学家们恰恰试图了解那些未知的、旁人出于危险而避开的物质，并找出它们的用途。第一位没有逃离火源，反而去接近它的人或者类人猿，就是这种传统的开创者。

炼金术和化学都以火焰为标志。作为化学分支的药剂学以毒物作为标志[1]，“药剂（pharmakon）”一词不仅仅代表治病良药，也代表着毒剂。而“毒剂（Gift）”一词反过来又意味着赠予（Gabe）。炼金术士帕拉策尔苏斯的研究并非无的放矢，对待毒物并不是要尽量远离，而更要研究其中是否有有益成分。

如果人们只会一味逃避毒物和风险，那么大自然也不会轻易敞开它的胸怀。大自然会生产许多剧毒物质，否则那些无法逃脱又无力反抗的生物只能坐以待毙。即便是香甜的苹果也有毒果核，被咬到时能释放氢氰酸。在原则上回避了所有有毒和危险物质的人，便无法了解它们的特性，那么在偶然遇到时又怎么可能正确对待处

1　药剂学的标志是医神之杖，即一条毒蛇盘绕在一根手杖上。——译注

理呢？那种把所有有毒物质都剔除出去的“净化”化学，材料只限于水、食盐和小蜡烛，虽然避免了很多危险，却一样会产生新的危险。况且，毕竟不是每个人都只靠食盐、小蜡烛和水就会坚信化学乐趣无穷……

1. 不用火柴点火

物质和物品：一些钢丝球的细丝，白铁矿石，燧石，9伏特电池，**护目镜**，皮手套

时间：5分钟

地点：室外

（1）“把人类用火的秘密教给我吧！”《丛林之书》里猩猩国王路易恳求道。正在啃香蕉的毛克利只好承认，他也不懂这个秘密。之后，他又拿起一根被闪电劈过而燃烧起来的树枝去驱赶老虎谢利·汗。正如这个故事所描述的，围绕着火有许多传说。人们也曾提出各种奇特的理论去解释人类是怎么学会利用火的。

（2）德国人类学家卡尔·冯·施泰因（1855—1929）最早确认，在动物世界里着火的树枝绝不只带来恐惧和害怕。就像他在亚马孙丛林大火中所观察到的一样，更多情况下食肉动物们匆匆赶来，寻找烧焦了的牺牲品，野兽们喜欢这些残骸的味道，地面还释放出舒适的温度。人类观察到动物们在偶然的（比如由雷电引起的）森林火灾后利用火的现象，得出了火并不一定总是可怕，而是非常实用的正确结论。那些火灾后丛林灰烬中烧焦的动物尸体能提供美味的肉食，而且比没有烧过的肉保存得更久。人类意识到这一点时，就离人为保存火种只差一小步了。

（3）人类首次使用的火很可能就源于自然的森林火灾。人们取下还燃烧着的枝条，再点燃更多木块将火种保留下来。可是没有雷电的时候怎么点火呢？和很多电影里面的场景一样，你可以用枝条和干燥的引火物，但这并不容易。本书将介绍两种简易的点火方式。

（4）剪下一段细软的钢丝球，比如洗锅用的那种。把钢丝稍微展平并放在一小张（A4大小）报纸上。这个实验要在室外进行，并放在烤肉架或者其他不易燃的物品上（比如一块石头，或者一块不易燃的木板也行）。把所有易燃物都拿开！如果你留着长发，请扎起来。拿一块9伏特的电池，并用钢丝连接两级。钢丝很快就会变得灼热。如果你把报纸卷起来并小心地向里面吹气，纸就会燃烧。小心，赶快放下！这时你就有了能引起真正大火的火种了。

（5）另一种方法是用两块石头相互碰撞出火星。戴好护目镜！戴上皮手套！请在室外进行。两块石英石或者燧石就可以达到目的，小心溅出的尖锐石屑。火星很快就会熄灭。

如果你再找块白铁矿石，这能在北海[1]或者波罗的海的海岸边找到，或者在矿石铺里购买，那就和石器时代更接近了。白铁矿石是铁矿石的一种，比较重，并多数都有黑色的外壳。敲开它你就能看到里面闪闪发亮的晶体状结构，带着黄绿色的金属光泽。如果你用白铁矿石去敲打燧石或石英，就会产生保存时间更长、能点燃火绒的火星。无论如何，你都需要有足够的耐心。

（6）我曾看过一篇瑞典的文章，里面展示了像系列漫画一样的大量照片，一位老农在其木屋里用各种可能或看似不可能的方法生出火来，有时用一根木棍和其他木棍相互摩擦，有时用木块。我对他佩服之至。我可从来都做不到。我用电钻在木板上钻孔，不止一次发现孔洞变成黑色，浓烟倒是冒出来不少，可就是没有生出火。

1　大西洋东北部的边缘海。——编注

2. 石器时代人类的颜料

物质和物品：赭石，锤子，纸板，钢丝网，盘子，打了底漆的画布（大约24厘米×30厘米），长毛笔（替代物：干净的0.5升带盖子的塑料瓶和针、钳子以及蜡烛），一桶温水，手巾，喷雾罐（装发胶用的）

时间：整个时间大约一个半小时。如果你不是自己磨赭石粉，那就只需要5分钟。

地点：草坪上

（1）人们能在很多地方找到赭石，画有石器时代壁画的洞穴里肯定能找到，如法国南部和西班牙北部的那些地方。这些彩色易碎的石头很容易辨别，有红色和黄色，有时还有橙色和紫色，人们在拿起它们或用它们在其他石头上书写时，就会留下颜色。赭石是陶土和氧化铁（也就是铁锈）的混合物。在一些自然形成的所谓气泡温泉分布的地方，比如德国艾弗尔山和黑森州，还有巴登－符腾堡州，你会发现它们到处都是。红色的赭石也被称为代赭石，就来自温泉底部，它们看上去是棕红色的。人们可以把它们从泉水中捞起晒干。在河岸边往往有陈旧的、风化并破碎的红砖石，你也

可以用它来替代赭石。新的砖块太硬了。除了常见的、无毒的铁赭石以外，在矿山区还会找到一些有毒的含铀或含锑赭石。但它们在别的地区很罕见。

（2）粉碎赭石时将它放在一张纸板或报纸上，用另一张纸板或报纸盖在上面用锤子砸。你不能在家里做这些，因为赭石染色能力很强。接着将赭石过筛，赭石越细，黏附性就越好，用一个漏斗（也可用纸很快卷起一个漏斗）把赭石灌进果酱瓶里，贴上标签。

（3）准备好一桶温水，在里面滴上几滴洗手液并准备好一条毛巾，这样你就能立即把手洗干净。

（4）用一块蘸水海绵或是抹布打湿一张纸或画布（可以在下面垫上一块木板或一条不用的旧毛巾），然后把这张纸或画布放在草坪上。一只手平压在上面，另一只手拿起毛笔，蘸上赭石粉末，从压在纸上的那只手的上方撒下粉末，重复几次直到手的旁边都撒满赭石粉。这时小心抬起手来，并马上伸到水桶里把赭石洗净。

（5）把纸或画布稍微晾干，用发胶固定住这些图案，作品就能保留下来了。可惜并不长久，只能保存几个月。

（6）你也可以把赭石放进一个洁净且干燥的PET（聚对苯二甲酸乙二醇酯，常见饮料瓶用的塑料材质）做成的饮料瓶里，用一根烧烫的针在塑料盖上戳几个小孔。当你摇晃瓶子，再挤压一下，从小孔里就会喷出非常细密的赭石粉末烟尘。你只能在花园里尝试，否则赭石粉会弥漫到整个房间。所以石器时代的人只在岩洞里用鸟骨做成的吹管作画，否则会弄得到处一团糟。

（7）和赭石一样，你也可以粉碎其他物质，比如煤炭、白垩或软锰矿，并将其涂抹在湿润的底板上。当然最好在岩洞里这么做，让颜料随着时间流逝慢慢浸入湿润岩壁。和石器时代不同，我们现在一般不会再将干燥的颜料绘制在湿润的背景上。与之相反，我们会用湿润的东西，即把颜料绘制在干燥的纸张或画布上。大家会事先把干燥的颜料颗粒与胶质混匀，比如用亚麻油、鸡蛋黄或水。不过如果用干粉作画，颜色效果将会更突出。

小窍门：适合节日使用！

3. 赭石变色

物质和物品：黄色赭石，旧茶匙，厚布或厨用手套，蜡烛

时间：5分钟

（1）也许你在沙滩篝火边已经注意到了，当火焰慢慢熄灭的时候，灰烬旁边的黄色沙砾会变成红色。沙砾实质上是石英颗粒，外面覆盖着一层薄薄的黄色赭石，黄色赭石在加热后会变红。当你加热黄色赭石粉末时，它也会变红。

（2）把一小撮黄色赭石放在茶匙里，并在蜡烛火焰上加热。赭石会变成红色（水彩画颜料盒里的赭石不能用来做这个实验，主要因为里面有一些增稠剂）。

（3）在岩洞壁画画家们生活的时代，红色赭石因为更好看，所以比黄色的值钱得多。人们可以用加热的方法将它们转化。显然，人们常常这样做。在法国南部的鲁西荣，也就是采集赭石的地区，人们直到今天还通过加热来获取不同的赭石色调。

（4）也许史前时代人们也用火来转化颜色。人们尤其喜欢将绿色物质（如孔雀石与兰青石一样的含铜化合物）加热来“改善”颜色。这样还能置换出铜，人们并不把它用作胭

脂和香粉，而是做成首饰，之后还做成工具。有人认为，赭石带领人们走上了金属时代之路。至少，这个假说还是有些道理的。

4. 来自森林的墨水

物质和物品：橡树虫瘿（就是那些长在橡树叶和橡树枝条上的，由瘿蜂刺激而产生的圆形组织）或红茶，一茶匙硫酸铁，一些樱桃树胶（樱桃树或李树分泌的树胶）或者药店出售的阿拉伯树胶，自来水，一次性塑料杯，小茶筛

时间：夏末时节进行，如果材料收集好了，实验大约需要10分钟

（1）用什么来书写？人们可以把煤灰泡在水里用来写字，但煤灰墨水很容易模糊。铁胆墨水要好得多。直到今天，人们还用它签署合同和协议，因为用水和酒精都无法把这种墨水洗去。它最早用水、瘿瘤、硫酸亚铁，还有阿拉伯树胶制成。阿拉伯树胶是一种可溶性胶质。也能用樱桃树胶。树胶是墨水的固定剂并能改善墨水品质，但并不是不可缺少，可以不添加进去。

（2）很多园艺爱好者喜欢用硫酸亚铁作为蚜虫杀虫剂或灭蜗牛药。你能在药店少量购买。使用硫酸亚铁的时候得小心。它不是什么毒药，不然的话就不会让人们把它倒在草坪上了，不过它对健康的确没什么好处。

（3）你能在橡树上找到瘿瘤。找一些树枝下垂的小橡树，寄生在瘿瘤里的小昆虫往往在夏末钻出来，这时就能收集它们空空的房间了。把瘿瘤弄碎放入一次性塑料杯，加水没过。放置一两天后把水倒入另一个塑料杯，碎屑继续留下。把一茶匙硫酸亚铁溶解在一汤匙水里，再与瘿瘤碎屑混匀，液体马上变黑。铁胆墨水就制成了。这是棓酸和铁的化合物。如果找不到瘿瘤，用浓浓的红茶水也能行。

（4）把黑色墨水灌进自来水笔里，你就能书写了。墨水落在纸上后颜色会加深。如果想让你的作品永久保存，我建议你严格按照配方来调制，因为我们现在用的是过量硫酸亚铁，过一百年之后可能会把纸张腐蚀掉。

（5）你也可以完全只用自然产物来制成墨水，即用自然产物来代替购买的硫酸亚铁。不过这个过程很烦琐。这里需要用到白铁矿石，就是我们提到过的打火石。你能在北海或波罗的海海岸边找到。这种和黄铁矿相似、包裹着深色硬壳的沉重小石块经常被人当作陨石。如果你用一张纸包住一小块白铁矿石，再用锤子打碎它，在潮湿的地方放置两到三个月，碎片会自行分裂瓦解。白铁矿是铁和硫的化合物，借助空气中的氧气，便会形成铁硫氧化物，就是硫酸铁。把分解的白铁矿碎片溶解到半杯温水里，你就能得到硫酸铁溶液，接下来就可以照前面描述的步骤继续操作了。

5. 炭黑

物质和物品：一茶匙樟脑（药店购买）或者一些干松树脂碎块（可以在松树林里找到，一定要包好，松树脂非常黏），防火垫，一只陶瓷杯或盘子，打火机，软毛刷（画水彩画用的软毛笔）

时间：5分钟

地点：室外，因为会产生很多煤灰，不要在刮风的时候进行实验

（1）炭黑颗粒在燃烧中形成，因此非常细密，比在研钵里磨出来的粉末还要细密得多。炭黑也能用作绘画颜料。也正因为细密，它能把物体表面最细腻的结构纹理表现出来。刑警就常常用它来找出指纹，或者其他表面细微变化的痕迹。这时还需要用西伯利亚松鼠身上最细密的绒毛，或者鹳的羽毛制成的毛笔把炭黑刷上去。还能用更精密的方式，也就是用现有的最细致的“刷子”，即热空气，去“涂抹”炭黑粉末。这里主要使用的办法是燃烧樟脑。樟脑燃烧会产生明亮的火焰和许多炭黑。后者能沉积在放进黑烟中的印痕载体上。用一支细毛笔把过量炭黑扫下来，印痕就一目了然了。

（2）第一步制造出一些指纹，比如抓一下盘子或杯子。先用手指摩擦额头或头皮，让手指沾上更多油脂，这样会让指纹更清晰。

（3）在桌上放一块木板，在上面放置防火垫，比如一片瓷砖、一块扁平石头或者一个花盆底盘，再撒上一茶匙樟脑。用打火机点燃樟脑，把你准备的印痕物（碟子或盘子）放进火焰上方生成的黑烟中。注意不是火焰里，而是火焰上方。黑色的烟灰会在碟子或盘子上凝集下来。请尽量把整体都熏黑。

（4）现在就是最有趣的部分了。用刷子轻轻刷掉表面的炭黑。指印赫然映入眼帘！

（5）你也可以用同样分量（一茶匙）的松树脂代替樟脑。它在燃烧过程中也能释放出富含炭黑的火焰并显示出漂亮的痕迹。如果你需要在丛林深处追寻蛛丝马迹，可又忘记带上侦探手电筒和痕迹勘探工具，别担心，只要你在树林中能找到杉树和松树，就能找到树脂；你还能从毛衣上取下一些细密毛线做成临时用的小刷子。

6. 从桂樱中提取氢氰酸[1] ★

物质和物品：桂樱叶片，有盖子的玻璃容器（比如茶杯）

时间：几分钟

（1）桂樱（*Prunus laurocerasus*），是一种常绿灌木，常常生长在村庄和城市花园的灌木丛中。它有着墨绿色的光滑叶片，4月到7月开花，并在稍后结出黑色果实。它全株有毒！叶片在受到伤害后会释放出大量氢氰酸。取两片桂樱叶片弄碎，把碎片放进玻璃容器里盖上盖子。5分钟后打开盖子，用手轻轻扇动并小心嗅一下，立即就能闻到氢氰酸那种难以描述的气味。一定要小心！氢氰酸有剧毒。因此一定不要咀嚼叶片。千万不要把鼻子伸进瓶子里深吸气！即便你觉得没有闻到什么味道，也别这样做。请耐心等待，然后再次扇动气体。如果你还是闻不到，就不要再试了，或者让别人来闻一闻！有可能你恰好属于少数用鼻子无法闻出氢氰酸味道的人，因为急躁而深吸一口毒气可相当不妙。

（2）氢氰酸是一种含氮的气体，其分子式是HCN。它的

1 此实验十分危险，不推荐未成年人独自进行尝试。——编注

德语名字意为“蓝色的酸”[1]，因为它最初是从一种叫作柏林蓝的染料中提取的。氢氰酸本身无色。

（3）在过去，人们会从桂樱中提取氢氰酸并制成致命毒药，也就是所谓的桂樱水[2]。

（4）很多植物在受到伤害时都会释放氢氰酸。这是化学防御方式的一种，植物以此来对抗它们的取食者。

1 Blausäure一词由两部分组成，Blau意为蓝色，Säure意为酸。——译注
2 中文并没有相应的准确翻译。有些资料错误地认为桂樱果无毒，并能制成月桂水。实际月桂水来源于月桂，和桂樱是完全不同的植物。——译注

7. 其他有毒植物

紫　杉

一些花园里能找到紫杉，你可以通过深绿色柔软的针叶和独特的红色果实来辨认它们。果实成熟在夏末。其无核的果肉可以食用，而果核以及针叶和树枝含有剧毒。紫杉的叶、根和种子都曾用于制毒。

乌　头

乌头是生长在森林里的开着黄色或蓝色花的小灌木。因为花朵实在美丽，也被人不小心种植在花园里。乌头属于最危险的有毒植物之一。其根部所含毒素最为剧烈，少量即能致命。以前有人用碎肉包裹切碎的乌头根，做成肉丸放置在室外。吃掉诱饵的狼会被毒死。因此在德国很多地区，乌头也被称为“狼根”[1]。

毒　参

长在小溪边或路边的毒参往往毫不起眼。古希腊被判处死刑的人要喝下毒参，而装有这种植物液汁的杯子被称为“毒参

1　德语词Wolfswurz，其中Wolf意为狼，Wurz意为根。——译注

杯”。雅典的古集市博物馆里还陈列着这种从古代监狱遗迹中找到的小杯子。人们也曾用毒参来制作鼠药，将小麦粒和切碎的毒参根一起浸泡在热水中，之后把麦粒晾干并放在老鼠洞口。

有毒的植物

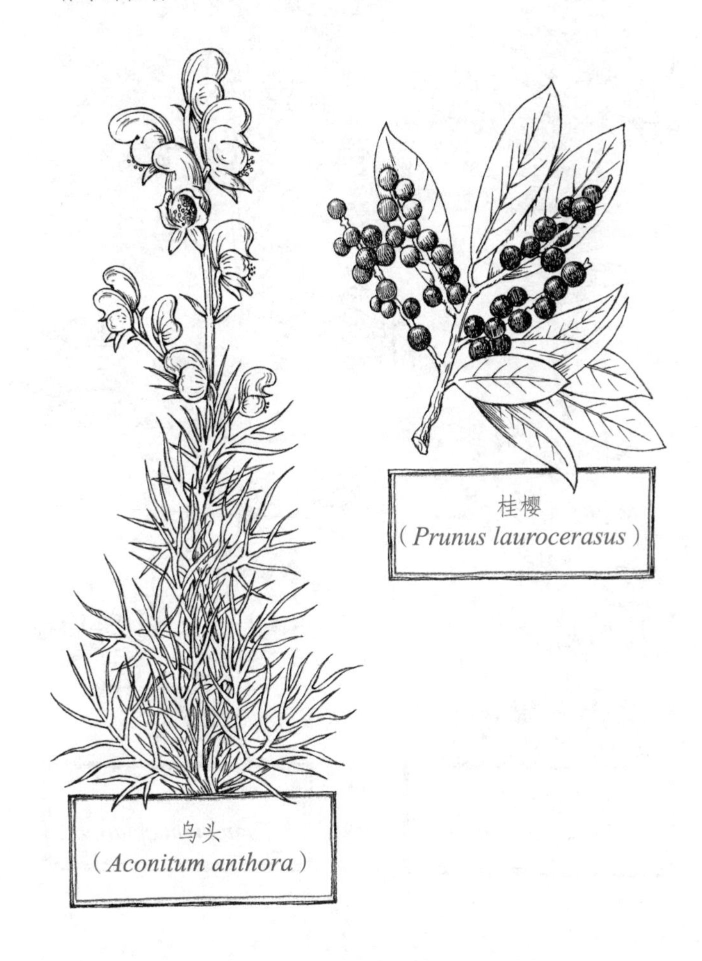

有毒的植物

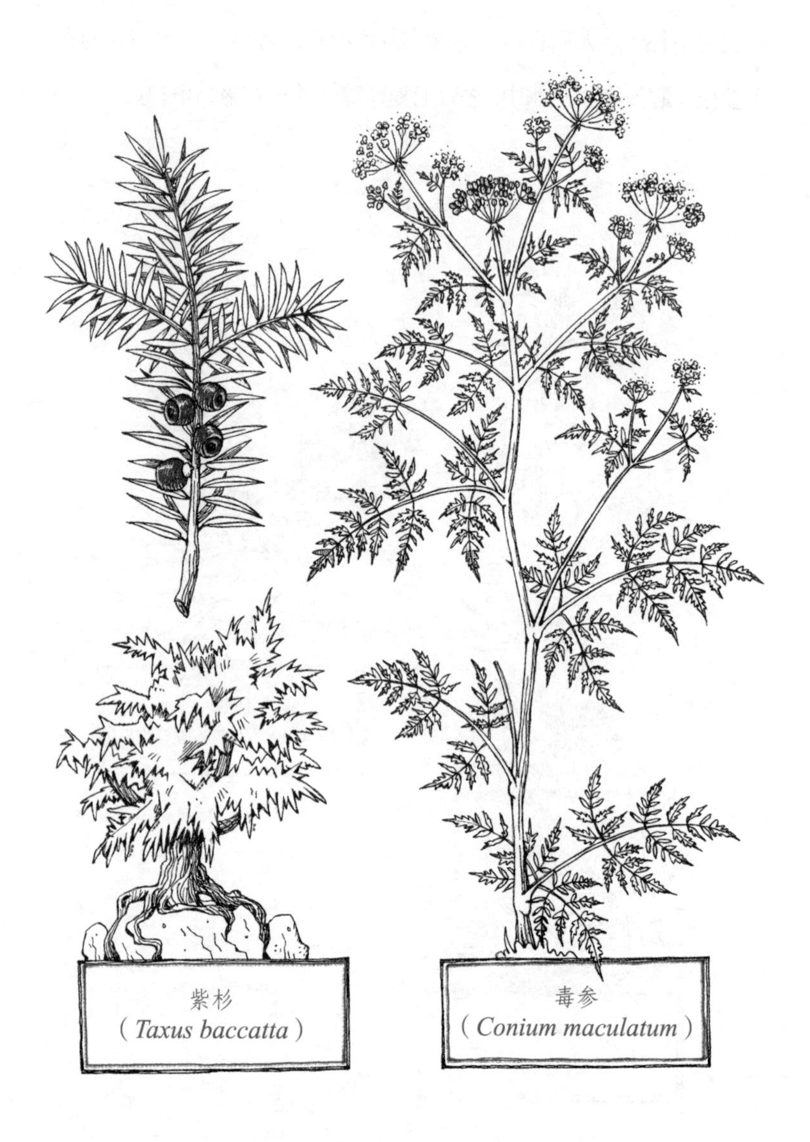

8. 印第安人的吹管

物质和物品：脱脂棉，胶水，烤肉串竹签，老虎钳，从建材市场买的塑料管（长约50厘米到1米，内径约1.5厘米，最好是用多聚乙烯制成的所谓冷水管），泡沫塑料盘子（需要至少3厘米厚，用作靶子）

时间：15分钟

（1）亚马孙印第安人用一种长达数米的热带草本植物茎干做成木质吹管，能将箭射到很远的地方。箭用骨片或者硬木制成，大多是有毒的。撇开箭头带毒不说，吹箭本身也是一种让人过目难忘的杀器。

（2）把一根烤肉串竹签截短约一半长度，在后半部分涂上一点胶水。用一些脱脂棉缠绕在竹签后部，让脱脂棉大体粘住，并能正好放入管子中。脱脂棉的作用是在箭飞行时起稳定作用。事实上，印第安人也采用相似的东西：棉花。

（3）现在把箭放进塑料管里，瞄准靶子，吹！

9. 用猫砂解毒和去除苦味

物质和物品：自然猫砂（外表是灰色的、干燥的陶土小球，常常是用膨润土——一种吸附力特强的陶土制成。现在也能买到一些塑料做成的猫砂，但我劝你不要用它们）。如果你给猫砂淋上水，并耐心地揉捏就能获得黏土。因为这种黏土中多半还会有石子和沙砾，质量不算上乘，不过也能用来做陶艺了。还需要橙汁、天然浑浊的苹果汁、薄荷茶、现磨咖啡粉、一个干净的带盖玻璃罐头瓶、咖啡过滤器和合适的咖啡滤纸。

时间：5分钟

（1）很多毒素都有特定的解毒剂，比如用硫代硫酸钠解毒氢氰酸。它尝起来味道不好，但确实有效。如果误食了酸，就要服用分散状石灰粉或者小苏打溶液来中和。对于沾上皮肤的酸也能这样中和。相反地，如果喝下强碱液，或者误食了一些小苏打，也可以用柠檬汁来处理。但误食了任何腐蚀性或者有毒物质，自然首先要打电话给急救医生寻求帮助！

（2）除了针对性的解毒剂，还有一些广谱性解毒剂。黏土就是其中首要的一种。当动物们吃水果闹肚子时，就会吃些黏土。广为人知的是，亚马孙的鹦鹉和东南亚丛林中的大象都有这样的行为。全世界的人们都会因为某些疾病而“吃土”。这种“土”不是普通泥土，也不是花园盆土，这些只会加重病情，确切说，这种能治疗疾病的土是一种通常呈黄色和苍白色的泥土，在很多地方都能看到，细看之下它们经常呈现出干土的形状。

（3）这样的泥土就叫黏土。吃土行为在全世界范围流传，我们这里也没有完全消失。在“改良小店”[1]里总能买到昂贵的医疗用黏土。它用磨细后的白垩土制成。实际上这种土确实有强效。它能和特定物质紧密结合，将它们排除出有机体。有人用这些药用黏土来治疗肠胃不适。

（4）猫砂和在“改良小店”里出售的药用黏土作用差不多，但价格只有百分之一。猫砂包装上用大字写着“吸附异味！”能吸附异味的东西也能吸附很多其他东西。往罐头玻璃瓶里倒入约三分之一的橙汁，再往里面加入两到三勺猫砂。盖上盖子，拧紧，用力摇晃！这样就成了浑浊的混合液。你可以把它放置一天让泥土沉淀下来，在上层就成了澄清液体。如果能用咖啡滤纸先过滤一下，液体会澄清得更快。

（5）现在你就学会了一种或多种获得清澈液体的方法。如果你再尝尝，就会注意到液体味道也变了。猫砂把橙汁中的色素完全吸走的同时也吸收了部分香味物质。它尝起来

---

1 Reformhaus，德国一家出售有机食品和护肤品的连锁店。——译注

更甜了，即使我们没有往里面加糖，因为糖分只被吸走了一点。橙汁中的色素主要是胡萝卜素（欧洲商品标签标成“E160a”）。你也可以向别人演示并解释这个实验，现在你知道如何把芬达变成雪碧了。光滤纸本身绝不会影响实验结果，不信你让普通橙汁流过滤纸，橙汁会丝毫没有变化。

（6）对实验做一点改动会更有趣。把一勺猫砂放进一杯天然浑浊的苹果汁中搅拌。在静置两三小时后，溶液就澄清了——黏土颗粒吸附了悬浮的果肉。也可以用猫砂来处理（放凉了的）薄荷茶，过程和处理橙汁时完全一样。事先留下一些处理前的茶水来做个比较。薄荷味道和颜色并没有被去除，但是过滤后的茶总感觉少了些什么，那是一种叫作鞣酸的物质。黏土能非常有效地减少这个物质，因此，猫砂搅拌过的茶喝上去味道更淡。

（7）去除鞣酸的实验完全说明了黏土作为解毒物的原理。许多果实和植物都含有鞣酸这种收敛性很强的苦味物质。大量食用鞣酸是有毒的，而黏土能吸附它们，并将其排出体外，便不会对身体造成更多伤害。

（8）你也可以在一只咖啡杯中放入一勺猫砂和一勺新鲜磨好的咖啡粉。用小碟子盖在上面，在第二只咖啡杯里只放同样的咖啡粉，也用碟子盖起来。稍等几分钟，移开碟子并嗅一下杯子里的味道。你会发现有猫砂的杯子味道明显很淡，气味已经被黏土颗粒吸收了。

（9）黏土并不是唯一一种具有这种功能的物质，虽然它是最简单的、在世界范围内分布最广的一种。还有其他种类更有效的“泥土”，比如大量分布在德国北部的硅藻土。这种土源于微小的硅藻外壳。用硅藻土甚至可以将细菌从水中分离出来，而只需让水从中流过。过去霍乱流行时人们就会用它来过滤。人们还常常用一种经过特殊处理的炭来做过滤器，即活性炭。你可以在水族店里买到活性炭，那里它也是作为过滤器销售的。虽然它看上去黑乎乎的，却能把水里的细菌和藻类都清理干净，这两者都太小，能几乎无障碍地通过普通过滤器的缝隙。活性炭还能用于防毒面具，吸收有毒气体，当然其吸附作用也有限度。你在药店还能买到治疗肠胃不适的活性炭。普通烧烤用炭没有这样的功能。紧急情况下，采用新烧制的木炭也有相似效果。活性炭是多孔木炭，由特别的方式烧制而成。它们微小的孔能紧紧吸附物质。人们可以用椰子壳或动物骨骼来制作活性炭。

10. 思维游戏：什么是毒？

你是怎么认识毒素的？想一想你知道的典型毒素，面对毒物时你会有什么反应？

人类的直觉会让我们尽量远离有害物质。因此我们会避开苦味物质，因为苦味物质往往有毒。臭味也会提示我们远离有毒物质。这种自然机制造就了我们对于毒素文化的理解。而今天很多人都认为化工产品有毒，相反源于自然的物质则对人体安全。这是大量化学丑闻带给人们的反应。但这其实毫无道理，很多非常有益的化工产品也一并受到连累，而认为自然界无毒害的错觉就更加无知和危险了。植物为了生存，首先要确保的便是千万别被吃掉。因此它们长出尖刺，在叶片中设置微小沙砾，以及制备毒素。

我们对毒物的反应往往是避开、吐出、扔掉，而科学则始于人们有意识地去改变这些本能行为。森林里生长着危险毒物，同样也生长着救命良药。帕拉策尔苏斯的伟大业绩之一就是他明确提出要把毒物放在医药技术的中心地位。“鄙视毒物者，必无以知毒用毒。”他在医疗中使用毒蟾蜍和砒霜时就这样写道。永远避开毒物的人并非真明智，而是错过了机会。

帕拉策尔苏斯同样也清晰地指出，我们认为无毒而保存或食用的一些东西其实也含毒素："万物皆毒，无物无毒。"不然的话，人们就会把吃掉的东西全部保留而无须排泄了。"蜜糖或是毒药，唯取决于其剂量。"比如糖是一种重要食物，但如果过量吃糖，也会诱发结石和威胁生命的糖尿病。

遇到毒物，也无须惊慌失措。更好的方法是保持应有的戒心来研究它。每种毒物即便拥有剧毒，同时也打开了一扇窗户，人们能从中认识到自然的一体性，以及一种包含着治愈力的大自然的馈赠。

11. 让食物更易储存和消化：酸菜 ★

物质和物品：五棵卷心菜（从八九月到二三月都可以买到），具体数量根据菜的大小调整。食盐（大约每千克卷心菜需要一汤匙），兰芹子，作为香料的刺柏子，天平，一个大的石罐或者食品专用桶（不要金属的！），一块沉重且擦洗干净的石头（要花岗石，不要石灰石！），作为配重也可以用一个干净的装满四升水、能放进石罐或者桶里的瓶子，还需要一把切面包刀或切菜刀。

时间：准备时间一小时，腌制时间两到三周

（1）在天平上称卷心菜的重量。每一千克卷心菜大约需要一汤匙食盐，最好稍微少些，并把食盐放进一个大杯子里。切开卷心菜，并把菜叶切成细条，菜心可以去掉不用。把切好的菜叶放进石罐或塑料桶。

（2）把之前称量和准备好的食盐撒在卷心菜上。盐会让菜叶里的汁液跑出来，同时，很多有害细菌和真菌都很难在盐水里生存，所以盐水也能防腐。你还可以放进一些兰芹子或刺柏子增加其香味。

（3）现在开始挤压蔬菜，去掉菜汁。最简单有效的方法是赤脚踩，当然得把脚洗干净后再踏入干净的罐子或者桶里，这样最舒服且获得的压力最大。小心，别摔倒或扭伤！如果罐子或桶不够宽而踩不进去，这一步可以转移到一个干净的大桶或者大盆子里来进行。挤压过程中时不时停一下，然后再继续。把菜汁挤得越干净，酸菜就会做得越好。把菜叶放回容器开始腌制，然后倒入菜汁，没过菜叶。如果菜汁不够，可以倒入凉开水。

（4）接着往调配好的酸菜上压一个装满水的瓶子。菜必须总是处于罐子底部，这样就能一直被盐水覆盖着。你也可以用一个大小合适的盘子，并放一块石头增加重量。用布封上这个罐子或者桶，放置在阴凉的角落，让酸菜慢慢发酵。

（5）发酵一旦开始，就会释放出一种气味，这味道并非人人都喜欢。这个过程还会产生泡沫，显示出酵母菌正在发酵。你应该时不时去关注一下酸菜。它应该一直都淹没在盐水下面，而且得保存足够长时间。必要时添加一些凉白开盐水。如果酸菜某些地方干了并露出来，菜就会生霉。如果你发现水面上漂浮着少许霉点，可以用勺子舀出来。如果霉点很多，你就必须把酸菜扔掉，因为它们已经腐烂了。

（6）几天后你就可以尝尝酸菜了。刚开始它们可能还有些硬，但很快就会软化。两到三周以后，发酵过程停止，你可以用沙拉油拌一拌，生吃这些酸菜，也能煮熟了吃。酸菜中含有大量维生素，特别是未经漂洗直接食用的时候，对健康非常有益且味道鲜美。只要一直用盐水浸泡，酸菜能保存数月之久。乳酸菌发酵产生的乳酸是一种弱酸，它决定了酸菜的滋味。

（7）如果你用紫甘蓝代替卷心菜，还可以观察到更多东西。外表本来是紫色的紫甘蓝看上去越来越红，因为在发酵过程形成了很多酸。你可以取一份放在盘子里让它发霉。你会发现紫甘蓝在发霉处变成了蓝色：霉菌形成了一个“碱性”环境。霉菌会产生碱，只有乳酸菌所产生的酸足够强时，才能阻止霉菌在酸菜上生长。但当酸菜某些位置被晾干了，霉菌就可以在这里攻击乳酸菌，并为此生产出“碱性化学武器”来扩大它们的占领区，而人们所认为的“好”细菌就被击退了。

（8）基于酸菜中的高维生素C的含量，而且与水果不同，它们在冬季以及远洋航行中也能保存和食用，酸菜曾经是防治坏血病的重要物质。坏血病是一种在地理大发现时期严重困扰航海者们的疾病。

（9）酸化是一种全世界广泛使用的方法，能用于处理不适合直接食用和口感不好的食品，同时使之容易保存。紫甘蓝并非有毒，但会导致胀气而让食用者腹部疼痛。而酸菜经酸化处理后更加精致，营养更丰富，富含一些特定维生素。在东欧，人们用类似做酸菜的方法来处理难以消化甚至有毒的蘑菇。这是最近我在森林里遇到的一位俄罗斯蘑菇采集者告诉我的。他硕大的篮子里装满了各种蘑菇，其中不乏有毒的品种。

（10）不仅人类喜欢酸菜，而且动物们也喜欢！因此，农夫们会在夏季堆起一大堆“草酸菜”（草料堆）。人们只需要把切碎的草料堆起来，再用塑料薄膜盖在上面，用拖拉机碾压几次就好了。这些草料很快开始发酵，散发出好闻的酸味，并能一直保存到来年春季。这样，农夫们就能在整个冬季都有足够的健康饲料喂养牲口。

12. 从柳树皮中提取阿司匹林

物质和物品：柳树皮（柳树常生长在小溪和小河边，可以对照植物鉴定手册来寻找。用小刀从柳树树枝上削下一整块树皮），水，一些高度酒（比如朗姆酒或伏特加），锅

时间：10分钟

（1）把一杯水和一杯酒混合在一起，再把一勺（大约5克）切细的柳树皮放进一口小锅里并加热。注意不能煮开！在10—20分钟以后，把柳树皮捞起来。你现在可以尝尝这个汤汁，会发现它有些苦味。

（2）这是一种温和的止痛剂，里面含有阿司匹林中的有效成分（乙酰基水杨酸）的类似物，我们的身体能从中制造水杨酸，并和树皮中的其他物质一起形成止痛剂。过去人们也用柳树皮作退烧药。直到现在，一些治疗感冒的茶里也还有柳树皮的成分。

（3）它也有不足之处，常常会带来肠胃不适（恶心）。因此人们尝试对其有效成分进行调整。人们首先想到将它和乙酸放在一起反应。这种简单变化带来巨大成功，于是便有了阿司匹林。阿司匹林比水杨苷更易被身体承受，但正如在药

品说明书上所述，它也并非完全无害。小心！有些人会对水杨苷以及阿司匹林过敏。

柳树枝
（*Salix viminalis*）

13. 韧皮

物质和物品：街边的树枝，荨麻

时间：秋季或冬季

地点：大门入口处或者街道上

（1）秋冬季的寒风常常把嫩树枝折断，吹落在大街上。它们在那儿会躺上几周，汽车从上面碾过。轮胎的压力、潮湿的环境和细菌的作用使得树枝裂开来，我们可以辨认出三部分：木质部、外表皮和韧皮部。韧皮是外表皮和木质之间的一层细丝状的东西，因为腐败得很慢，所以一直就这样暴露在大街上。

（2）收集一些树枝的韧皮丝。如果上面还带有外表皮和木质部的残余，请去除它们。在活的树枝上，韧皮丝结构紧密。晚冬时节，有时候你能在车库入口处或者街边找到纯韧皮丝，树枝的木质和表皮已经零落成碎屑被融雪和雨水洗涮干净了。

（3）这些纤维有广泛的应用。把它长时间放在碱水（比如苏打水）里面煮，能得到可以用于造纸的浓稠液汁。但这其实非常浪费。把纤维放入水中，洗净、晾干，再把它们放在手掌间揉搓，能把剩余的纤维拉长得到粗糙的线。它们起初看上去还不太匀称，就好像怀孕的蚯蚓。不管怎样它是种纤维，必要时也能编成绳索。枝条种类不同，纤维结实程度也不一样，比如柳树或者菩提树的枝条能制成坚固的韧皮丝。过去炼金术士们就用韧皮丝和黏土来加固各种装置。

（4）荨麻比树木韧皮中提取出的纤维更细密。荨麻放在水里几周后会开始腐烂（触碰荨麻时请戴上乳胶手套！）。之后可以轻易地把外皮和叶片都去掉。晾干茎干部分，撕开，把纤维和外表皮分离。这些纤维非常坚韧并很容易弯卷。和菩提树的纤维一样人们可以把它制成箩筐和其他精致的玩意儿。过去，荨麻还被当作重要的纤维植物种植，后来被进口的棉花所替代。今天有一些创意人士又重新开始利用荨麻了！

14. 用葡萄酿酒

物质和物品：甜的有机葡萄（500克），两只玻璃杯或碗（0.5升），面包酵母，一些冰糖，毛巾或厨用吸水纸，橡胶圈，空的带旋盖的干净玻璃瓶（0.5升），碗，筛子，漏斗和气球

时间：最好在8月和9月，这时葡萄比较便宜。你需要15分钟时间制作葡萄汁，几天时间用于发酵，它们会自动产生气泡，只需要时不时地关注一下

（1）把葡萄漂洗几次。剔除不好的果实，再用手掌或拳头把葡萄压碎。

（2）把葡萄汁装进玻璃瓶里，加入大约半茶匙面包酵母后充分搅匀。你还可以再加入一勺糖，增加产品的酒精含量。用白布或者厨用吸水纸盖住玻璃瓶，并用橡胶圈将其扎紧，把玻璃瓶放置在温暖的地方一到两天。期间多次揭开盖子，并用勺子搅匀。

（3）和酵母混合的葡萄汁也叫作葡萄浆，它很快会开始产生气体，气体在瓶里膨胀升腾。混合液经过三到四天充分发酵后，你可以把它倒在一个钢丝滤网上，并再一次用手挤压葡萄，使汁液流进下面的碗里。把这种有酵母香味的浑浊

混合物从碗里倒出来，通过一个过滤器倒进瓶子，装至大约2/3处。用一个气球封住瓶口，翻转几次后放置在一个温暖的地方。

（4）气球里很快就会充满气体。这里面充满的是纯净的二氧化碳。把气球在充满气的状态下取下来，小心地把开口处对着鼻子轻轻放气出来。这些气体会有典型的二氧化碳的清新气息，我们常常在苏打水里闻到。取下气球放气后再封上去。

（5）葡萄酒或者啤酒酒窖里因为发酵产生大量二氧化碳气体，有时甚至会达到危险级别，所以现在那里都会安装二氧化碳报警装置。二氧化碳比空气重，在一个封闭空间里会集中在地表，警报器也因此一般安装在膝盖高度。直到今天，葡萄酒庄或啤酒酿酒厂还会经常发生意外事故。

（6）当发酵减弱时（从汁液里浮起的气泡减少可以判断这一点）你只要在里面加一茶匙糖就能扭转局面了。这样，酵母菌又能重新得到营养物质。如果葡萄浆还是没有继续发酵，有可能是因为太酸了。此时可以加入半茶匙小苏打或医用石灰粉。这样中和一些酸，酵母又能接着工作了。

（7）几天之后，当葡萄浆完全不再产生气泡，你也不想再加入酵母时，可以品尝一小口。它尝起来酸涩乏味，和葡萄汁的味道完全不同。这里已经有了酒精，浓度多半在4%—

5%。这就意味着在一百杯这样的葡萄酒中，理论上含有四到五杯纯酒精。超市里出售的葡萄酒往往含有更多酒精,这就需要一些特别的酵母，它们能制造出更多酒精而不损害自身。酒精对酵母而言，就像尿液对我们人类以及哺乳动物一样，都是废物，浓度高且有毒。

（8）你可以过滤葡萄酒，灌装进小瓶子里储存起来，还可以放几片橡木片进去，以产生“橡木桶藏”的味道。熟化几个月之后它们便成为完全能喝得下去的葡萄酒了。不过我个人还没有尝试成功过。我妻子认为我酿制的葡萄酒喝起来和汽车玻璃水差不多。

（9）为什么用面包酵母也能生产酒精呢？面包酵母不是用来烤面包的吗？本质上来说面包酵母和酿酒酵母是一样的东西，其实做面包时也会形成一些酒精，就在面团里，这就是为什么我们常常能在揉面时闻到酒精味。在烘烤面包时，这点酒精往往挥发掉了，除非烘制面包的温度很低，比如吐司面包（未经烘焙的）常常含有0.1%—1%的酒精，有时甚至达到3%。理论上讲吐司也能让人醉倒，不过在这之前人们的肚子早就撑爆了……

（10）没有酵母人们也能酿酒。葡萄上面本身就已经有了很合适的微生物，正在等待时机。当然同时也有很多不合时宜的家伙也在等待时机。所以我们如果把葡萄放在自然环境下，它同样也会发酵，但不一定是产生酒精的那种。葡萄浆可能生霉而不发酵，也可能进行错误的发酵，成品会有类似指甲油的味道，因为此时产生的是丙酮，这就是失败的发酵。

（11）为什么我们必须用气球来封口呢？这是为了避免氧气进入。氧气会让一些不合适的微生物生长，让液体酸化。气球是一种很简单的方法，能把在发酵中产生的气体（即二氧化碳）排出，同时不让外界气体进入。当然也有专门的设备来处理这一步。

（12）如果你没有葡萄，也可以用纯净的糖水来酿酒。你可以把半勺食用糖放进一小杯水（0.2升）中溶解，再放进酵母。也可以用其他含糖高的树汁，比如用桦树或者枫树的树汁来发酵。在初春，树木会分泌这样的汁液（不过我个人没有成功过）。

（13）理论上讲，所有的果子，包括黑莓、悬钩子或黑刺李，甚至花楸果都能用于酿酒。但这样生产的酒往往很淡，酒精含量只有2%—3%，因为这些果实里糖分太少。香蕉、李子则不同，可以用增强的酵母来生产酒精含量10%的酒，因为这些果实里含有很多糖。

（14）因为监狱里完全禁酒，很多囚犯也会尝试从餐桌上偷拿糖和罐头水果来自己酿造。监狱里的大多数水果都经过加工，比如通过加热破坏生长在葡萄皮或者苹果皮上的微生物。不过监狱里的人往往具有丰富的想象力，能从一些看上去毫无可能的东西里造出最好的牢房酒来。在夏季，他们把水果在空气中放置片刻。而空气中总飘浮着相当多的酵母菌，会飘落到一些合适的生物质上（比如水果沙拉），并在那里继续繁衍。还可以让某些液体或者稀粥在塑料袋中发酵，发酵会使塑料袋发胀，因此应该短暂打开袋口，释放出产生的二氧化碳气体。

（15）德语中“酒精（Alkohol）”一词源于阿拉伯语中的“烈酒”，这是通过葡萄酒蒸馏而获得的。阿拉伯词语Kuhl意味着所有能通过化学手段，特别是通过蒸馏和升华的方式来获得的物质。

15. 自发发酵

物质和物品：一个猕猴桃

时间：3周

（1）一些水果会自发发酵，特别当它们被压碎并紧紧挤压在一起保存时。动物们，比如狗，很喜欢吃这样的水果，吃后就在花园里走出歪歪扭扭的步伐。从我的经验来看，猕猴桃最容易发酵。香蕉也可以，但香蕉本身强烈的香味会掩盖住酒精的味道。

（2）把猕猴桃在暖和的地方放置3—4周。当它们起皱得厉害的时候，就可以闻闻味道了。如果已经能闻到酒精气息，就可以切开猕猴桃，浓烈的气味就会涌出。你也可以尝尝这个猕猴桃，此时的气味会非常强烈，让人联想到某种朗姆酒甜点。

16. 蒸馏酒精

物品和物质：红葡萄酒（酒精度12%以上），冰块或者从冷冻室中取出的冰袋，冷水，有弧形盖子的比较深的锅，瓷制或者陶制的甜点碟子（这些碟子可以叠起来放在锅里），玻璃，隔热布或者手套，电炉

时间：15分钟

（1）蒸馏是分离物质的最古老的方法之一。过去人们认为通过蒸馏能提取物质内部控制其属性并决定其功用的灵魂。德语“蒸馏（Destillieren）”一词源于拉丁语destillare，意为滴落，最初主要是描述鼻孔中滴落的鼻涕。蒸馏主要是通过对液体、糊状物甚至固体进行加热，再把所产生的蒸气冷凝以达到分离的目的。亚里士多德就曾记载，海员们把海水放在水杯里加热，用毛巾吸收蒸腾起来的水汽，然后把水拧出来，这样就能从盐水里得到饮用淡水了。人们后来则使用蒸馏器，这是一个圆球形的瓶子，带着弯折向下的长颈。

（2）人们可以蒸馏一切可能的物质，或者至少可以尝试一下。如果把某些特定的盐，比如硝酸钾放到炭火上灼烧，就能获得强酸。甚至金属，比如水银，也能用于蒸馏。最著

名也是最广泛采用的蒸馏形式是从含酒精的液体中，或者从粮食酿造的酒酿中提取酒精。我们无从得知谁是第一位发明出这种技艺的人。它似乎是不同地方各自独立发展出来的。人们在墨西哥挖掘出了原始的蒸馏器，它的年代肯定比西班牙人到达美洲的时间早。在墨西哥，人们今天还在用蒸馏法制作传统烈酒，比如麦斯卡尔酒。

（3）当化学家们准备蒸馏的时候，他们都会把玻璃仪器、铁架台、本生灯还有冷凝管整整齐齐地摆好。许多人认为没有准备好这些东西就没法做蒸馏。但其实世界各处都生产富含酒精的烈酒，甚至在最简陋的窝棚里。没有冷凝管，人们又是怎么做到的呢？你不需要太多花费，只需要想象力和对实验的热爱就能用不同器皿组装出蒸馏设备。也许设备不是太完美，但也绝对够用。

（4）我认为最简单和快速的方法就是用一口大小合适的带盖子的锅、炉子、一些小盘子、冷水和葡萄酒。每一样东西都能在家里找到。

（5）将三到四个瓷盘或者玻璃碟子一个个叠起来。你也可以用杯子或玻璃杯，尽量叠到还能稳住的高度。在最下面的两三个碟子里注入冷水，但不要漫出来，目的是让上面的碟子尽可能保持冷却。再把这座小小的碟子塔放进锅中间。碟子也不能太高，如果不能盖上盖了，就必须抽掉一个碟子。

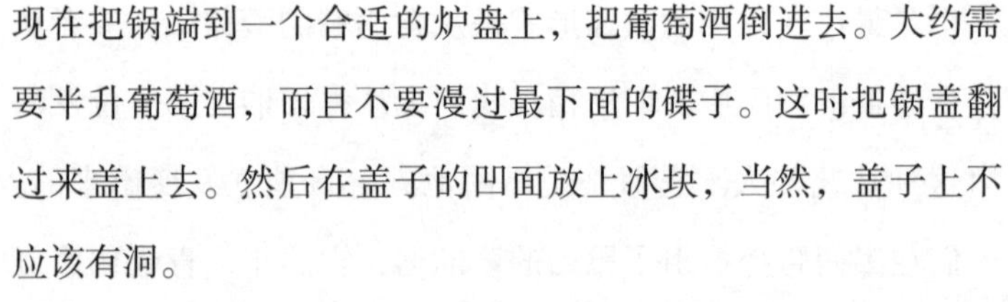

现在把锅端到一个合适的炉盘上，把葡萄酒倒进去。大约需要半升葡萄酒，而且不要漫过最下面的碟子。这时把锅盖翻过来盖上去。然后在盖子的凹面放上冰块，当然，盖子上不应该有洞。

（6）现在把锅加热，直到葡萄酒沸腾起来，然后把火焰调小。如果你用的锅盖是玻璃的，你就可以观察到在冷却的锅盖的内表面形成了液滴。它们看上去和水滴不同，因为流动的方式不一样——它们流淌到锅盖的中部，并滴入上层的碟子里。现在你会明白为什么要在碟子里注入冷水。显然，用这种方法不能长时间蒸馏，因为碟子也会变热，滴入上层碟子里的酒精会随之蒸发。如果锅盖里的冰块很快化掉了，得再补充新的。

（7）五至十分钟以后就可以关火。小心地（也可以戴上手套）揭开锅盖，把上面的水倒掉。再小心地端起（还得戴手套，尽管有水冷却，但碟子还是会很烫！）最上面那个碟子并放在一边，这里面就是蒸馏液。

（8）蒸馏液应该是透明的，如果看上去是乳状的，那是因为锅盖把手是PVC（聚氯乙烯）塑料制成的。PVC能被热酒精溶解，于是蒸馏液就呈浑浊状。不管怎样，蒸馏液气味强烈。但这还不是纯酒精，酒精含量为40%—50%。当液体澄清时（也只有澄清时！）你可以用指头蘸上一点放在舌头

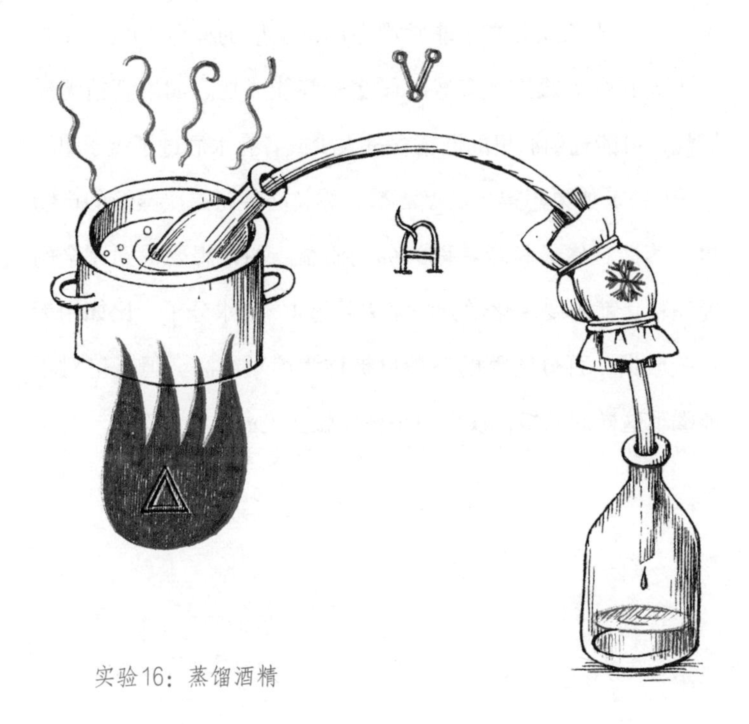

实验16：蒸馏酒精

上——会有烧灼感！

（9）你也许在想，这种液体中是不是含有可怕的、会令人失明的甲醇？不用担心，其实如果葡萄酒里不含甲醇（甲基醇），那么蒸馏液里也不会有。符合质量标准可出售的葡萄酒中不能含有甲醇。如果葡萄浆中含有很多木质杂质（比如茎干）的话，发酵过程中则会产生甲醇。

（10）把蒸馏液体倒一些（大约一勺）在小盘子上，用火柴点燃它。注意要事先把所有其他可燃物体放在远处安全的

地方。酒精燃烧会产生非常漂亮的幽灵般的蓝色火焰，在黑暗中尤其令人难忘。多数时候实验都能成功。如果酒精无法燃烧，可能葡萄酒里的酒精含量太少或者有水洒进了盘子里。

（11）如果想得到高度酒精，你就必须将这次蒸馏的产物再次蒸馏。你最高能获得96%的酒精。如果想要得到完全的纯酒精，就需要用化学方法来去除这4%的水分了，比如用无水硫酸铜。百分之百的酒精也被称为绝对纯酒。但是绝对不能喝下这样的酒精，仅仅一小杯你就会丧命！

17. 酒精作为溶剂及防腐剂

物质和物品：一些高度酒（自己蒸馏出的或者相对没什么味道的白酒，比如伏特加），树莓，白酒杯

（1）在一个白酒杯中倒入一些伏特加，并泡上一颗成熟的树莓，放置几天。

（2）树莓会脱色，如果你把一根指头伸进去再放在舌头上，就会尝到一些果实的味道。对很多香味物质而言，酒精是一种很好的溶剂，其溶解性往往比水强很多！除此之外，很多香水都是酒精溶液。基于此原因，酒精也在奢侈品领域受到重视：它能萃取多种果实和花的香味。化学家也很喜欢在实验室里用酒精作为溶剂。

（3）你还能观察到第二种现象：树莓和树莓酒都不会发霉。酒精是一种杀菌剂，会杀死招致腐烂的细菌和其他微生物。酒精也是一种很好的防腐剂。含酒精的葡萄汁，也就是葡萄酒，就比普通葡萄汁更耐保存。比起受病菌污染的水，含有低度酒精的饮品有时会是更好的选择，里面的酒精能杀死病菌。在欧洲还没有合适的饮用水供应的时代，甚至连孩子都会饮用淡啤酒。这是一种能大范围供应的无菌饮品。虽

然人们喝了酒会晕头转向，却能避免感染霍乱。浓缩的酒精饮品，也就是烧酒能用于伤口消毒，而纯酒精则有剧毒。

18. 新世界之光

物质和物品：一茶匙液体状乳胶（能在手工用品商店买到，狂欢节或者万圣节期间超市也有售。注意：有些人对乳胶过敏，会引发皮疹。如果你属于这类人，就必须避免用到乳胶的实验），烤串签，盘子，电烤炉，一些硬纸板

时间：几分钟，用于干燥的时间

地点：室外

（1）当克里斯托弗·哥伦布发现新世界并在加勒比海小岛上巡游的时候，岛上的印第安人，即泰诺人，极其友好地尽其所能协助海员们。

（2）正如哥伦布和船员们所探查到的，这些印第安人用一种大萤火虫来照明——把它们关进笼子，以甜美的果汁喂养它们，从而让家里得到光明。如果亮度不够，他们就使劲摇摇笼子。这种甲虫叫作“库库友（Cucuyo）”，直到今天它们还生活在加勒比海大型岛屿的密林深处，而印第安人却几乎被灭绝。在19和20世纪，“库库友”还被穷人们在夜晚当作灯使用。人们要抓它们的时候，会在夜晚带着火把来到视野良好的小山头上，晃动明亮的火把。这些大甲虫就会以为伙

伴正在寻找大部队，很快就会飞来。

（3）第二种照明方式就是利用我们今天所称的橡胶或乳胶。当时的作家是这样记录的：人们在特定树木上刻出伤痕，并接下从中流出的乳汁，再把乳汁涂抹在木棍上晾干，这样的木棍就可以用作火把。在南美其他地区，人们把小橡胶球放进卷成圆筒状的芭蕉叶中，然后再点燃。阿兹特克人也用橡胶来点燃被献祭者的心脏。

（4）多数人都知道橡胶很容易燃烧，我们还知道，橡胶燃烧时会伴随着呛人的臭味。印第安人是怎么忍受这样的橡胶火炬的呢？他们一定是很顽强的人吧？其实，只有我们的橡胶燃烧起来是臭的。为了提高性能和更好保存，我们往橡胶里加入了硫和其他添加物，这使得橡胶在燃烧时产生更多有害物质。而印第安人用特别的坚果烟熏以固化橡胶，这是一种生物硫化的方法。熏好的橡胶有一种黑森林火腿的香味，燃烧的味道很像松香，因为里面并不含硫。

（5）尝试以下方法：把瓶子里的乳胶用力摇晃混匀，因为放置时间较长，乳胶常常分离成两层。把两根烤串签并行摆在一起，放在一个盘子上，并在签子上端滴上一滴浓浓的乳胶。签子上的乳胶需要三至四小时晾干。你也可以把盘子放在设置到90度的电烤箱里，通过烘烤来加速干燥过程，这样大约一个小时就能完全晾干了。

（6）从纸板上剪下直径十厘米的一个圆形的护手，把烤串签穿过去，你就可以在室外点燃火把了。这会有美丽的浓烟（不能吸入体内！），但闻上去有股香味。还会时不时滴下燃烧着的液滴，所以得让小火炬尽量离身体远点。在新世界的夜晚，人们就用这样的“灯”在房子里照明，而直到今天，它还在给遥远的亚马孙丛林带来光明！乳胶也可以作为很好的引火物。此外，印第安人还用乳胶制作火箭。

19. 五分钟再现“天才发明”：硫化橡胶

物质和物品：乳胶，硫黄粉末（药店有售）5克，塑料杯，盘子

时间：夏季。实验进行得很快，但这些配料必须先放置几个星期

（1）在北美人眼中，查尔斯·古德伊尔是古往今来最著名的发明家之一，因为他发现了无须烟熏也能固化橡胶的方法。我们今天把这种反应称为硫化。硫化的本质在于将两种物质混合起来。在古德伊尔之前，柏林化学家弗里德里希·路德多夫就已经提出了这种想法的基础。

（2）取出两个塑料杯，在每个杯子里面放入两三勺乳胶，在其中一个杯子里再多加入一勺硫黄。充分搅匀，直到液体中没有固体颗粒为止。

（3）把这两杯溶液分别都倒在平坦的器皿（比如瓷盘子）里然后晾干。这需要几天时间。

（4）把晾干的胶层从盘子上揭下来，平放在木板上，放在室外最好是阳光能长时间直射的地方。橡胶被雨淋了也没什么关系。

（5）根据气候不同，四到八个星期后你就可以看到结果了。未经处理，仅仅晾干的橡胶还很黏手，并在拉伸时容易撕裂。而用硫黄处理过的则非常坚固，表面也不黏手。

（6）硫黄在这里的作用和印第安人采用的烟熏方法一样，能保护橡胶免受阳光的破坏。尽管这项发明看上去很简单，但一直以来都极其重要，有了它，欧洲和北美才有可能建立起各自的橡胶工业。

（7）在工业生产中还会对这样的混合物加热。人们也可以在特别的轧压设备上混合干燥的橡胶和硫黄。

20. 思维游戏：人工制品和天然产品

许多人都认为“源于自然”的物质要优于“源于蒸馏器”的物质（也就是那些在化工厂中用石油、天然气和煤炭等矿物原料人工生产出的物质）。“真正的胭脂红”就比“合成胭脂红”更好。前者的编号是E120，而后者是E124[1]。你怎么认为呢？在拿不定主意的时候，是否那些自然的、可循环利用的、生态的物质无论如何都比合成的好呢？对自然保护者来说，优先考虑用纯天然产品，或者也不尽然？

不管听起来怎样，其实天然物质，即从“自然的、可循环原料”制造的物质并不一定比用天然气、煤以及石灰岩等化石原料制作的化学产品更环保或者更有益于动物。这要视情况而定，也取决于你的价值观。不愿意杀死动物的人，就认为化学合成的颜料更好，而不愿意用那种磨碎小虫子（胭脂虫，制作真胭脂红）或者磨碎蜗牛（紫色颜料）制造的颜料。他们也应该更喜欢塑料（来源于石油）制成的运动鞋，而不是皮质运动鞋，因为制作塑料鞋不用杀死动物。

可以设想，而且往往事实也的确如此，获取纯天然原材

1　根据欧盟食用色素编号表。——译注

料不仅对动物造成伤害，而且对环境造成的破坏比化工产品更甚。尽管人们并不喜欢化工厂，但今天依然在各处河边建起它。

天然产品对自然的伤害常常比人工产品更大，人工的也一样可以实现你想要的纯天然感觉。化学家们从石油中能提取出多种脂类。它是很多其他物质（比如护肤品和洗涤剂）的原料。人们也能用生物的、可再生原料（比如棕榈油）来生产这些物质，但它们对环境一般都不友好。并非所有“源于绿色”的产品都真是绿色环保的。化学园区出产的产品，即使闻上去不是太好，却比带着生态产品标签的产品更有利于生态的情况并不罕见。印度尼西亚的棕榈树种植园往往建在本来是热带雨林的地区。而来源于矿物原料的化学产品无论从使用效果还是生态学角度评估，对于自然造成的负担都更小。

还有一些物质，生物产量完全无法满足需求。比如糖尿病人需要的胰岛素，过去只能从牛或猪的内脏中提取。今天人们使用遗传工程制造后，大大简化了生产的方式，其质量也提高了很多。

21. 其他树汁

并非只有橡胶树出产很有价值的汁液，其他树木也可以。这里有一些例子。

桦　树

桦树三四月发芽前会分泌出一些甜蜜的汁液，人们可以在树干上钻上二至三厘米的孔来收集它们。之后通过发酵可以制出含低度酒精的饮料。我曾经数次尝试获取这种传说中的饮品，但没有成功，要么太早，要么太迟。和桦树一样，春季人们也能在枫树上钻孔获取汁液。

樱桃树

樱桃树还有李树都能在受伤处产生一种特殊树脂，即樱桃树胶。它能溶于水。人们可以把它用作增稠剂，比如我们前面提到的，加入墨水中使用。樱桃树胶过去被当作昂贵的阿拉伯树胶的替代品，而后者是一种出产于苏丹的树胶，它还是可口可乐的基本成分之一。

橡胶树，如垂叶榕（*Ficus benjamina*）和印度橡皮树（*Ficus elastica*）

这些是欧洲住宅里常见的观赏植物，正如你所见，只要把枝条折断就能产生橡胶。实际上印度橡皮树叶确实用来生产乳胶。不过它的产量不如巴西橡胶树（*Hevea brasiliensis*）。

松　树

很多种松树在受伤时都会分泌相当稀的液状树脂。今天欧洲南部还有一些地区的人专门采集它们。人们割开树皮，用容器收集流出的汁液。这种和蜂蜜一般黏稠的、释放出香味的树汁被称为松脂油。通过蒸馏从中能获得一种油脂，即所谓松节油（有毒！）。它可以被用作溶剂或者作为合成樟脑的原料。蒸馏的残渣被称为松脂。它可以在多种运动项目中作为黏附剂使用，也能用作松香。

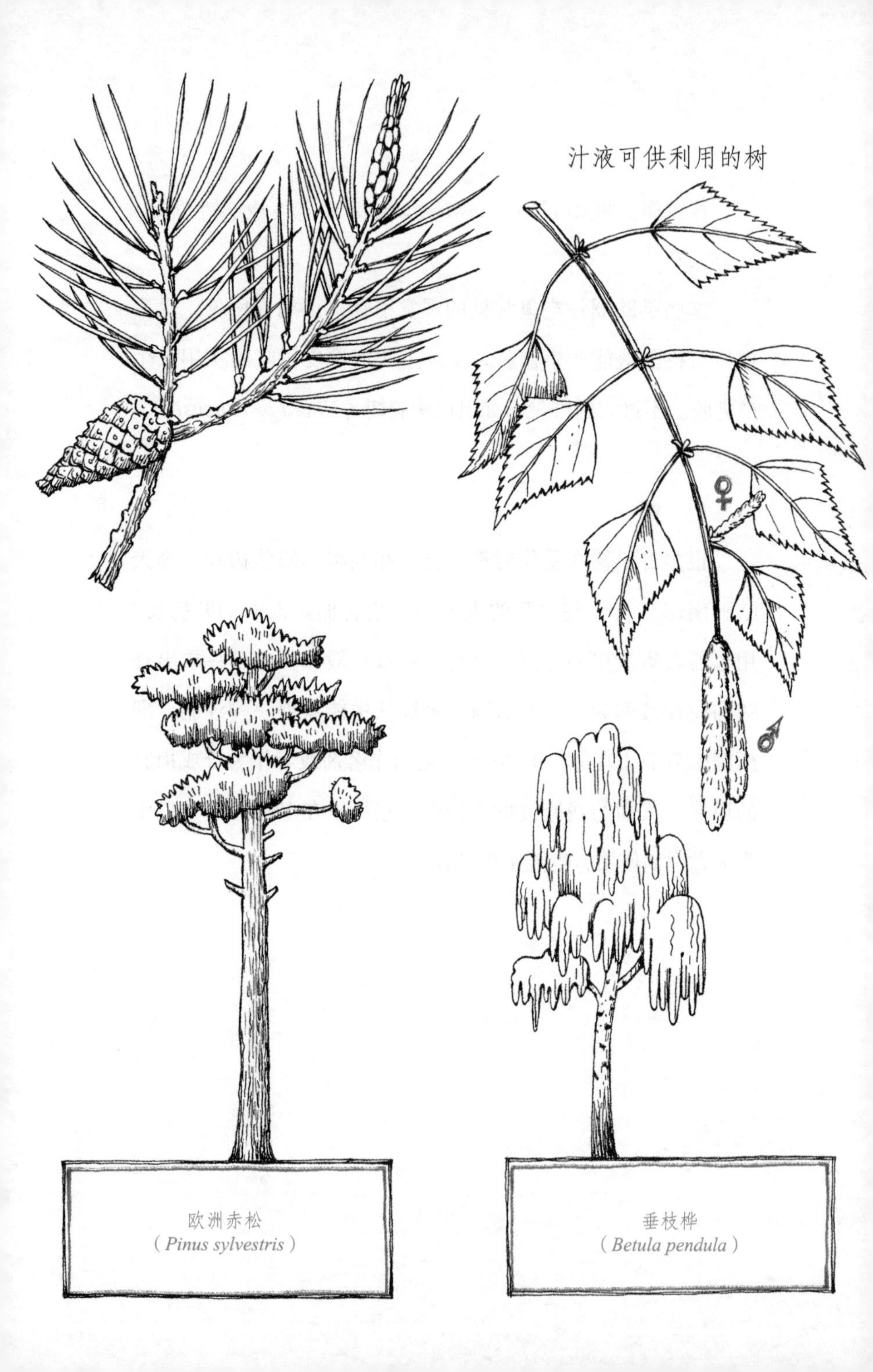
汁液可供利用的树
♀
♂
欧洲赤松
（*Pinus sylvestris*）
垂枝桦
（*Betula pendula*）

汁液可供利用的树
印度橡皮树
（*Ficus elastica*）
樱桃树
（*Prunus cerasus*）
垂叶榕
（*Ficus benjamina*）

22. 分散脂肪

物质和物品：紫甘蓝菜汁（或者红色甜菜汁，用彩墨染色的清水也可以），葵花籽油（或其他油），洗涤剂，一些蛋黄，大蒜汁，瓶子，白色的瓷盘

时间：15分钟

（1）把一些闪着脂类光泽的黏糊糊的物质（肥皂）放进水里，有人认为水会因此变得更油腻更脏。可实际恰恰相反，水变干净了。这种脂质的黏稠的东西溶解了其他脂质黏稠的污渍，这是怎么回事呢？

（2）把一勺紫甘蓝菜汁放在一个扁平瓷盘里，使菜汁刚好覆盖整个盘底！再往里面滴入几滴油，油会聚集在一起，它们和菜汁显然不会混合起来。即使你摇晃盘子让油滴分散开来，但它们又总会再聚集起来。

（3）再往里面加入一滴洗涤剂，继续晃动盘子。油滴会分散开，而且变得越来越小。而液体的性质也会发生改变，它会慢慢变得黏稠。你也能用（液体状的）蛋黄或者大蒜汁来代替，产生的效果和洗涤剂相似。

（4）显然洗涤剂能分散油滴，并使油滴在水中分散成小球状。它们会越来越小越圆，比那些沾在盘子上的大油污更容易被清洗掉。如同我们在上面实验中所见，蛋黄和大蒜汁也有和洗涤剂类似的效果。所以人们也可以把蛋黄和大蒜汁当作洗涤剂使用，不过得忍受刺鼻的气味。反之，用洗涤剂也能调和出黏稠的蛋黄酱或其他酱汁。当然，味道不会太好。

（5）护肤霜、沐浴液和蛋黄酱其实没什么不同，也是油水调和而成，不过是白色的罢了。我们通常会用肥皂或者类似肥皂的物质作为助溶剂。你可以尝尝它的味道（只能取一小滴！）。很多护肤霜尝起来都是肥皂的味道，肥皂会让受伤的皮肤产生烧灼感，这也是为什么这类护肤霜不适合皮肤敏感者使用。只有尝起来有鲸油味儿的护肤霜才不含有皂质，敏感皮肤更适用。

（6）我们的身体也能制造某种“肥皂”，每天大约0.7升，这就是胆汁。这对消化不可或缺，它的作用类似洗碗槽中的洗涤剂：它分解通过食物摄取的脂肪，使它们更容易被人体吸收。牛身上提取的胆汁也可以用作洗涤剂和乳化剂。

23. 树上生长的肥皂

物质和物品：欧洲七叶树，水，核桃夹子，玻璃罐头瓶，洗涤网

时间：秋季，时长大约15分钟

（1）自然界中有很多能发泡的物质，其中很多在过去和现在都被作为肥皂的替代品使用。欧洲七叶树中就含有丰富的所谓皂苷。在第一次世界大战期间，在当时的德意志帝国里七叶树就被用作肥皂的替代品，因为当时制造真正肥皂所需的油脂非常稀缺。此前，手工业者就曾用磨碎的七叶果实洗手。

（2）收集七叶树果实，并用核桃夹子夹开。硬壳下面就会露出或多或少受到些伤害的白色果肉。取一些出来磨碎，放进干净的玻璃罐子，注入一些水，拧紧盖子使劲摇晃，液体泛起一些泡沫来。

（3）我们曾有一次用磨碎的七叶树树籽代替洗衣粉。我们选了十个剥皮并粗略磨碎的树籽，并放进一个洗涤袋里（用一只厚实的并在开口处打结的丝袜也可以），放进了洗衣机里。不过我和妻子对结果意见很不一致。我觉得洗涤结果好得让人惊讶，可我妻子却认为只洗干净了“一点点”。

24. 路边生长的肥皂

物质和物品：肥皂草（石碱草），小刀，菜板，料理棒和料理杯（一种深杯，也可以用量杯代替）。注意：未成年人请寻求成人帮助或者请家长演示一下怎么使用

时间：5分钟

（1）过去人们把肥皂草当作洗衣草，这种植物虽然并不少见，可是如果没有植物学知识或者没有熟悉植物的人（比如生物学教师）的指导，人们很难找到它。这种草主要长在路边或者瓦砾堆里，七八月开花时最容易找到。网上能买到晾干的肥皂草，也有些花匠会种植肥皂草。

（2）拔起一整株肥皂草，在厨房里洗干净并把根剪切下来。切碎叶子并打湿，放在手掌中间来回搓，就像打肥皂一样。肥皂草果然名副其实！但我们不推荐用肥皂草叶子来洗手，因为它还会把手染绿。用根会更好，如果你把它洗干净，切碎并加水再用料理棒把它打成浆状，就会出现白色泡沫。在过去，肥皂草的根最适宜做洗涤剂。当然今天已经没人这么做了，但它还有其他用途。

肥皂草
（*Saponaria officinalis*）

（3）因为肥皂草会产生泡沫，它还能在厨房的某些地方派上用场。在土耳其，人们就把它作为助溶剂（乳化剂），把通常不能互溶的油与水混合起来。据说直到今天，土耳其甜点哈尔瓦（Halva）配方中还有肥皂草。而我们厨房中的助溶剂已经用蛋黄或者大豆卵磷脂来代替了。

（4）能起泡的皂苷对植物有什么用呢？我们还不清楚。植物肯定没有想过要为人类的清洁事业做贡献。也许植物中的皂苷对很多动物都有毒，但对人类几乎无害。

25. 草木灰和灰碱水

物品和物质：木炭，烧烤架，筛子，锅，能密闭的大瓶子（比如果汁瓶），防水记号笔，带有合适滤纸的咖啡过滤器，**护目镜**

时间：两个小时

（1）在过去，木灰是一种用于清洁织物、生产玻璃和其他多种产品的重要材料。

（2）你可以将木炭（煤炭常常含有有毒的重金属）燃烧后冷却的灰烬过滤并放入锅中，倒入热水。将混合物长时间放置，然后用滤纸过滤混合液并收集到瓶子里，用记号笔写上“灰碱水”。

（3）如果你让灰碱水流过你的手，会感到肥皂一般的滑腻感。它尝起来也有碱的味道，如果你想尝试一下的话：将一汤匙灰碱水倒进装满水的杯子，把手指伸进去蘸一下，再轻轻地用手指把液体抹一点在舌头上。这种稀释过的碱液是无害的。但万万不能喝下浓缩的灰碱水！

（4）如果眼睛沾上了木灰或是灰碱水，请立刻在水龙头下用温水冲洗（睁开的）眼睛！

（5）山毛榉木烧制的灰烬中含有1/3—2/3的碳酸钾，人们也称之为钾碱。剩下部分含有硫酸钾、氯化钾以及苏打（碳酸钠）。过去还有人会不计成本地清洗灰烬，方法是让其结晶，之后在炉子里烧灼成赤红色。烧灰也就成了林区广为流传的手工艺。

（6）燃烧草本植物会比燃烧木柴获得更多灰烬，过去人们常用蒿属植物来作为烧草木灰的原料。人们有意种植这类植物，并在收获后烧掉。当人们焚烧生长在海里的植物，则会相应获得海藻灰，这是一种明显不同的灰烬，也被叫作苏打，其中主要成分是碳酸钠。

（7）如果你把一些灰碱水倒入密封罐头瓶，再滴一滴橄榄油，盖好盖子，使劲摇晃，就会出现一种乳浊液。在碱液的帮助下，油能更好地和水互溶。另外，草木灰的洁净作用早已闻名，这可是过去的名牌洗衣粉。作为对照，你也可以用普通自来水和油滴混匀，你会发现油水很快又会分离。灰碱水还能用于防治害虫，比如那些隐藏在织物中的害虫，如蛀虫和蚜虫。

（8）木灰也被用作肥料。但只有未经化学处理的木料烧出的灰烬才是无毒的。过去人们焚烧一些有彩色油漆的木料。而过去的油漆和木材的保护剂都含有有毒重金属，比如铅。

这些毒素便会随着草木灰来到土壤里，直到今天还常常被检测出来。煤炭燃烧后的灰烬也含有重金属，因此只能被当作不可回收垃圾。

（9）说起碱液，人们自然而然会想到适宜洗涤的多数有刺激性和腐蚀性的液体（比如肥皂液）以及溶解纯化后的草木灰的水。在化学中，人们则用碱液来描述能使紫甘蓝汁变绿、石蕊溶液变蓝，并能和酸反应生成盐的液体。

26. 生石灰和石灰水

物质和物品：你去海边度假时收集的大贝壳，花园中找到的大蜗牛壳（罗马蜗牛或庭院蜗牛的空壳），这些也可以在水产商店中买到，榛子般大小的大理石或石灰石，水，木炭，烧烤炉，大的宽口玻璃瓶（果汁瓶），**护目镜**，一次性乳胶手套

时间：1—2小时

（1）如果你不善于摆弄烧烤炉，请找人指导或者寻求帮助。不管怎样，在火热的烧烤炉边得非常小心。

（2）明媚的夏日，当你去户外烤香肠的时候，可以用钳子把烤肉架移开。把贝壳或石灰石放在烧红的木炭上，再用火钳在它们上面放几块烧红的木炭，然后再覆盖一层新鲜的木炭。小心飞溅的火花！现在打开烧烤炉上的所有风门，让整个炉子烧得通红，直到所有木炭都烧成灰为止。

（3）等到灰烬完全冷却，戴上手套把其中的物品取出来。贝壳和石灰石都变得易碎，且成为白色。戴上护目镜！把它们放进一个瓷碗或陶质大盘里，往里面滴一点（只需一点）水。石头和贝壳会变得有“生命”：它们嘶嘶作响并冒出蒸气，如同火山般裂开。过去的泥水匠会说：“石灰成熟了。”火改变了石灰石的性质，烧制后的石灰（生石灰）对皮肤没有特别大的腐蚀性，但如果落到眼睛里就非常危险。所以千万不要用摸过生石灰的手去揉眼睛！再说一点：万一生石灰、草木灰或由此制取的碱液进了眼睛，请立即在自来水龙头下用大量流动清水冲洗！如果烧灼感没有消失，必须赶快去找医生！

（4）烧制的石灰石从哪里获得了如此暴烈的脾性？过去人们认为它们自身蕴含火。我们现在知道，碳酸钙（石灰石）燃

烧后成为生石灰（氧化钙），而生石灰溶解在水中又变成了熟石灰（氢氧化钙）。

（5）用水浇后生石灰会变得非常活泼。如果你把它和沙子混合后再多加入一些水，你就得到了石灰沙浆（一份石灰，三份沙子）。这是一种可塑物质，并且会慢慢固化。烧制后并溶于水的石灰会渐渐又变回石灰石，甚至变为坚硬的石头。人们可以用石灰沙浆黏合砖石，也能用来抹墙。白色生石灰也可用作涂料，德国人会在生石灰中加入一些夸克奶酪来粉刷墙壁。

（6）用勺子将磨碎的生石灰放入一个装有大约3/4水的宽口玻璃瓶中。一开始瓶中会形成乳状混合液，然后由于石灰沉淀而变得澄清。封好瓶口并用记号笔做好标记。

（7）把石灰水倒进杯里，小心地通过一根吸管往里面吹气。澄清的液体又会变浑浊。这是因为你呼出的二氧化碳溶于水后，能将溶解在其中的钙质再次转化为普通石灰石。

（8）正如我们已经讲过的，古时日耳曼人和凯尔特人都曾用石灰水把头发漂成金黄。常常使用石灰水能使他们的金发颜色变得更浅，同时还会如干草般蓬松。一位罗马人用半惊奇半嘲讽的语气把它描述为“野马的鬃毛”。现在也能在朋克式的理发店里染出这样的头发。古日耳曼人特别愿意这么做，尤其当他们对敌作战的时候。南部地区的人也很珍视生石灰。黑色头发用石灰水处理后就会成为红色。几个世纪以来新几内亚人都这样做，直到传教士们禁止了他们。这项禁令实在不明智，要知道石灰水染发不仅具有美学意义，而且也有卫生功能：它能杀死虱子之类生长在头发中的寄生虫。

27. 古代日耳曼和凯尔特人的肥皂

物质和物品：灰碱水和石灰水（见上一则实验），橄榄油，蒸馏水，能盖紧盖子的玻璃瓶，**护目镜**

时间：5分钟

（1）戴好护目镜。往罐头瓶里倒入大约半瓶灰碱水，再倒入大约半瓶的石灰水。这样会出现白色沉淀。注意不要让液体溅入眼睛！要是你即使采用了安全措施，还不小心溅到眼睛里，请立即用水龙头里流出的清水冲洗，如果烧灼感没有消除，赶紧找医生。如果有小滴落到皮肤上，也必须马上清除掉。

（2）往瓶子里滴入一两滴橄榄油，拧紧瓶盖并摇晃，然后就会出现泡沫。这并不奇怪，肥皂形成时总会出现泡沫。如果你加热瓶子或者用更多原料，泡沫会更多。本书并不涉及真正的肥皂生产。这里只介绍这种现象。

（3）有趣的是，把橄榄油分别滴进纯灰碱水或纯石灰水里，都不会出现泡沫，只有两者混合物才能在橄榄油的作用下部分转变成肥皂。因为在灰碱水中加入石灰水能使灰碱水

“苛化”，正如过去人们所说，让灰碱水烧起来。这样的混合物中能产生石灰，即白色沉淀，还有苛性碱（KOH），一种非常强烈的碱。

（4）实际上人们过去就用这种方法制作肥皂。人们把草木灰和生石灰混合起来，并让水从中流过。这样得到的碱液浓度很高，只有当浓到能浮起鸡蛋时，才能用于肥皂生产。得到的是一种液态肥皂，即钾皂。如果要获取普通肥皂，还需要再添加食盐。人们把这一过程叫作“盐析”。这样能生产出漂浮在浑浊液上方的固态肥皂，再分离开来，这就是所谓的钠皂。

（5）“肥皂（Seife）”一词在世界各地有不同变体（如savon，soap，sabão等），正如我在前面提到的，它们都来自日耳曼语。这也是古老日耳曼人发明肥皂的一个证据，但人们往往不相信这点。日耳曼人生产的是钾皂，一种液态肥皂，因为他们常居住在丛林地区或丛林附近，也因此常用碳酸钾（草木灰）。德语口语中用“Siff”一词来描述液滴状的脏东西，这看上去意义与Seife（肥皂）完全相反。实际上这两者非常接近，因为日耳曼人用Siff和Seife描述黏性的液滴状物质。实际上这两个单词起源接近，从它们的词形上就可以轻易看出这一点。凯尔特人则相反，他们居住在海岸边，常常把干燥海草或其他海岸植物烧成灰使用，因此制造出了固态肥皂。这样的草灰富含碳酸钠，即苏打。

28. 搅拌蛋黄酱

物质和物品：150毫升至200毫升色拉油，一个生鸡蛋，一小撮盐，一茶匙黄芥末，料理棒，较深的容器

时间：5分钟。最好来点薯条，这样你马上就能蘸着蛋黄酱吃了

（1）蛋黄里有一种叫作卵磷脂的物质，它和肥皂作用相似，能结合水与油。卵磷脂的优势在于没有肥皂那种令人恶心的味道。因此人们喜欢在厨房里用蛋黄帮助水油混合。而蛋清含有蛋白质，也可以作为助溶剂。

（2）在一个较深的容器中倒入色拉油，打一个鸡蛋进去（你也不必分离蛋黄，可以把整个鸡蛋打进去），加入一小撮盐，还有一茶匙黄芥末。

（3）现在你把料理棒伸进容器里进行搅拌，然后慢慢地提起来，完成！未成年人如果不能熟练使用料理棒，请向家长寻求帮助。千万不要把手指放在还在转动的料理棒刀口下面，你可能会严重受伤！

（4）蛋黄酱可是炸薯条的绝配。蛋黄酱必须新鲜食用，不能在冰箱里长时间保存，因为它很快就会变质。你也可以在里面加入些芳香植物或大蒜调味。

29. 油脂清洁剂

物质和物品：护肤霜

（1）我们通常把护肤霜作为一种护理产品使用。其实它们也可以用作清洁剂。

（2）如果你在修自行车时弄得满手都是乌黑的油污，你尝试用水和肥皂来清洗，这很费劲。你可以试试用护肤霜或浴液！把护肤霜倒在脏手上，使劲搓揉，再用毛巾或厨房吸水纸擦干净。

（3）护肤霜中所含有的脂肪能清除油污。而水无法溶解油污，或者在有肥皂作为溶解介质时可以少量溶解一些。你也能用黄油或橄榄油代替护肤霜。不过这种方法不适用于纺织品，因为虽然油脂能去污，可它自身也会在纺织品上留下油迹。

30. 大肥皂泡

物质和物品：4升蒸馏水，300克糖，餐具洗涤剂（450毫升），6勺食盐，4勺甘油（药店有售），扎花用铁丝或者铁丝晾衣架，老虎钳，长长的棉质白色鞋带（150厘米）

时间：40分钟

（1）有很多种吹出大肥皂泡的方法。下面介绍的这种是据我所知最便宜也最简单的一种，由数学教育家马丁·克拉梅尔发明。

（2）先把糖和盐溶解进水里，然后加入洗涤剂，最后加入甘油。我承认甘油是一种化学试剂，但它完全无毒害，和其他常用成分（比如玉米糖浆和墙纸糨糊）相比，甘油便宜得多，而且更容易获得。

（3）让这些成分静置数小时，期间不时搅拌一下。做一个用来吹肥皂泡的圆圈，一个圆圆的金属环可不够，因为皂液不能很好地附着在光滑的铁丝上。将白鞋带的两端剪掉，把铁丝穿进鞋带管中。再用钳子调整好铁丝，弯成一个环形。

（4）大肥皂泡不是吹出来，而是拉出来的。把液体放进一个干净的尽可能大的碗里或大桶里，再把铁丝环浸进去。

提起铁环，在空中划过——这样将拉出一个大肥皂泡，而且可以保持很长时间。注意，肥皂液完成之后不要再继续搅动，一旦肥皂液起泡了，就拉不出完美的泡泡了！你可以想象，一旦弄脏了这些液体，也不会有什么好处。

小贴士：这个实验很适合生日聚会和儿童节。不过得预先试验一下！

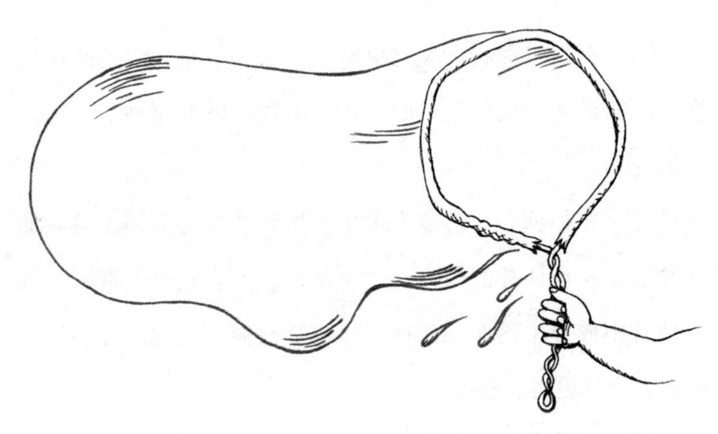

实验30：大肥皂泡

31. 制造醋酸

物质和物品：未经过滤的醋（在生态产品店或者绿色食品店可以买到），雪莉酒（或者其他含酒精饮品，比如葡萄酒、苹果酒，但不能是利口酒或白酒这样的高度酒），玻璃罐头瓶，尼龙丝袜，橡胶圈

时间：准备只需要几分钟，酿醋则需要几周时间

（1）醋是古希腊时代人们已知的唯一一种酸。而现代化学所用的矿物强酸，如硫酸、盐酸和硝酸则是通过炼金术发现的，古希腊和古罗马人对此一无所知。醋从过去到现在都有多方面用途。人们知道醋能溶解石灰，也能腐蚀一些金属，因此就把它当作洗涤剂使用。但人们主要还是将醋当作一种饮品。过去，饮用水常常受到病菌污染，而醋能杀死很多病菌。罗马士兵虽然还不清楚细菌是什么，但携带的常常是醋水，而不是清水。

（2）把酒精饮品敞放在空气中就会自然生成醋，但如果把葡萄酒倒在杯子里就等着产生醋绝对不可行。虽然很多现代实验手册中都描述了这种“实验”，但其实都不能成功。葡

萄酒中所含的酒精浓度常常过高，而且葡萄酒制造过程中也会将制造醋的细菌去除掉。只有未经过滤和处理的葡萄酒才能放置生成醋。

（3）有很多售卖的醋从生物学角度而言是“死”的。因为其制作过程必须保证其中不再生长细菌，也不能含醋酸菌。因此请尝试购买未经过滤和处理的生态醋。

（4）在玻璃罐头瓶里装约1/3的生态醋，加入一勺雪莉酒。用尼龙丝袜封住整个瓶口，并用橡胶圈扎紧。你也可以用一张医用纱布代替丝袜。当然，你完全可以把混合了雪莉酒的醋敞开放置，不过一定会招来小飞虫，这些飞虫迟早会浮满液体表面。这也是使用丝袜或纱布的原因。配置好后请把瓶子放在温暖的地方。

（5）一星期以后你可以在容器上看出一些条纹，两周后就能看到容器液面漂浮着一层封闭的黏滑状的东西。这些就是醋母。实际上这是一种醋酸菌通过凝胶连接起来而构成的大型菌落。现在可以每过几天就往里面加一勺雪莉酒了，当然还要时不时加入矿泉水（不要用含二氧化碳的气泡水）。醋母能立即消化酒精并生产醋。你也可以使用醋母把其他酒精饮料变成醋。它们将在醋酸液体中越来越强！但一次只能加一点酒精，否则细菌会死掉！

（6）大约两个月后，你就可以收获自酿醋了。用一个筛子小心过滤并灌装进瓶子里。你也可以在里面放进一些百里香或迷迭香枝条提升它的口感。

（7）酿醋需要空气。如果把玻璃瓶彻底密封起来，就不会产生醋了！这样的规则也适用于其他反应。比如敞开放置的牛奶，只要你不处理它就会变酸。如果把牛奶密封，它就只会变质。类似的，空气能让硫黄变酸，因为燃烧硫黄会产生酸性很强的气体。木炭燃烧也产生酸性气体，即二氧化碳。

（8）正如我已经写过的，法国化学家拉瓦锡从这些现象中总结出，空气燃烧中所用到的那部分，正是使得酸获得酸性的物质。他因此把它命名为氧[1]。研究还表明，实际上很多酸都含有氧元素，而且含氧量越高酸性越强。因此拉瓦锡的酸素理论曾被认为具有普遍性。但也有非常多含氧化合物尝起来既没有酸味，也完全不显示酸的性质——水就是最好的例子。水中超过80%的重量是氧元素，而它一点也不酸。同样也有很多完全不含氧的强酸，最著名的例子就是盐酸（HCl）。因此“酸素”一词严格意义上来说已经过时。人们依然这样命名只不过是约定俗成罢了。

1　在德语中，氧（Sauerstoff）直译即为酸素。旧时中文也曾翻译为酸素。——译注

32. 蚁酸

物质和物品：蚁穴（红蚂蚁），太阳镜，手巾

时间：夏季

地点：森林里

（1）你下次路过蚁穴时，把一副太阳镜放在洞口上。蚂蚁会把它当作敌人并朝它喷液体，如果你仔细观察太阳镜，还能看到喷出的液体的痕迹。

（2）太阳镜闻起来味道刺鼻且有酸味：蚂蚁分泌出的液体的主要成分就是蚁酸。用手指蘸一下并小心尝一尝，味道非常酸。最后用软布把太阳镜擦干净。

（3）过去人们大量采集蚂蚁，用文火蒸馏的方式生产蚁酸——动物保护运动在那时尚未兴起。人们再往蚁酸里加入一些油，就可以内服和外用。法国科学家雷奥米尔首次将蚂蚁养在盒子里，并科学观察和记录了蚂蚁群落。他的马夫还曾经为了治疗生病的马，铲起蚁巢，把蚂蚁扔进一桶水搅匀了给马喝。马喝了水以后就痊愈了。和其他多数酸以及源于醋酸衍生物的酸性物质一样，蚁酸对人也有疗效。从19世纪

开始，蚁酸就作为一种独立的物质进行售卖了。

（4）今天，蚁酸仍被用作治疗风湿病的药物。此外，皮革业和纺织业也用到大量蚁酸。巴斯夫公司以255000吨的年产量成为全球蚁酸市场的领头羊。如果以古法生产蚁酸，1000克蚂蚁中能提取出大约500克蚁酸。巴斯夫要达到如此产量，每年就得消耗全球蚂蚁重量的1%，据估计全球所有蚂蚁总重量约5000万吨。这样可得让路德维希港痒个不停了！[1]

（5）好在后来人们不再用活蚂蚁，而是根据法国化学家马赛兰·贝特洛发明的方法，用一氧化碳来生产蚁酸。今天我们采用的是该方法的改进形式。人们从化石原料焦炭中获取一氧化碳。这又是一个化学产品比自然产品对环境和动物更加友好的例子！

1 德国化工巨头巴斯夫的总部位于路德维希港。——译注

33. 指示剂

物质和物品：一棵紫甘蓝，柠檬，肥皂，菜刀，咖啡滤纸

时间：5分钟

（1）人们早已发现用舌头尝起来酸酸的物质能使特定植物色素变红。瑞典化学家托尔贝恩·贝里曼（1735—1784）是最早系统使用紫罗兰以及其他有色植物来指示酸性的科学家之一。它们遇到酸会显示红色。紫罗兰不容易找到，因此我们使用紫甘蓝。

（2）从紫甘蓝中取下几片叶子尽量切碎，也可以用料理棒来搅碎。把菜叶浆和半杯水混合，并使混合物静置半小时。再用咖啡滤纸过滤混合液，你就得到了一种紫色溶液。

（3）如果把酸滴进去（比如柠檬），溶液会变红；如果滴进碱液（比如肥皂），它就会变绿。

34. 制造博洛尼亚磷光石 ★

物质和物品：重晶石（硫酸钡矿石，可以在矿石收集店或者网店里购买，只要豆子大小就够了），或者用硫酸钡代替（可以从药店买5克），烧烤用木炭，烧烤用助燃器（烧烤季时几欧元就可以买到），扁平的石头（用于放置助燃器，也可以用大的瓷砖），没有上釉的陶质小花盆（装上重晶石或硫酸钡以后还能再装入一些木炭就够大了），紫外线灯（蓝色LED）。注意，不要直视紫外线灯！

时间：烧烤季，未成年人请在家长协助下进行该实验

地点：实验必须在室外进行，但需要一间暗房（比如地下室）来观察结果

（1）博洛尼亚磷光石是炼金术时代最有名的发出磷光的化合物之一。它最早由意大利炼金术士们从博洛尼亚附近出产的重晶石中制造出来。现在可以网购，也能在矿石商店或者矿物博览会上购买到重晶石。

（2）把重晶石和一些小块的木炭一起放进花盆（也可以把硫酸钡和大约等量木炭混合起来，并把混合物倒进花盆）。在烧烤助燃器里先垫一些木炭，把花盆半斜着放在上面，再用一些木炭覆盖住花盆。

（3）把助燃器拿到户外，平稳放置在石头上点燃。让木炭完全燃烧，冷却后把花盆拿出来。重晶石会碎成粉末状，闻起来还有些腐臭味。不要直接抓取粉末，而是把它们倒入一个玻璃罐头瓶，上面标记上“博洛尼亚磷光石（硫化钡）”。这个过程中释放出的气体是有毒的硫化氢，不过所产生的气体量很少，不足以危害人体。烧制重晶石的小花盆则可以扔进垃圾桶了。

（4）如果把粉末放到阳光下曝晒之后再拿到黑暗的地下室，你会发现粉末呈现出橙红色。更简单的方法是在地下室里直接用紫外线灯照射它。对炼金术士而言，这种美丽的晶体状石头在火中死去，分解了。因为“死去”，所以闻上去有腐烂的味道，但火同时激发了它们更高层次的“生命”，以一种超越俗世的方式闪亮着。重晶石在炼金术士的引领下成为更高级的存在，它们能吸收阳光，更加接近太阳。磷光石早在16世纪就引起了轰动。它也常常和黏合剂混合成为一种黏土，人们再把这种黏土做成雕像出售。

（5）诗人歌德前往意大利旅行时就曾专门绕道去了博洛尼亚附近的山区。在那里歌德为自己的藏品又增加了好几千克重晶石，并带回了德国。在德国黑森州韦特劳地区采石场里也能找到重晶石。它使沙子显露出美丽的玫红色。

（6）灼烧过的重晶石有低毒性，不应该把它直接扔掉或从下水道冲走。如果你不想再留着它们了，可以把它和存放的玻璃瓶一起扔进不可回收垃圾的箱子。

（7）除了博洛尼亚磷光石之外，还有其他磷光化合物，比如巴尔都英磷光石，这是由白垩土和硝酸制成的。在对这些磷光石进行研究的过程中，自然哲学家约翰·亨里奇·舒尔兹在1719年偶然地发现了硝酸银的光敏特性，并拍摄了第一张照片。

（8）磷光石（Phosphor）源于希腊语，意为“光明使者”。古人认为，能在夜晚发光的东西，能吸附光或者能储存光明。因为光来自太阳，而人类又把太阳和黄金联系起来，于是人们觉得，磷光石是点石成金的重要一步。

35. 发光的木材

物质和物品：小铁铲，小刀，菌类鉴定手册

时间和地点：秋季，树林里

（1）发光木材其实并不罕见，只是人们得知道在哪里可以找到它们。最简单的方法是在秋季寻找一种特定的菌，即密环菌生长的地方。你可以在很多大树树干上找到它，而且不难识别。密环菌从黑色的菌丝体上生长出来。

（2）如果你找到了长着密环菌的树桩，也就发现了发光

密环菌
（*Armillaria mellea*）

木材。把树桩周围的土挖起来，一直挖到根部为止。根部尚未腐烂的部分往往发光效果更好。用小刀切下一些或薄或厚的根部小木片带回家。最好从不同部位都取一些，并挑那些浅色的表面完好的木头，已经变成棕色或看上去灰色的腐烂部分不会发光!

（3）你只能在完全黑暗中才能看见木片发光。这是一种由菌类带来的微弱的绿色的光。萤火虫发出的光更亮，过去人们会捕捉萤火虫来制作夜光墨水。

36. 从堆肥土中制硝 ★

物质和物品：堆肥土，两个桶，筛子，咖啡滤纸，锅，盘子，硝酸盐测试试纸（水族商店有售），干净的玻璃罐头瓶，纸

时间：两年（堆肥所用时间），一小时（从泥土中提取并制成含硝酸盐液体，这一步是主要步骤），八周（结晶出硝酸盐的时间）

（1）制硝工曾负责为领主制造硝石。为此，他们会在地窖或者马厩墙壁上刮下结出的硝来，也可以从含有硝酸盐的土壤中提取出硝石。

（2）如果你在地窖、马厩墙上或者山洞岩壁上发现了白色毛状薄层，可以收集起来。把一个小畚箕、一张纸板或者纸放在下方，再用另一张纸片、刷子或毛笔（不行用手指也可以）把它们刮下来。把这些物品保存在做好标记的瓶子里。它本身不可燃，但如果量大则可助燃。你下次烧烤时可以试试它是不是真硝石，往烧红的木炭上倒上大约半茶匙，如果出现火星或闪闪发亮，说明就是硝石。这种硝石是硝酸钙，也被称为墙硝。制硝工会尝尝这种物质，真正的硝石口感冰凉。实际上即使到了今天，运动医学等领域用到的制冷袋里

还含有它们。

（3）从堆肥土中可以提取硝石。为了这个实验你需要熟化的堆肥土，最好是取自防雨的堆肥箱中的堆肥土。从家畜圈栏里取一些泥土（可以是旧鸡舍也可以是猪圈。注意，要泥土不要粪便！）也很好用。如果你不能找到这些，也可以用露天的堆肥土来做实验。

（4）晴天时挖取一大桶（12升）肥厚的黑色堆肥土，在草地或花圃上摊开晾晒2—3个小时。目的是让堆肥土中还活着的小生命，比如蚯蚓能抓住机会赶紧逃命。

（5）再次把泥土铲回桶里，灌进热水淹没泥土，浸泡几小时。

（6）把桶里的水通过筛子过滤，倒进第二个桶里。静置数天，直到其中的污物沉淀到底部。再用咖啡滤纸来过滤溶液，之后倒入一口锅里，尽量不要有沉淀物，否则还得再过滤一次。

（7）小火慢熬，直到锅中的溶液体积只剩下开始时的1/4为止，把溶液倒进玻璃碟子或者扁平盘子里。

（8）即使你已经过滤过，溶液看上去还是棕色的。真正的制硝工不会满足于这样的颜色，他想得到白色物质。这时，他会如同人们对浑浊肉汤所做的那样，往混合液里加入一些蛋白或者血液来澄清溶液。蛋白或者血液凝固会带走一部分

脏东西，剩下清亮的牛肉汤或硝石汤。不过我们只想尽快看到结果，不用这么精益求精。真正的制硝者还会不停熬煮，直到食盐晶体沉积下来，然后再把食盐晶体撇掉。我们可以简化这步，对我们而言，把所有东西都结晶出来更有趣。

（9）把一部分硝石汤倒进浅盘里，再把盘子放进偏僻房间，比如地下室，或者一个不容易进入的场所，这样就不会有人看到并想去尝尝这种棕色液体了。我们希望看到从中析出硝石晶体。四到八周以后，析出的硝石晶体闪闪发光，如同一张网罩在从泥泞中析出的沉积物上。在硝石晶体的旁边你还能看到立方体的食盐晶体。

（10）你可以在烧烤架上再测试一下这种长针状的晶体。等木炭烧得通红时，轻轻刮下一些晶体撒在木炭上。在晶体落下的地方，木炭会嘶嘶作响，还会明显变亮。

（11）这些硝石，即墙硝，可以用于制造火药。因为它吸收水分会让火药受潮，所以只适用于制造质量下乘的火药。如果你把这些晶体放置在潮湿处，就能证实这一点：晶体会很快潮解。硝酸钾则更为适合制作高质火药，直到今天它还用于配制黑火药。硝酸钾就是火药中所用的钾硝石，不会受潮。

（12）过去的制硝者为了将墙硝（硝酸钙）转化为火药用硝石（硝酸钾），会在硝石汤中再加入草木灰水。从化学角度而言，灰碱水就是碳酸钾，它与硝酸钙反应生成硝酸钾和石灰，后者使溶液变得明显浑浊，并能通过过滤去除。如果你正好有一些草木灰（或苏打，即碳酸钠也可以），也可以尝试一下。

（13）硝石的德语名Salpeter源于拉丁语*Sal petrae*，意为来自石头或岩石的盐。硝酸是一种强酸，可以通过干馏硝石获得，这个过程中也可加入明矾。这就是炼金术士们著名的“分离水”，因为硝酸能溶解银，但不能溶解金，这样就能分离这两种贵金属了。

37. 从液体肥料中提取硝石

物质和物品：液体肥料（花市里能买到），深盘子，镊子，烧烤炉

时间：一周

（1）液体肥料总含有硝，常常以硝酸铵的形式存在。把一勺肥料放进平坦的碗或者盘子里，并放置到一个小孩和宠物都够不着的地方静置。液肥对植物很好，对人可就不大好了。

（2）一段时间以后，液体中就会出现结晶。尽管溶液看起来是一个整体，但你能从中发现完全不同的晶体。随着时间的流逝，同种类的物质会聚集在一起。这些晶体中的一部分是长针状，那就是硝酸盐。在液体干掉以前用镊子把它们夹出来，用纸吸干。

（3）在下次烧烤晚会上，当烤肉已经就绪，大家吃饱喝足以后，你可以将晶体撒到烧红的木炭上。小心火星！晶体会熔化，炭火会噼啪作响。

（4）液肥中有不同的物质混合在一起。它们被称为盐，因为能结成晶体并且尝起来往往是咸的。不过你别去品尝，

因为人们无法清楚知道，液肥中到底隐藏着什么东西。让液肥中的这些盐分渐渐集中并形成晶体，这样人们就能将这些物质相互分离了。化学中常常用到这种操作方法。

38. 从小鞭炮中制硝

物质和物品：5—10个小鞭炮，蒸馏水，扁平的碗或盘子（最好用培养皿）

时间：新年期间

（1）只在过年前几天才开始出售的小鞭炮，和所有其他新年烟花一样都含有黑火药。你把四到五个小鞭炮和它的引火线一起放在垫盘上（最好是深色的），再用少量蒸馏水浸泡，以刚好淹没它们为佳，然后放置数周。水能溶解硝酸盐，并透过鞭炮纸质外壁渗透进去，这样就把硝提取出来了。最后把水分蒸发干。

（2）硝酸盐长针状的透明晶体就会出现。剩下的鞭炮可以扔进垃圾堆了。

39. 思维游戏：黑火药究竟是祸还是福?

古希腊和古罗马人还不知道黑火药为何物的时候，中国人就发明了它。在中世纪晚期，可能通过蒙古大军的传播，欧洲人才获得了黑火药。

黑火药以及与之相应的远程武器（火枪、手枪、步枪，还有加农炮）终结了骑士时代。钢铁盔甲面对子弹束手无策，正如骑士城堡面对加农炮弹的轰击时一样。再后来，火药与火器在征服新世界时起到决定性作用。因此很容易理解，为什么几乎所有军事作家都充满热情地宣传这种物质，即使他们心知肚明，它实在是一种邪恶的东西。

即使这玩意儿让人闻风丧胆，意大利人万诺乔·比林古乔（约1430—1537）仍然盛赞它是一种“伟大的、无可比拟的发明”，“哪怕它是受魔鬼影响或者通过偶然事件得以发明”。比林古乔坚信，绝不可能是一位善良的神把火药交到人的手里。在使用这种毫不起眼的粉末时，他继续描述道：“如此可怕和恐怖的景象，就像经受了强大闪电和剧烈地震一样。”人们可以“毫不费力地推倒”宏伟的建筑；它能把连绵山峦的“内脏都翻腾搅乱”。这位意大利学者不无惊奇地总结道，黑火药的威力可以毫无例外地摧毁一切，或者至少造成重创。只有极少学者藐视火药，比如马丁·路德就把它当作胆小鬼的玩意儿。因为人们用火器战斗时无须面对对手，甚至都不用看到敌人就能远远开火了。

40. 硝化纤维

物质和物品：赛璐珞制成的乒乓球（乒乓球包装上会标注成分），打火机，扁平的石头或者瓷砖（作为底垫），**护目镜**

时间：5分钟，傍晚或晚上

地点：室外

（1）赛璐珞早晚会从欧洲消失，因为它被看作必须替代掉的危险品。赛璐珞会自燃。眼下只有乒乓球爱好者手里还会有赛璐珞制品了。

（2）把所有易燃物拿开，请注意穿棉质衣物，因为化纤衣服更易燃。如果你留长发，请在脑后扎起来。戴上护目镜！把赛璐珞制成的乒乓球放在室外的一块石头上，用打火机点燃，立即退后！

（3）乒乓球会燃起很高很明亮的火焰，但不冒烟。它的燃烧几乎不会留下残渣，气味还挺好闻，因为赛璐珞里面含有樟脑。如果闻起来味道不对，那就肯定不是赛璐珞而是某种替代物了。

（4）赛璐珞大约有70%由硝化纤维构成，而剩下部分是樟脑。硝化纤维在现代武器系统中常常用作推进剂，比如为

火箭炮提供巨大推动力。德国化学家克里斯蒂安·弗里德里希·尚班在1846年发明了硝化纤维。

41. 荨麻中的硝

物质和物品：荨麻，荨麻茶（在生态产品店或药店有售），手套（采摘荨麻时使用），料理棒和容器（也可以用菜刀），硝酸盐和亚硝酸盐测试试纸（水族商店有售）

时间：夏天，荨麻长大的时候。实验会持续几天，因为从荨麻汁中析出硝需要时间，但实验工作只需要几分钟

（1）硝酸盐试纸可以用来测量是否有溶解的硝酸盐。硝酸盐是硝的学名，亚硝酸盐则用来命名硝酸盐的变型。

（2）采摘一两株荨麻（戴上手套!），将它们放在水里用料理棒搅拌成绿色汁液（也可以用刀细细切碎）。用硝酸盐和亚硝酸盐试纸可以测出这种植物含有大量硝酸盐，也就是溶解在液体里的硝。这些硝是植物从土壤中吸收的。因此，荨麻不仅含有大量氮元素，而且还可以作为含硝丰富的土壤的指示植物（此外，荨麻茶中的硝酸盐含量也很高，每升超过50毫克，高于饮用水标准的许可值）。

（3）将制作好的荨麻液在阳光下或温暖的地方放置一两天，再用硝酸盐和亚硝酸盐试纸测试一次。和硝酸盐不同，亚硝酸盐对人类和很多动物都有剧毒。它是由细菌将植物中

所含有的硝酸盐转化，或者说还原而成的。荨麻中含有大量硝酸盐，通过光照变得含有很多亚硝酸盐了，因而也能作为很好的杀虫剂。

42. 向日葵中的硝

物质和物品：向日葵叶片，烧烤架

时间：几分钟

（1）采摘几片向日葵叶片，最好在早晨，然后烘干（可以放在烤箱中用80℃的温度烘烤，需要10—20分钟。你也可以把叶片放在温暖的地方晾干）。

（2）把干叶片放置在灼热的木炭上，刚开始会冒出很多烟，之后你就会（但愿会）看到一条嘶嘶作响的快速燃烧的红线啃噬叶片。这看上去有点像是燃烧的导火索。这里面起作用的物质也是一样的：向日葵含有很多硝酸盐，特别是早晨的时候。到了阳光灿烂的白天，植物就会利用这些硝酸盐生产出叶绿素。

43. 菠菜中的硝酸盐和亚硝酸盐

物质和物品：新鲜的或者速冻菠菜叶片，料理棒（也可以用刀）和容器，硝酸盐和亚硝酸盐试纸（水族用品店有售，在那里你也能买到可检测硝酸盐和亚硝酸盐的测量仪）

时间：两天

（1）加入少量水，用料理棒把菠菜叶打成浆，也可以用刀切碎。用试纸测量，你会发现这里面有大量硝酸盐。

（2）在温暖处或者阳光直射处放置两天，再重新测量。现在会生成很多亚硝酸盐。这些亚硝酸盐是通过在菠菜中活动的细菌转化硝酸盐而产生的。因此人们最好别把头天做好的菠菜留到第二天的餐桌上。当菠菜在温暖处长时间放置，在炉子上加热前细菌已经完成了从菠菜中生产出有毒的亚硝酸盐的过程。这样的菠菜有毒，特别是对小孩而言。要是立即把菠菜放进冰箱，就不会形成亚硝酸盐了，这是因为冰箱里的温度对细菌而言太低。通过检测你会发现，再次加热并不会让菠菜变得有毒性，而是长时间置于温暖处才会。

44. 柴油废气中的硝酸盐

物质和物品：硝酸盐和亚硝酸盐试纸（水族用品商店有售）

时间：几分钟

（1）把打湿的硝酸盐和亚硝酸盐试纸在柴油车排气管口放一会儿。注意不要吸入尾气！试纸上的条带显示出含有硝酸盐，有时候也有亚硝酸盐。其源头在于尾气中含有的大量氮氧化合物，当它们和水接触后就会形成硝酸（使硝酸盐试纸显色）或者亚硝酸（使亚硝酸盐试纸显色）。这样的尾气有毒。所有自行车骑手都很清楚尾气的典型味道。冬季这些氮氧化合物气体的气味尤为明显，因为它们在冷空气中停留时间更长。

（2）汽车所产生的这些氮氧化合物不仅对我们的健康有害，而且还会损害生态系统。为此人们在寻找不同措施以减少氮氧化合物的排放，比如在城市中限速以及建造更多更好的自行车道。

45. 小溪和小河中的硝

物质和物品：硝酸盐和亚硝酸盐试纸（水族用品商店有售）

时间：散步时

山间的溪水不含硝，自来水中也不应该检出硝。但如果小河和小溪流过农业用地后，富含硝酸盐的水便会渗入其中。这不仅能被测量出来，同时也产生了巨大的生态效应。污水会滋养藻类，虽然藻类一开始时会制造氧气，但死亡并腐烂时会耗尽水中的氧。大量硝酸盐滋养出的水藻会使得大片水域很快荒芜，不再适合其他生命生存。这就是化肥带来的生态问题：只有少部分化肥（大约30%）会被植物真正吸收和利用，其余的则渗入地下水中，流进溪流、小河以及湖泊，最终汇入大海。在水域中肥料依然有效，虽然少量生物能少量利用，却伤害了许多其他生物。

46. 微波炉里的闪电 ★

物质和物品：细石墨芯（铅笔中使用的，可以在文具店买到），沙子（沙坑里的沙子或者鸟用沙），大块的花盆底托（陶土质地的），干净的大玻璃罐头瓶，小瓷盘，硝酸和亚硝酸试纸，皮手套，微波炉

时间：10分钟

注意！这个实验会产生高温，还会在微波炉里出现非常明亮的、极为明显的电弧和电离闪光（不要直视它），还会产生有毒的刺激性气体（只能用手扇着闻闻，不能直接吸入！）。有必要的话，你得先问清楚微波炉是否能用于实验。未成年人进行该实验时需要成人协助。

（1）人们在雷雨天气会看到特别炫目的闪电。在雷击点附近幸存下来的人有时会描述说，他们闻到了一种有刺激性的特别味道，这是雷电留下的。闪电通过高温将空气中的氧和氮合成在一起，产生出氮氧化合物（汽车发动机中也会产生）。从化学家的视角来看，是空气燃烧了！燃烧的“灰烬”，即这种燃烧的产物就是硝化气体。这样的灰烬溶解于水，比

如溶进雨滴就形成了硝酸。不过这种酸非常稀薄，你无须担心在雷雨天气淋雨皮肤会被腐蚀。

（2）请掌握微波炉的使用方法。建议你用一根带有开关按钮的延长电源线连接微波炉，这样你就能在远处控制微波炉了。

（3）现在开始实验。先把微波炉中的转盘取出来，它会干扰实验。在陶质的花盆底托里盛上2—3厘米厚的沙子。把石墨笔芯掰成两截，再把两截都插进沙子里，要相互交叉并接触。把玻璃罐头瓶翻过来盖在相互交叉的石墨芯上，再把整个装置放到平坦的盘子上，然后把装置和盘子一起放进微波炉。这个盘子完全是一个安全措施，一旦装置裂开，盘子便能接住漏下的沙子，便于事后清理。

（4）关上微波炉门并把微波炉调到最高档（不是700瓦就是900瓦）。开机，你看看里面会发生什么。如果在两根石墨芯的接触点看到电火花或火焰，实验就成功了。现在马上关闭微波炉。如果你让火焰燃烧超过三四秒，玻璃有可能因高温而爆裂。在微波炉中突然出现的色彩华丽的电弧看上去很可怕。这个实验不适合神经脆弱的人！

（5）如果你在几秒内没有看到火焰，那就打开微波炉，调整一下盘子摆放的位置，再试一次。微波炉会产生不可见的电磁波，但并不是在每个地方都强度一致。人们如果用微波给一个很小很轻薄的物体加热，它可能被加热到极高温，但物体必须被放置在正确位置上。

（6）多数石墨芯都含有会燃烧并释放出焦臭味的黏合剂。这之后你才会看到电弧火焰。当你成功了，请再等几分钟，让所有东西都冷却下来。然后打开微波炉，一定要戴着手套拿起玻璃瓶！稍稍举起瓶子，把打湿的硝酸试纸放进去晃一晃。它会明显变色。这里面产生了以硝酸形式存在的硝。你如果小心翼翼地扇一些气体闻闻，能很清晰地辨别出这个味道。人们过去就是用电弧来生产硝酸，并且命名为伯克莱特·艾迪反应。但这只在电费便宜的地方才比较划得来。

（7）当你把冷却的石墨芯从沙子里拔出来时，常会发现在石墨芯的一侧或者两侧都会有根柱状的沙粒。这是因为石墨的高温使沙粒熔化，它们重又凝固后形成了中空的所谓闪电熔岩。人们能在沙丘和荒漠找到闪电熔岩，它们的体积可能会大得多。这是由雷击形成的。

（8）如果把微波炉开启更长时间，会怎样呢？电弧会烧穿沙子，并击穿陶质底托形成长长的闪电熔岩。这不仅会让陶瓷底托炸裂，还会使微波炉里撒满沙子。另外还产生大量有毒气体一氧化氮。因此实验时间只能非常短暂，并保证通风良好。

47. 淘金

物质和物品：橡胶靴子，小铲子，淘金盘（你也可以尝试用塑料质的大花盆底托，不过还是推荐网上可以买到的专业淘金盘），可封闭的装满水的小玻璃瓶，一把细刷子

时间：淘金需要个把小时

地点：含有沙金的河流或小溪，最好在夏天低水位的时候

（1）欧洲很多河流和小溪边的砾石中都含有黄金，这其中以上莱茵河出产的黄金最为出名。很多凯尔特人，以及后来的罗马人都在那里淘金，直到今天还有不少业余淘金者在那里活动。在有大石子的河边尝试淘金常常会有收获。在水流冲刷得凸起的砾石河床上淘金则大有希望。河湾的内侧也值得一试。细密的沙滩其实没有多少金子，虽然它们看上去很美。

（2）从小溪底部或者河床上挖起一铲子湿砾石，这就是原材料，我们的工作则是要把金子和石子、淤泥与沙子分开。为此你必须用水来摇晃和冲洗样品，使金子沉到底部，因为黄金的重量与沙土和砾石大不相同（1升水重1千克；1升金子，也就是10厘米边长的一块正方体大小的金子，重约20千

克！）。你可以用力地充分摇晃，使整个样品分层，而金子则会待在最底层。做法如下。

（3）在淘金盘中装入从小溪或小河中挖到的砾石，装至约3/4处即可。在流水处找到水深至少20厘米的地方。把装着石子的盘子没入水中，用力地侧向旋转着摇晃。摇晃时淘金盘必须一直浸没在水中。细密的泥土部分会随着流水漂走，较粗大的砾石则会转移到上层！这也被称为“巴西坚果效应”，因为较大的巴西坚果总会集中到坚果什锦盒的上层。摇晃的作用不是混匀，而是分离。该过程在水中发生得更快，因为水能降低摩擦力。

（4）在你通过水平摇晃将石子、沙子、淤泥、金子的混合物稍加分离以后，就可以着手去除不含金的成分了。首先是集中在顶部的砾石和粗沙。在水平方向摇晃几次之后，把盘子向前倾斜（如果你使用的是一个专业淘金盘，则让它朝有波纹的那面倾斜，波纹是斜面内切的，用以拦截住金子），再小心摇晃，这样使金子沉淀下去，而表面的砾石则被去除。你也可以用手轻轻地把砾石撇进水里，不过一次可别扔掉太多！时而如天平般上下摇晃盘子，时而再赶走一些石头，直到盘里只剩下一些沙子为止。应该始终让水漫过样品！

（5）这时盘里应该只剩下大约两勺沙子，有一两块石子儿还在里面问题也不大。这样的沙子一部分是重金属，比如铁化合物（磁铁矿），也可能会有深色的钛矿。

（6）最后一步：把装有沙子和3/4水的盘子竖起来。“浓缩物”会集中在倾斜的盘子的一角，这时再次水平摇晃。金子会沉到最深点。现在的任务就只剩下把金子从覆盖它的细密沙子中提取出来了。将盘子顺时针转动，可以让沙子在一定程度上分离开。金子开始显露出来。你可以轻轻抖动，用沙层表面激起的小浪花把细沙带走，金子则会以1—2毫米长的鳞片状显露出来。你能通过金黄色泽辨别出金子来（比如黄铁矿则是一种带着绿黑色污迹的黄色）。

（7）把金子放入一个装着水的透明小容器里，我推荐使用有旋钮瓶盖的瓶子。用毛刷把小金片刷起来并放进注有水的容器里，金子就会沉下去。

（8）如果你这样摇晃、抖动、淘洗以后，还是不能在盘子底部找到金子的话，你还可以仔细观察沉淀物。它们并非毫无价值。这里面往往会有很多黑色或红色的成分，多数是铁化合物，而且通常有磁性！里面还会有别的金属化合物。

48. 思维游戏：炼金

如果古代炼金术士们终于大功告成的话，又会发生什么？我们设想一下，如果在1500年就发现了真正的点金石，能把铅变成黄金，那又会出现什么情况？

我可以设想一下那个场面：这位炼金术士会很快落入某位侯爵、国王或皇帝的手中，他们会逼迫他用炼金术的秘密来改善国家经济，尤其是战争资金储备。人们将炼金术士锁进一间“金屋”，里面装有实验室和炉灶，再通过签订协议或使用暴力来胁迫他用低廉的铅制造金砖。

如此一来，曾经的稀罕之物变得唾手可得。那位侯爵、国王或皇帝一时之间风头无二，率领装备精良的军队作战，建起宏伟华丽的城堡，就像童话里那样，连城堡的屋顶都由纯金打造。很快，王国的下水道都不用铅，而用黄金浇筑，毕竟黄金已成为最便宜的材料。

其他领主自然不会等闲视之，也会削尖脑袋获取炼金秘方。要么是那位炼金师的助手，要么是炼金师本人，迟早会将秘密透露给其他有权势的人，于是他们也能让便宜的铅变成黄金。倏忽之间，黄金供应大大过剩，变得和铁一样便宜。人们再也不看重它了。

但这一切还会造成影响。大型商户很快会遭遇困境，甚至破产，因为他们持有的以黄金来计量的财富一夜之间化为乌有。世代珍藏的传家宝也变得一文不值。整个黄金产业将会崩溃。西班牙国王会推迟并最终放弃征服美洲的计划，而阿兹特克帝国[1]将会幸存下来，因为西班牙征服美洲的主要动机，即寻找黄金，已变得毫无意义。

最终建立在金本位制上的整个经济体系将会崩溃，因为最中心的价值尺度不复存在。混乱接踵而至。过去的穷人会富裕起来，而富人则变穷，曾经的领主们要捍卫自己的特权，内战一触即发。最后，经历一番流血与暴力冲突之后，新的政治和经济体系再次建立，但这之中已经不再有黄金的位置。

直到今天，黄金的神话还在继续，恰恰因为还没有出现任何能廉价生产黄金的工艺。很多昔日的珍贵物品都通过化学反应过程变成了寻常之物：靛蓝（即牛仔裤的颜料）、群青蓝、亮紫、硝石、橡胶、糖，这些曾经稀有的贵重的物品都可以廉价生产。它们再也不需要从遥远的国度进口。由此引发的政治和经济，常常还有生态学的变革，就和我刚才为黄金所做的假设毫无二致。

---

1 阿兹特克帝国是15世纪中美洲最大的帝国，位于今天墨西哥中部，形成了独特的阿兹特克文明。——编注

49. 倾听金属

物质和物品：一块泡沫橡胶（最好是波纹状泡沫，可以在网上买到），一把用来敲击的木勺子（或者木琴用的木质小槌，不要用金属物品来敲击），不锈钢、铝质、塑料和银质餐具（你也可以使用由不同金属制成的各种大型物品）

时间：5分钟

（1）把不锈钢、铝质和银质餐叉并排放置在泡沫橡胶上，相互之间不要碰到一起。当你用木勺子敲击时，它们会发出完全不同的声音。银质餐叉发出的声音最细腻。直到今天，银还经常被用于制作乐器。例如银质长笛的音色就比其他替代金属制成的更加细腻动听。

（2）你如果有各种不同物件，就可以用它们组成乐队了：大大小小的勺子或餐叉会发出高低不同的声音，你可以用它们来演奏完整的乐曲。即便如此，你也能很容易把它们区分开来，金属的音色很好辨别。

（3）你可以用木质品代替金属制品，肯定会出现完全不同的音色。尝试一下不同物质，甚至石头！它们都有独特的音色。

（4）泡沫橡胶就是发泡后的橡胶（生胶），今天常用其他物质来代替天然橡胶。如果使用的是来自树林的真正的天然橡胶，产品上会专门标注并提高售价。“天然乳胶床垫”可比普通的要贵得多！

50. 印第安炼金术

物质和物品：满满一把从树林中采集的酢浆草，蒸馏水，老旧的失去光泽的铜质硬币，一次性乳胶手套，小菜板，刀

时间：10分钟

（1）树林中常常长着一种很像苜蓿（三叶草）的植物，这就是酢浆草，它和草坪上的苜蓿没有亲缘关系[1]。酢浆草常常长成一整片，并且可以通过叶片中的酸味辨认出来。

（2）酢浆草含有草酸。大量的草酸有毒，不过尝一片叶子没关系。采集满满一把酢浆草，细细切碎（也可以用料理棒搅碎），直到它成为绿色浆汁。从里面取一两勺放在一边，实验步骤（5）中会用到。

（3）把旧铜币放在这种浆汁中，反复翻动并用手指摩擦和清洗硬币。进行这一步骤时你必须戴上乳胶手套！很快，硬币上的污垢消失，变得干干净净。草酸是一种强化学品，能立即溶解氧化铜和碳酸铜。有一些铜也会随之溶解。

1　在德语中，“酢浆草”一词就由“酸性”和“三叶草”组合而成。——译注

酢浆草
（*Oxalis acetosella*）

（4）西班牙探险家和征服者奥维耶多紧随哥伦布来到了加勒比小岛，在他的伟大著作《印第安人通史》（*Histolia general de Cas ludias*）中提到一种神秘的小草，并认为是印第安黄金匠人手中的最大奥秘。这种小草能将铜变成金子。印第安人用它摩擦铜制品表面，然后它就变成了金子。我们并不确信奥维耶多描述的是哪种小草——印第安黄金匠人因为和那些能干的征服者生活在同一时代，于是被征服者们以“崇高”的西班牙基督徒的方式灭绝了。据猜测起作用的正是某种类似酢浆草的植物。它并没有把铜变成黄金，只是把含金的铜表面的那部分铜溶解掉，这样看上去就是金黄色了。

（5）你可以用绿色的“酢浆草粥”清洁硬币，但不能用来洗涤织物，因为它虽然可以把污点洗掉，但又会留下绿色的痕迹。你必须把有效成分从绿色汤汁里分离出来。怎么做呢？拿出你刚才放在一旁的勺子里的绿色浆汁，并浸泡在一些蒸馏水里。用一张咖啡滤纸就能将溶液和粗糙的碎屑分开。如果你把汁液倒入茶碟，并静置在僻静之处，茶碟中就会出现草酸结晶。你可以通过再次溶解，再次结晶，从而将它纯化。这些晶体就可以用作除垢盐了。这很有效，但也有害健康，甚至有毒！注意完成实验以后把它保存在标记清楚的密封玻璃瓶中，或者直接扔进垃圾箱。

（6）过去人们就用类似方法生产去垢盐。小孩们在黑森林中采集酢浆草，卖给当地化工厂。人们加少量水将酢浆草打碎混匀，再过滤汁液，并让草酸结晶出来。纯化后的晶体就能出售了。今天的除垢盐里面仍然含有草酸，但已经不再以酢浆草为原料了。

51. 沙子和什锦麦片中的铁

物质和物品：装满干燥沙子的矿泉水瓶，也可以用一些添加了铁的什锦麦片或者燕麦片，有较强磁性的吸铁石

时间：10分钟

（1）磁铁能吸引铁，这种远距离效应总让人惊叹。在炼金术中，人们相信不仅有吸铁石，还有能吸引光的物质。有些人还认为，某种磁石能将疾病从人身上吸走，还有能吸走灵魂的东西。对炼金术士而言，磁性是世间万物拥有内在联系的标志。

（2）你能用强力吸铁石从沙子中吸出铁屑或磁铁矿屑，后者是一种有磁性的铁氧化合物。将干燥的沙子灌进干燥的空矿泉水瓶里——在沙滩上做这事最方便。如果你用的是建筑工地上的沙子，那么可以用一个漏斗帮忙。灌入大约瓶子的一半多一些就绝对够用了。旋紧盖子，把一块吸铁石紧贴在瓶子上的某个位置来回移动。这样就能不断让铁屑来到吸铁石附近。一会儿你就发现，吸铁石把铁从沙子中吸附出来了。基本上所有沙子都含铁。还有“富含铁质”的什锦麦片，里面确实含有真正的铁，你用吸铁石就能确认。

52. 即兴制作的指南针

物质和物品：吸铁石，针或弯折的回形针或别针，一小块软木塞，木块或发泡塑料，装上水的汤盘

时间：5分钟

（1）磁铁的重要应用之一就是指南针。这是一根能指明南北方向的针。如果你有一小段铁丝，或者用来把纸张装订成册的订书针，或者一根回形针，哪怕一根缝纫针也行，再加一块磁铁，你就能制作指南针了。

（2）你可以通过把针划过磁铁来磁化它们。然后把针穿过一小块软木塞或泡沫塑料或纸板，并小心地把软木塞或泡沫塑料或纸板放在装着水的盘子上保持水平状态。如果你把回形针弯折起来，多数情况下它就能自己浮在水面上。针很快就能给你指明南北方向。在森林中你可以利用小水坑，但哪头是南哪头是北呢？这就需要你通过其他迹象来猜测了。如果你住在北半球，那么太阳或多或少总在偏南的方向。

（3）也可以把针在其他东西上摩擦来获得磁性，丝绸尤其合适。不过这样的磁化过程很费劲，效果也很弱。

53. 最早的照片

物质和物品：5克硝酸银（可在药店购买，小心，硝酸银有毒！），钛白、锌白或者白色丙烯涂料，蒸馏水，两个玻璃培养皿或一个能盖紧瓶盖的玻璃罐头瓶，一个平整并带有漂亮花边的物品（比如崖柏枝花环），心形小贴画，小硬币，一根羽毛，透明胶带，白大褂，一次性乳胶手套

时间：晴天10分钟

（1）1719年德国学者约翰·海因里希·舒尔茨本想按照阿道夫·巴尔杜因的配方，配制一种能在夜间发光的磷光物质，这种物质我们之前已经讲过了（见《布兰登之火》一章）。他将硝酸倒到白垩土上。而这些硝酸之前曾经用过，里面溶解了一些银，也就含有硝酸银了。舒尔茨发现，这些白色泥浆在窗台上晾晒，在阳光照射后变成了黑色。他深入研究了这一现象，把白浆注入玻璃瓶，并把细线以及剪切下来的句子和字母贴在上面，证实了在光线照射到的地方，就会精确地出现黑色，而别的部分还是保持白色。他在哈勒和马格德堡大学年报上发布了题为《关于暗影携带者替换光明携带者的发现》的研究报告。这篇精妙的研究报告以一句具有

普遍真实性的句子开头：“我们常从偶然中习得那些有目的的思辨和研究难以获得的新知。”下面的表述让这句话的意思更完整：“我们常从邋遢中偶得那些整洁的工作中无以获得的新知。”倘若舒尔茨用的是纯净的化学试剂，就绝不会有这样的发现。舒尔茨婚后生活井井有条，他对暗影携带者的研究也就再无进展。

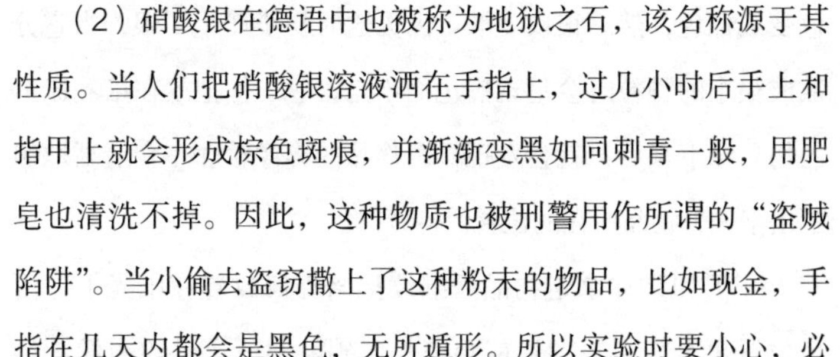

（2）硝酸银在德语中也被称为地狱之石，该名称源于其性质。当人们把硝酸银溶液洒在手指上，过几小时后手上和指甲上就会形成棕色斑痕，并渐渐变黑如同刺青一般，用肥皂也清洗不掉。因此，这种物质也被刑警用作所谓的“盗贼陷阱”。当小偷去盗窃撒上了这种粉末的物品，比如现金，手指在几天内都会是黑色，无所遁形。所以实验时要小心，必须穿上实验服或者旧衣服，并戴上乳胶手套！

（3）在玻璃罐头瓶中装入一两勺白色颜料，再加上大约等量的水，制成并不是太稀的混合液。再加入最多半茶匙硝酸银，摇晃混匀。请立即用水清洗勺子！把溶液放在暗处再次摇晃。在玻璃瓶外壁上贴上些东西，比如植物的枝叶或者剪下来的图形，然后放到阳光下。只有在阳光直射的地方，瓶中的白色颜料才会变黑。用力摇动，你又能重置这个感光装置。如果你还想常拿出来用用，那么应该把瓶子保存在暗处。此外，舒尔茨用的是白垩土和铅白，后者是今天已经禁用的白色染料。

（4）此外你还可以把一茶匙感光混合液放进培养皿的盖子里摇晃，再把另一个大小合适的培养皿放进去，让混合液在两层玻璃中间铺散开，再反复转动以分散混合液。把你用来显影的物品放在培养皿上。

（5）把培养皿放到露天阳光下，没多久就能看到之前的白色变成棕色，然后很快变黑。因为这时初步产生了银，当它分散成很小的颗粒时会呈现黑色而不是银色。你把放在培养皿上的物品拿下来后，就会发现显影物品的影像轮廓完全清晰地印了出来——物品所在的位置保持着白色。

（6）如果你拿走物品后继续把培养皿放置在阳光下，白色位置也会变黑，图形就会消失。硝酸银所产生的图像不经晒。这曾经困扰过早期的摄影师们。当他们把硝酸银涂抹到纸片上同样会遇到这个问题。这就需要求助固定液了，这是能把硝酸银清洗掉的试剂。起初人们使用氨水，因为它有难闻的气味和毒性，现在我们用硫代硫酸钠溶液。

（7）你可以通过来回摇晃来重复两三次实验：将表面那一层和还保持白色的下面一层混匀，然后可以重头再做一次实验。当你玩够了，请将颜料洗掉，这时也必须戴着手套穿上实验服，还要特别小心不要把衣服弄脏。这里面只有少量硝酸银，因此你可以把它扔进垃圾桶或者冲入下水道。

（8）“摄影”这个词，顾名思义，就是用光影来绘画或标记。如果我们把摄影仅仅理解为有目的地利用光来产生一幅画的话，约翰·海因里希·舒尔茨就是摄影术的发明人。他制成了第一张照片。当然，这张照片很不稳定且只有一个轮廓。我们对于一张照片的理解是可以保存的对外界某些事物的写照。

（9）正如我已经讲过的，第一幅照片是在1826—1827年间由尼瑟福·尼埃普斯完成的。他只用了沥青溶液和薰衣草油，而我也曾经在法国科学家基恩·路易斯·马睿格尼尔提供的实验方案的帮助下，重复了这种方法，并且成功了。两种原料都来自大自然：薰衣草油来自薰衣草花，而把油页岩放进薰衣草油中就能得到沥青溶液。沥青（或者叫柏油）其实是从油页岩中提取的干制了的石油。今天我们用沥青作铺路材料。人们可能最迟中世纪，甚至早在古典时期就已经用这种材料来制作照片了。但这种沥青相片缺点很多：曝光时间需要数小时，薰衣草油很贵且有毒，制作过程也复杂。所以人们最终还是使用银盐。

54. 用蜂蜜制作银镜 ★

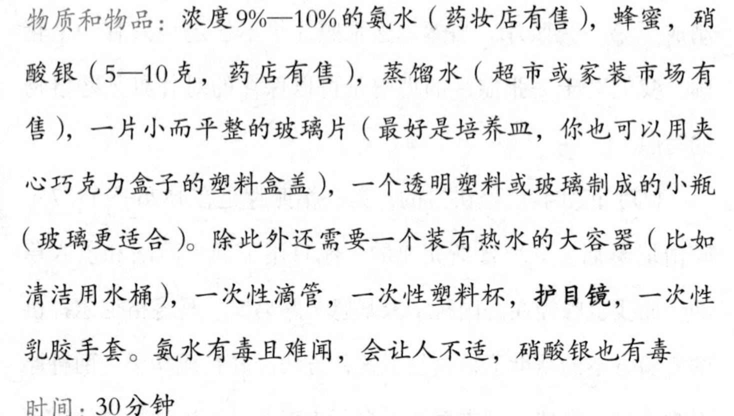
物质和物品：浓度9%—10%的氨水（药妆店有售），蜂蜜，硝酸银（5—10克，药店有售），蒸馏水（超市或家装市场有售），一片小而平整的玻璃片（最好是培养皿，你也可以用夹心巧克力盒子的塑料盒盖），一个透明塑料或玻璃制成的小瓶（玻璃更适合）。除此外还需要一个装有热水的大容器（比如清洁用水桶），一次性滴管，一次性塑料杯，**护目镜**，一次性乳胶手套。氨水有毒且难闻，会让人不适，硝酸银也有毒

时间：30分钟

（1）在一次性塑料杯中把大约1/4茶匙的硝酸银溶入大约半杯蒸馏水中。硝酸银对光敏感，因此要在半遮阴的地方工作。在另一个一次性塑料杯中把两茶匙蜂蜜融入蒸馏水里。在桶里准备好热水。注意不要用开水，因为这可能让容器裂开。

（2）用一次性滴管把氨水滴入硝酸银溶液里，尽量屏住呼吸！这时会形成棕色沉淀。不停搅拌溶液，直至沉淀再次溶解。然后停止加入氨水。

（3）把硝酸银氨水混合溶液注入你想要镀银的容器中，

然后再加入蜂蜜溶液，并全部一起放进有热水的桶里。如果你想在一个扁平且不太重的物品上镀银，可以让它浮在水面上。注意不要让里面进水。

（4）把这些装置放置一段时间，直到热水凉下来为止。你现在可以把容器取出来了，镜面已经出现。把镜面上多出的溶液倒进下水道。让镜面干燥。这种镜面能保存一段时间。如果你不想要这面镜子了，可以用洗涤剂把这层薄薄的银洗掉。

（5）这种制镜方式并非由化学家加司徒斯·冯·利比西首创，但他进行了可供工业化生产的改进。之前的镜子用水银制成，对工人的健康有极大伤害。他们经常死于水银中毒，或者遭受不可治愈的神经伤害。

55. 旧理念，新实验

物质和物品：一勺食盐，热水，一段铝箔，一个碗，有些变黑了的银质餐具（或者一个银币）

时间：5分钟

（1）燃素理论的基本理念在于有一种被称为燃素的精细物质，它可能埋藏在金属、煤炭、脂肪还有硫黄中。这种物质让金属和煤炭表面富有光泽，给油脂带来反光效果。燃素可以从一种物质转移到另一种物质上。失去了燃素的物质往往也失去光泽，而另一方则获得了它。燃素学者们用于展示该理论的典型反应就是从黑色铜粉中制造出光亮的红铜来。类似的，人们也可以将燃烧硫黄所制备的物质（即硫酸）用木炭灼烧，再次获得硫黄。

（2）多数燃素学者用于证明其学说的实验中都需要高温，并且要和有毒的东西打交道。早期化学家的思维方式并不仅依靠实验来说明问题。人们既会给旧事物予以新解释，也会用旧理论来解释新事物。以下实验就是建立在这种意义上的。这是一个很实用的实验，人们可以把它描述成一个典型的燃素交换实验，即使这并不为燃素学者们所知。

（3）切下一小块铝箔，大约10厘米×10厘米，把它放在一个碗里，加上一勺食盐。然后在上面放上发黑的银质勺子或者银币。你现在把开水倒在上面，没过银制品，神奇的事情马上就会发生。黑色涂层消失了，银色显露出来，还有一些黄色的东西随之出现，同时你还会闻到臭鸡蛋般的难闻气味。等到水凉了，你可以把铝箔抽出来，看上去就像银器上难看的表层和斑点被转移到了它上面，某些地方还变成了灰色，铝箔变薄且出现小孔。铝箔似乎为了恢复银的健康而牺牲了自己。

（4）我们能用燃素理论轻易解释这个实验。铝失去了它的燃素，因此变丑并粉碎；而银器却获得了燃素，再次熠熠生辉。而那些奇怪的气味是什么？也许是燃素饱和释放的气体！

（5）我们今天对这个反应的解释是物质交换的反应，并非燃素，而是电子的交换。简而言之，铝把电子交给了银，后者因此重新闪亮。

（6）用这种方法可以轻松洗涤银器。但你并不能把它们弄得锃亮，餐具上总还会留下些黄色的东西，这些只能通过打磨擦拭才能去掉。

56. 马拉的燃料

物质和物品：一支蜡烛，一个LED强光手电筒（或者是LED灯珠，尽可能只带有一个LED），一面白色的墙（用来投射电筒光照）

时间：只能在晚上，尽可能完全黑暗。实验需要几分钟

（1）让手电筒光从几米外照射到墙上。点燃一支蜡烛，并拿着蜡烛靠近墙壁。观察影子！在某个特定距离（就在靠近墙壁的地方），你会看见燃烧着的蜡烛的条纹状阴影：在灯芯上方出现一条长长的螺旋状条纹，缓缓上升。马拉认为这就是燃料，然而这其实是加热的空气被显示出来罢了。

（2）马拉还进一步改良了这种方法，他甚至能将本杰明·富兰克林尊贵的秃头上冒出的热气显示出来。富兰克林，这位成功的发明家、自然科学家和政治家曾到巴黎拜访过马拉。

（3）除此之外，马拉的方法还在科学上有更多应用。这个实验被进一步细化并和照相术结合。快速运动的物体也会留下可见的条纹，比如飞过的炮弹。在研究飞行性能时，这种方法还是很有用的。

57. 陈化水

物质和物品：水，锅，两个玻璃杯

时间：两小时（因为需要等到开水冷却）

（1）在两个玻璃杯里装满自来水。你可以把其中一个玻璃杯放在旁边，另一杯倒进锅里，并用炉子的最高档位加热。

（2）在水还远未被烧开前，被加热的水中就会出现向上升起的细密小气泡。这里面部分是溶解在水中的空气，主要是二氧化碳。当水烧开以后，就放在一边。让水冷却，直到水还有一些温热时把水倒进玻璃杯里。水烧开后常常会变得浑浊，锅底也出现一些灰色悬浮物。这些是与碳酸结合并溶解在水中的矿物质，它们分解后沉淀下来，同时气体被释放出去。

（3）水完全冷却后，你可以尝一小口。这时候水尝起来有一些“寡淡”，有些像陈水，不再新鲜，比较涩口。原因在于水中的“灵魂”分离开了。二氧化碳让水尝起来有清爽感，并能把矿物质结合起来。

（4）你也可以用气泡水来做这个实验。普通气泡水和烧开后的气泡水的味道差别更是令人印象深刻。

58. 思维游戏：阿波罗13号和气泡水机

物质和物品：气泡水机，大约30厘米长的塑料管（直径约1厘米，建材市场有售）

（1）在接下来的大多数实验中，我们都需要用到二氧化碳。欧美国家很多家庭都有气泡水机。机器的原理都是一样的，每台气泡水机都有一个装有二氧化碳的气瓶，每次按下按键就会把二氧化碳加注到之前灌装了自来水的瓶子里。这样寡淡的自来水就变成了清爽的气泡水。气瓶中的二氧化碳一部分是气态，一部分在高压下变为液态。某些机器中的二氧化碳源于自然，也有的是纯化后的工业制品，可能来自化肥厂或者炼油厂。

（2）储存在罐中的二氧化碳有多危险？它并非完全无害。当人生活在一个封闭空间中，二氧化碳相对于氧气是一种优势成分。这意味着，即使空间中有足够氧气，在二氧化碳浓度过高时也会造成窒息。原因在于静脉血已经携带了饱和的二氧化碳。它流到肺部释放出二氧化碳并吸收氧气。当人们吸入的空气含有超过5%的二氧化碳时，静脉血就将不再释放出二氧化碳了。

（3）典型的二氧化碳压缩罐中含有425克二氧化碳，这相当于244升。我们可以设想，在一个长宽大约各2米（高2.5米）的小房间里做实验。这个空间中有大约10立方米空气，即10000升。空气中一般含有0.038%的二氧化碳，那么在这个小房间中就有3.8升。如果在房间中把整罐二氧化碳释放出来，就会使整个房间中的二氧化碳浓度大大增加，其二氧化碳含量（包含最初的那些二氧化碳）将达到2.478%。这已经是有害浓度了。你可能会感到眩晕、心悸并且亢奋。因此在进行二氧化碳的实验时一定要保持通风！

（4）有人曾用实验研究过人能在密闭空间中坚持多久。安静坐着的人每分钟大约呼出0.3升二氧化碳，相当于一大杯的量。我们还是想象一间如上所述的小房间。如果把10个人关进10立方米大小的房间里，150分钟后就会呼出450升二氧化碳，这样二氧化碳浓度将达到4.5%。这时会产生很明显的效应：人们会感觉疲惫。正常情况下，空气中的氧气含量为21%，如果房间保持通风，经过上述实验，房间空气中的含氧量会下降至17%—18%，这也足够我们呼吸了。我们并不总是需要全部氧含量。其实只要氧气浓度达到10%—12%就完全足够。这差不多相当于人们在玻利维亚或青藏高原上所呼吸到的空气的含氧量。二氧化碳浓度达到8%—10%时就会致命，一旦人们不能把二氧化碳排出，也就无法吸入氧气。在密闭的房间中，升高的二氧化碳水平是致命的。

（5）作为密闭房间中的经验法则，一立方米空气足以让一个人呼吸一小时。在这种情况下，人们应该尽量安静地待着，还必须把所有蜡烛熄灭掉。蜡烛不会思考、感觉，也不会说话，但它所产生的二氧化碳快抵得上一名成年人了（准确地说是70%）。

（6）人们也可以通过在空气中加入钠碱水或钾碱水的方法把二氧化碳从空气中去除出去。阿波罗13号的宇航航行中就用了类似方法。

59. 二氧化碳的典型味道

物质和物品：气泡水机

时间：5分钟

（1）二氧化碳被看作一种无臭无味且透明无色的气体。这并不正确。为了说服你，请你把气泡水机的空瓶子放在喷气管下面（不要拧紧！）并按确认键，二氧化碳会直接喷进瓶子里。小心挤压瓶子，因为如果你太使劲，里面的气体就会喷射出来。如果你从灌满二氧化碳的瓶子中挤出一些气体到嘴里，舌头上就会感觉到纯二氧化碳的味道：酸酸的，非常独特。你也可以把二氧化碳吸进鼻子闻闻，会有痒痒的感觉。

（2）千万别吸入过多二氧化碳，过量二氧化碳会造成昏迷甚至死亡（小心闻一闻绝不会过量，否则喝气泡水都成了危险的事了）。

60. 二氧化碳很重

物质和物品：气泡水机，气球

时间：5分钟

（1）拿一个气球，把吹气口套在气泡水机的充气口上（你必须用手指把它捏紧），按下确认键，气球就充满了二氧化碳。

（2）把充好气的气球打结，这样二氧化碳不会漏出来。

（3）现在吹第二个气球，这次用普通空气。把气球也打上结。

（4）把两个气球都举高些，再同时放手。二氧化碳气球会很快落下。二氧化碳比空气重大约1.6倍。因此，泄漏出来的二氧化碳总会聚集在地表。

（5）如果你把气球多放置一会儿，就会发现二氧化碳气球用不了几个小时就会干瘪——二氧化碳会破坏气球外膜！这个现象表明二氧化碳可以破坏橡胶。二氧化碳在工业生产中也以液态形式用作溶剂，比如有助于生产去咖啡因的咖啡，甚至被用作衣物洗涤剂。

（6）欧洲很少有大量释放出二氧化碳的地方。那不勒斯附近有一个著名的“杀狗洞”。洞里释放的二氧化碳都在膝盖的高度。成年人在这里能正常呼吸，而狗则哀鸣着蜷成一团。过去，这里吸引着游客纷纷前来，人们会用旁边的湖水浇醒失去意识的狗。现在湖水已经干涸，洞口也用栅栏封了起来，连指示路牌也没有了。现在还可以参观的洞穴是德国巴特皮尔蒙特的“迷雾洞穴”。这是一个人工洞穴。巴特皮尔蒙特的温泉疗养医生约翰·菲利普·晒普在采石场发现了这个神秘地点，常常有蜥蜴、蛇或小鸟死在那里，原因就是那里涌出的二氧化碳。于是他在1720年挖了一个洞穴，即迷雾洞穴。这是欧洲今天唯一一个对游客开放的二氧化碳洞穴。游客们会走过一条长廊，那里用肥皂泡来演示二氧化碳。肥皂泡会飘浮在较重的二氧化碳和普通空气之间的界面上，随着天气条件和季节的不同，时高时低。巴特皮尔蒙特也把二氧化碳作为医疗用品，二氧化碳遂成了“医用气体”。

（7）世界上也有其他地方会释放出大量二氧化碳，比如东非布隆迪，这源于火山活动的气体泄露。这样的二氧化碳在当地被称作“马祖库”（也可以译为“恶风”）。它会冷却并富集于地面，并造成严重危险，特别是对小孩子，因为他们会在这样的沉积气体中跑来跑去。

61. 气泡的水能溶解石灰

物质和物品：水，一些白垩土。在化学家看来白垩土就是碳酸钙。你可以在药店或者宠物店买到白垩土泥浆。有些学校用的粉笔也由白垩土制成，但在德国粉笔大多是用石膏做成的。你也可以找石灰石或者一小块大理石，并用锉刀磨下一些粉末来

时间：30分钟

（1）在一个干净的玻璃杯中注入自来水，而另一个杯子里放进气泡水。在两个杯子里都放进一小撮白垩土。它会溶解在气泡水中，而在自来水杯子中不会有变化。

（2）这种现象的影响范围很广泛，含有二氧化碳的水拥有更高的溶解能力，在地表流过时便处处留下痕迹。几乎所有洞穴的形成都得益于二氧化碳水的冲刷，就像是矿工在石灰岩层上挖掘。这些水会在某些地方流淌出来，释放出二氧化碳，石灰也因此沉积，这样就形成了钟乳石这样的结构，或者如同土耳其西南部的棉花堡那样整片整片的"钙华"。

（3）在澡盆特别是在烧水壶里，也会随着水硬度的增高而出现钙华。只要是在水中溶解的二氧化碳释放出去了，它所溶解的物质就会析出，其主要成分是钙。

62. 二氧化碳不可见？不完全是

物质和物品：气泡水机以及配套水瓶（或者一个大盘子或一个杯子）

时间：10分钟，一个阳光明媚的下午

（1）所有隐形的东西都会令人不安，尤其当这种不可见的东西还有害的时候。二氧化碳多数情况下只能被间接感知，但在一些特殊条件下也能为人所见。它能投下阴影。

（2）把气泡水瓶放在气泡水机的充气头下面（不要拧紧！），让二氧化碳短促地喷射进去。

（3）选择一个黄昏，阳光斜晒入房间时，你站在被阳光照射着的墙面前，看得到自己影子的时候就可以开始试验了。

（4）现在把二氧化碳气瓶打开，你能在墙面上看到气体涌出时的条纹状阴影。你有可能需要走得很近，才能看清楚这个效应。

63. 固态的二氧化碳看上去像雪，但是比雪更冷

物质和物品：气泡水机，30—50厘米长、直径适合充气口的管子（一般内径0.6厘米左右适合），深色手帕，一杯温水

时间：5分钟

（1）把管子套在气泡水机的充气口上，固定。把一片深色衣物或者手帕铺在地上。

（2）拿起带着管子的气泡水机，把机器倒转过来。把管子对准放在地板上的织物上。

（3）现在按下按钮。这时也得小心些，有些型号的按键设计得很古怪，容易夹到手指。按住按钮20秒左右！二氧化碳在嘶嘶声和呼呼声中释放出来，不过在地面上出现的可不是气态的二氧化碳，而是如同白色雪花一样的固态，并很快就会挥发掉。

（4）把这些白色晶体揉起来做成一个小雪球，这就是干冰，它的温度达到-79℃！所以只能很短时间接触（绝不允许放进嘴里！）。

（5）把干冰雪球扔进温水杯子，会产生非常漂亮的如同女巫的锅里冒出来的雾气。过去拍摄电影或电视用的人造雾气就是这样来的。

（6）制作干冰背后的原理则是所谓的焦耳—汤姆孙效应，这个原理也被应用于空气液化和冰箱制冷。在实验中，我们可以让液态二氧化碳从气瓶中流出。它本身并不是低温的，但来到开放空间后变得异常冷。这是一种非常令人惊讶的效应！瓶中的二氧化碳分子处于高压之下，只能通过在充气管尖端的细小开口喷射到外面。这就需要从周围环境中吸收很多能量。液态的二氧化碳也就因此冻结起来。连管子都会显著冷却，如果喷射的时间过长，管子甚至会冻僵。

（7）或许有人会问，这个实验中的管子是必需的吗？不用管子会怎样？那样的话二氧化碳会消失在空气中，不留一丝痕迹。只有当二氧化碳通过管子释放出来时，才会真正制冷。一根简单的管子就能产生这么大的效应！

（8）除此之外，在自然界中也能形成干冰。当来自地下的二氧化碳在极大压力下释放出地面时，释放点附近会伴随嘶嘶作响的声音形成雪花。

64. 二氧化碳是很好的灭火剂

物质和物品：气泡水机，气泡水机的水瓶，蜡烛

时间：5分钟

（1）一定程度上气泡水机也可以作为灭火器使用。许多真正的灭火器的工作原理实际上也是以二氧化碳为基础的。

（2）往气泡水瓶（也可以是一个其他空瓶或者玻璃杯）里面灌注一些二氧化碳气体。你可以用这里面看不见的气体去浇灭小蜡烛的火焰。

（3）把两三支燃烧的蜡烛放在一个平面上，再把看不见的二氧化碳气体浇上去：火焰会突然熄灭。在前面所提到过的巴特皮尔蒙特的“迷雾洞穴”中，可以用长勺舀起不可见的二氧化碳，并用之浇灭蜡烛火焰，这真是令人印象深刻。

65. 用二氧化碳为植物施肥

物质和物品：自来水，二氧化碳（源于气泡水机），薄荷枝条，两个尽量大的宽口罐头瓶，两个能放入罐头瓶的小酒杯

时间：年初或者夏季，延续时间约三周

（1）剪下两条长短一致的薄荷枝条，把它们放在两个装水的小酒杯里，再把它们整体插入洗干净的空罐头瓶中。杯子中的薄荷应当尽量地保持自由，也就是说不要让它们的枝条接触到瓶子壁，而且它们上方要有足够的生长空间。

（2）现在盖好一个宽口瓶的盖子，并在上面写上“空气”。在另外一个瓶子上写上“二氧化碳”，并在瓶中用气泡水机灌注二氧化碳进去。为此要把打开瓶口的瓶子放在充气口下，并且按住按钮10秒钟。

（3）把这个瓶子也拧紧，并把两个瓶子都放在明亮的地方，但不要受阳光直射。

（4）在大约三周后，在二氧化碳培养室中的植物会比在普通空气中的植物发育得更好。因为对两株植物而言其他条件都是一样的，那么发育上的差异就只能源于二氧化碳。一株植物有充足的二氧化碳可供利用，所以生长活跃，而另外

一株植物瓶子里的二氧化碳很快就用完了，只能靠自身的力量。

（5）在空气中只有痕量的二氧化碳，目前是0.038%，还有上升趋势。而就是这痕量的二氧化碳很关键，因为植物主要就是靠它来作为营养的。玫瑰、苹果和树木都主要靠二氧化碳和水生长起来！因此人们能用二氧化碳为植物施肥。在荷兰就有人这么做。当地人把从石油中获得的很纯的二氧化碳提供给温室里的西红柿。

66. 二氧化碳能被植物转化成氧气

物质和物品：小溪边或湖边采集的绿色植物（也可以从花卉市场买到），一个干净的宽口罐头瓶

时间：阳光充足时，一至两小时

（1）植物能在阳光作用下将动物呼吸、火山和火灾所产生的二氧化碳转化为氧气。

（2）有一个经典的实验能很好地展示出植物产生氧气的过程。你可以使用在湖里、河里或小溪中水面下生长的植物来做这个实验。在采集地点把植物洗干净，让经常居住在这些植物中的小螃蟹和其他小动物能抓住机会逃掉。

（3）剪下一根植物的枝条，倒过来插进装满水的杯子里（为了保持倒置，建议用一个夹子把它夹紧），把这个装置整体放在阳光下，很快就会从切口处涌出大量珠子般的小气泡。这些就是由二氧化碳转化而成的氧气。如果把植物放在遮阴处，气泡就会很快变稀薄。用凉开水，也就是那种把二氧化碳赶走后的乏味的水代替普通自来水来做这个实验，你就会发现看不到小气泡了。这时你再加入一小勺苏打，气泡又会增强。可以把氧气收集起来。但这会是一个长时间的过程，

而且不一定总能成功。

（4）你也常会在阳光直射下的、积水超过一周以上的水洼底部看到很多气泡。这些是由生活在水洼底部的微小藻类所产生的氧气。

67. 可乐里有很多二氧化碳

物质和物品：**一升装健怡可口可乐，4个曼妥思薄荷糖**

时间：**5分钟**

地点：**草坪上**

（1）这个实验最好用健怡可口可乐来完成，因为普通可乐里面溶解的二氧化碳没有那么多。在普通可乐中，水里已经溶解了大量糖，或多或少达到了饱和，就更难再溶解其他东西。这个实验也必须在草地上进行，否则会弄得到处乱七八糟。

（2）把4个曼妥思糖扔进开了口的健怡可乐瓶中，马上后退。你必须一次把4个都扔进去！突然间释放出来的二氧化碳几乎会带起所有液体，形成一个壮观的喷泉！

（3）在气泡水和几乎所有软饮中都含有大量碳酸。每升饮料会泵入4升二氧化碳，通常饮用时它们都是缓慢释放而不会一次释放出来，所以我们也不会太留意。

68. 思维游戏：水就是H_2O？

水和空气一样是人类最重要的物质。人们认识到它不是一种元素，而是一种由氢和氧构成的化合物，这一点可能是所有化学发现中最有名的一个了。水，几个世纪以来都被认为是元素。这也很好理解，我们到处都能找到它，在植物体中、在动物体内、在土壤里，甚至空气中都有水。当时人们无法制造出水也不能让水消失。直到电池装置被发明出来，并用它来分解水后，这种看法才得以改变。水的分解产物，氢和氧，又能再次合成水。

人们为此列出了水的第一个分子式：HO。H代表氢，旧称为“水素”；O则代表氧，旧称为“酸素”。今天这个分子式成了H_2O，因为有一系列现象显示出，水分子是由两个氢原子和一个氧原子构成的。而H_2O也就毫无疑问成了最出名的分子式。许多人都认为这描述了水的本质，并且展示出了对水最重要的认知。

这个分子式在一定程度上也是一种路标，它表明了水在物质转换的巨大网络中的位置。

但这个分子式无法回答很多问题，或者只能解决很少一部分问题。比如为什么水会形成波浪？这用分子式就几乎无法解释。化学家对这样的问题只能视而不见。化学家知道为什么水对所有生命而言都是除空气外最重要的物质，但仅仅通过水的分子式是无法推导出这点的。还有与水相关的社会问题，谁拥有水，谁能使用水，这样的问题就与化学家完全无关了。

因此，这个对从化学角度理解“水”至关重要的分子式所包含的不是所有真相。分子式只是特定专家对水的理解，而不是水本身。但他们忘记了这点，而宣称“水就是H_2O”。

69. 开水

物质和物品：水，银色或古铜色水彩颜料，毛笔，锅，炉子

时间：5分钟

（1）一般来说，水的形状是不可见的。因此人们介绍水时也说，水是没有形状的。如果你在水中混入一点银色颜料，你就会看到，水每次运动都会产生形状的改变。

（2）用打湿的毛笔在银色颜料盘里转一下，再把蘸上的颜料放进装了少量水的锅里。

（3）把锅放在电炉盘上，并用小火加热，就会产生花纹。热水从下方升起，冷水则会下沉。它的发生也不是完全混乱，而是有规则的。

（4）你也可以通过用叉子从开水中划过，或者通过吹气使之整体冷却。这样颜料在水中又会形成新形状。

70. 敏感的水

物质和物品：一瓶1.5升装的饮用水或气泡苹果汁（要求瓶身较高，一次性使用），玻璃杯，桌子

时间：1分钟

（1）把拧紧瓶盖的瓶子放在一张固定的结实的桌子上。注意观察水面。现在用大拇指随便按压桌面的某处。这样的按压几乎听不见也看不见。真的发生了什么事儿吗？可瓶里的水面开始晃动了。它“感知”到了按压。虽然这是拇指所引起的，但牢固的桌面上小小区域中的微小变化连桌面本身都没能感知到！

（2）这个实验最好就用那种价廉物美的高高的一次性饮料瓶，多数在平底有5个凸起。你也可以用那种较深的啤酒杯做这个实验（这时不要用气泡苹果汁或气泡水，而要用自来水）。

71. 层析法

物质和物品：水，黑色的油性笔，餐巾纸，杯子和盘子

时间：10分钟

（1）从纸巾盒中抽取一张餐巾纸，用黑色油性笔在一边距边缘大约1厘米处画一个大大的黑点。将餐巾纸插入一个玻璃杯里，有黑点的那边向下。玻璃杯中事先已经倒入一些水（水平面要低于标记好的那个点）。

（2）水面会沿着纸巾上升，还会把黑点带着略往上移。黑点也会扩散分离，你可以辨认出其中的组成部分。你会发现，有的时候，黑色是由红色或蓝绿色混合而成的，而有时只是由灰色混在一起。不同品牌油性笔会有不同颜色，即使初看上去都是黑色的。再试着用绿色、棕色和紫色的笔做实验。

（3）取两张餐巾纸，用黑色油性笔在其中一张的中间画上一个圈（直径约5厘米）。把这张纸平放在一个扁平碟子上，再把另一张纸放在两手中间搓成团，并让它吸足水分。把这个纸团放在圆圈中间，水就会慢慢地渗入平铺的纸里，并晕开圆圈。雾状的圆晕将会从黑圈中渗出，你能从中看出不同颜色区域。因为颜料由能被水抽提出的不同物质混合而成，所以在纸上以不同速度扩散。

72. 分形圣诞星

物质和物品：玛莱宝红印油墨073号黑色（盖子上还带有一个滴管），白胶，培养皿或扁平的盘子，纸，一次性乳胶手套

时间：30分钟

（1）这个实验并不会带来什么新知识，但非常漂亮，能给孩子们带来无穷乐趣。

（2）把一茶匙白胶粉末（我用的是美德兰公司的普通白胶）放进一杯水里（0.2或0.3升）搅匀。1分钟后继续搅拌，再过20分钟后再次搅拌。白胶也就完成了。

（3）把配置完成的白胶浆倒进盘子里，用滴管滴几滴颜料进去。里面立即出现分支状的星星，仿佛有生命一般在生长，并前后摇摆。

（4）当你把一小片书写纸或者图画纸放在星星上，然后再小心地揭起来，这些星星就会吸附在纸面上。小心地把它晾干！

（5）可惜这是我从艺术家沃克哈德·斯徒尔茨贝切尔那里所学来的，并且只能用这一种颜色！

73. 分形结构

物质和物品：白胶（参见上一个实验），可食用染料（液体状的或粉末状的，也可以用墨水替代），培养皿（直径约20厘米）和相匹配的盖子，或者两个拆下来的CD盒盖子

时间：5分钟

（1）上个实验用到的白胶浆肯定还有一些剩下的。把一茶匙已经搅拌好的白胶浆倒进一个培养皿盖子里，再把培养皿放在上面，这样使白胶浆在培养皿和盖子中间分散成薄薄一层。把培养皿小心地微微抬起来，在玻璃平面之间就会出现分支状。

（2）你要是在白胶浆中加入颜色，就能使效果更加明显。你可以在白胶浆和盖子中间撒入或者滴入一些食用颜料，它会在白胶浆中迅速扩散。上下拉动盖子。你也可以从墨水瓶中或者墨汁盒中吸出一滴墨水滴在白胶浆上。把一张白纸放在下面，这样可以让颜色对比更明显。也可以用两个上下叠放的CD盖子来代替。实验完成以后可以用大量水洗掉白胶浆。

（3）如果你把胶水树用投影仪投射到墙上，会更加美丽。

分形结构

（4）你所看到的分支状结构就是所谓的分形结构。这种构造的特征是某种形状的反复自我复制。我不知道这样的结构是如何产生的，也没有进行过相关研究。它奇异而美妙的效果令我过目难忘，即使是白胶这样的普通物质也能够产生令人惊叹的美丽图形。

74. 细菌和霉菌

物质和物品：糖，琼脂粉末（一种从海藻中提取的凝胶物质，可以在很多天然产品商店和亚洲商品店里买到，素食主义者用琼脂代替动物凝胶），带盖的培养皿（或者宽口的玻璃罐头瓶）

时间：30分钟（配置），一星期（培养）

（1）细菌和霉菌大多生活在同样的地方，比如地表，生活在同样的物质上。它们也会相互竞争。因此，霉菌会产生将细菌排除在外的物质。反之亦然，细菌也会重新编程，使自己能成功抵御霉菌的攻击。为此细菌会产生酶，这是一种能破坏霉菌毒素，而使自己无损的复杂物质。于是霉菌也会加快演化，并发展出破坏细菌的新对策。

（2）抗生素就是从一些特别的霉菌中提取的。提取抗生素非常困难，因为它们在霉菌中浓度很小，并且很敏感。最早被发现的抗生素是英国化学家在第二次世界大战期间提取的盘尼西林。

（3）下面的实验只需一些简单准备就能展现霉菌毒素的效果。首先你必须把所有用品消毒。把想要用来培养霉菌和细菌的瓶子放进装满水的锅里，把水烧开。最后让它们滴干水，而不是用洗碗布去擦拭。

（4）在一个小锅里放入一杯水，并往里面溶入一茶匙糖，加入两茶匙琼脂，小火加热数分钟。配液可以注入已经准备好的玻璃瓶中。只要没过底部大约1—2厘米就够了。最后用盖子盖上（培养皿）或者旋紧（罐头瓶）。然后使之冷却。

（5）取一些干燥的泥土撒在配料表面，再把瓶子盖好。几天之后你就能看见，泥土中的单个菌已经变成了整个菌落。细菌菌落在凝胶表面形成光滑的斑点。有时候这些菌斑是酵母菌的斑点。同时霉菌也会生长，你会发现它们是一些边缘并不平滑的绒毛状菌斑。

（6）在一些菌斑之间会有明显的边界带，这常常发生在霉菌和细菌之间。这就是抑菌反应的表现，也就是菌落之间的战争。微生物之间就像敌对国家一样发生战争，相互发送毒素。霉菌的毒素对我们非常重要，因为它们在特定情况下会治疗由某些细菌引起的病症。

（7）你可以改进这个实验，比如采用别的泥土样品，也可以熬制其他琼脂凝胶（比如混入煮过的青草或肉汤，最后再过滤）。医院里面研究人员就用羊血配置琼脂凝胶，来为病人体液中携带的细菌提供理想的生长基质。然后再尝试抗生素是否有效。还有另一种致病微生物，即某种特定的霉菌（假丝菌），在医院中人们也会用这种方式来做研究。

75. 怎么用三分钟从食盐中提取氯气[1]？

物质和物品：食盐，温水，两根一样长的铅笔，磨刀石，9伏电池，杯子

时间：3分钟

（1）正如我们即将看到的，一些特定物质在合成时会产生电流。人们也能通过电流来分解一些物质。

（2）取两支铅笔，并且将两头都削尖。把一茶匙食盐放在杯子中，再将两勺滚烫的水倒进去。

（3）现在把两支铅笔拿在手上，把一端笔尖分别连接到电池的正负极，另一端接触在一起。这样，铅笔中的石墨芯就被放置入电流中了，因为石墨，也就是铅笔中的黑色物质，导电性能很好。你需要使用双手，用一只手握住电池，而另一只手则用来保持铅笔的位置。

（4）现在把铅笔的另一端插入杯子，你马上就会发现在铅笔尖有气泡产生。如果你没能看到这个现象的话，那准是哪儿没做对。有可能一个铅笔尖或两个铅笔尖都没有接触电

1　氯气有毒，请各位读者在实验过程多加小心。未成年人务必在师长监督下进行操作。——编注

池，或者电池电量已经用完，那就再取另一个电池；也可能是里面铅笔芯已经折断，你该试一试另一支铅笔。

（5）过四五秒后把两支铅笔再拿出来。小心地用手扇一些从杯子里升起的雾气。这种雾气具有一种特别的气味，你可以在游泳池里闻到：这就是氯气。如果你闻不到，也千万不要把鼻子凑到杯子里去！最好是再扇一扇。你在笔尖上看到的小气泡一定是氯气。高浓度氯气有很高的毒性。如果你用这里所描述的方法做实验，则产生的氯气浓度不会太高。它的浓度让你刚好能闻出氯气的典型味道，但不会对你的健康产生危害。

（6）铅笔尖上会形成小气泡，这是你能看到的所有现象。而你看不见的还有更多：食盐溶液被电流分解成氢和氯。即使有些化学书上写着人们能看到这个现象，实际上人们也只能看到铅笔芯中释放出气体。到底发生了什么？我们只能通过由一系列实验组成的研究才能判断出来。

（7）氯是一种强力消毒剂。即使是通过上面的实验所获得的溶液（其中有食盐、氯化氢和氢氧化钠），在你没有别的选择时，也能用作消毒液。但它有不足之处，有些伤皮肤。医生英格那茨·塞麦尔维斯（1818—1865）是第一位把氯水用作消毒液的人。他要求维也纳医学院的学生们，在解剖尸体后用氯化钙洗手，然后才能给孕产妇做检查。塞麦尔维斯用这种方法有效地对抗了当时经常造成产妇死亡的产褥热。氯水还有很强的漂白作用。这也是一种廉价漂白剂，用来替代“草坪漂白剂”：过去主妇们会把打湿的白色织物铺在绿草坪上晒太阳，青草所产生的氧气，会让织物更加白净，并消除很多污渍。

76. 舌头电池

物质和物品：镁制的卷笔刀（金属卷笔刀常常是镁制成的，上面会有标注），小螺丝刀，干净并冲洗后的银币，有必要的话还需要别的金属制品（金币或金首饰、铝制硬币、钢制物品等），带电线的耳机

时间：10分钟

（1）电池就是一个能产生电流的套筒。大约二百年前一位优雅的意大利人亚历山德罗·伏特发明了电池。他的一位物理学同事乔治·克里斯托弗·利希滕贝格在一次会面后说道："我发现他也能很快领会少女们发来的电波。"伏特把不同金属片叠放在一起，并用毛巾隔开，首先用盐水，再用酸液浸泡。他用这种所谓的"伏特电池"产生了持续的电流。今天，计量电压的单位之所以被称为"伏特"，就是为了纪念他。

（2）电池在我们的日常生活中不可或缺。没有电池，所有手机、汽车都无法运行。在最近几年中，物理学研究者们用各种各样的东西做成了电池：柠檬、土豆或孢子甘蓝。严格意义上说，这是蓄电池组，但也可以使用"电池"这个名称，因为原理总是一样的，也就是让不同金属相互作用。

（3）在这里所介绍的“舌头电池”中，你本人将成为电池的一部分，并且同时是电流设备。

（4）从镁制卷笔刀上小心地把刀口旋下来，放在一边。用洗涤剂把铅笔刀仔细冲洗干净。你还需要一个银勺子或一枚银币，当然也需要好好清洗干净。

（5）把这两样东西抓紧，尽量靠近并放在舌头上。当它们相互触碰时，你能感到相当强的电流。你也可以使用其他金属来做这项实验，比如用银和铁。那样的话，电流会很弱。你也可以尝试铅笔刀和金币的组合，这和用银币时的电流一样强。

（6）舌头是一个很好的电流测量仪器。舌头是湿的，因此能导电，同时也就能感觉到电流。镁和银之间产生的电压大约为1.5—1.6伏特。实验中舌头上会产生一些金属离子。这不会有害健康，毕竟人们还用银质和铁质勺子来吃饭呢。请只用这里提到的金属来做实验，即银、金、铁、镁和铝。其他金属，比如铜和铅都有毒。

（7）如果你把金币和银币放在一起触碰舌头，你将不会感受到或很难感受到电流。因为这两种金属都很稳定，它们之间很难产生电流。只有稳定和不稳定金属的组合才能产生电流。

（8）你可能偶尔会在自己口中感觉到类似情况，比如当你用一小片包装铝箔靠近填牙料时就会这样。牙科充填材料往往是用一些货真价实的贵金属，如银汞合金或黄金制成的。它碰到一种高度不稳定的金属（比如铝）时，就会产生电流，而你的神经也就立即感知到了。

（9）有些人可能不想用舌头去尝电流，那就用耳机试试，注意别把耳机和其他电子设备连接起来。用银币和镁同时触碰垂下来的耳机插头，你能听到咔咔声。

77. 电子皇冠

物质和物品：温水，食盐，锅，10—12个同样大小但不太深的水杯，等量的晾衣夹，等量的家用餐具银勺或银叉，和银勺或银叉长度相同的等量镁带。你能在网上买到镁带。你也可以用切成条状的铝膜来代替，这样的话你就需要15—18个水杯，以及相当数量的其他物品。

时间：30分钟

（1）这个实验使用毫不起眼的物品，而这些物品的组合会产生最为奇怪的效应。本实验是从物理学家亚历山德罗·伏特的历史性实验变形而来的。我通过物理学专家彼得·海宁的著作而注意到这个实验。

（2）用毛巾和洗涤剂把看上去灰蒙蒙的镁条洗干净，直到它们看上去很闪亮为止（如果你用铝箔来做这个实验就不需要擦洗了，因为它本来就洁净明亮。把铝箔裁剪成大约10厘米长的铝条）。用剪刀或钳子把镁条切成和你要使用的银餐具一样长的片段。用一大勺食盐和两升温水制备盐溶液，上下搅拌，直到盐完全溶解为止。用晾衣夹把银勺子和一根镁带夹起来。

电子皇冠

（3）把杯子摆放成一圈。让每个杯子都靠近，最后一个杯子与第一个杯子也相互靠近。在每个杯子中都倒入盐水，将用夹子夹好的一组镁条和银勺（或银叉）的镁银组合分别放进两个相互靠近的玻璃杯，再用另一个组合去连接下一个杯子。最后，每个杯子中都放入了一根镁条和一个银勺（或银叉）。第一个杯子与最后一个杯子里也放相同东西，而你在此插入没有夹在一起的银餐具或镁条（见本页示意图）。如果你用的是铝箔，最后还需要用一个晾衣夹固定铝箔，因为它太轻，容易与杯子里的银器碰到一起。

（4）你面前摆着的就是一个电池，而且是一系列串联起来的电池。我们就把每个插入了镁和银的玻璃杯命名为电池。这样的电池，正如之前说过的，是由亚历山德罗·伏特发明的，他将它命名为“杯中王冠”。每一个电池单元的电压会叠加到一起，以至于能让人感到有些“麻”。不过你首先得保证，每个容器里银和镁都不能触碰到一起。

（5）把一根手指伸进第一个玻璃杯（并保持在里面），然后将另一只手的一根手指伸进第二个杯子，然后第三个、第四个、第五个。可能从第八个杯子开始（如果用铝可能要更多杯子才能感到明显效果），你的指头会感到轻微电击，如果你再把指头放进后面的杯子，电击感更加强烈。“杯子电池”产生了电流，甚至还不小呢！

78. 啤酒杯中的云雾室 ★

物质和物品：

- 气泡水机或者200克干冰。这个实验中，气泡水机是用来制造干冰的。你可以在很多地方买到干冰，也可以在网上订购，这样你就不需要气泡水机了。缺点是：即使你把干冰保存在泡沫塑料箱里，也只能放置一到两天

- 一小块（咖啡方糖大小）铌铁矿，这种矿石多数会因为其中混有少量放射性核种而具有弱放射性。你可以在矿物商店买到铌铁矿。铌铁矿也是学校喜欢使用的弱放射性样品。这种矿物的购买和应用在现行放射性保护法规[1]中并没有规定必须申报
- 棉球
- 黑色塑料膜（比如狗粪便收集袋或者黑色垃圾袋，只要是黑色的塑料膜都可以。而金属箔、纸板和纸都不适用。）
- 可燃酒精（或者高度酒饮品，比如威士忌或朗姆酒，也可以用异丙醇，这是很多消毒剂中的成分）。小心，高度酒精可燃，你可万万不能在明火旁边操作！
- 约盘子大小的泡沫塑料板（或者其他不导热的底垫）。你

1 此处为德国的法规。在我国购买请咨询相关部门。——编注

可以从任意一个泡沫塑料包装箱得到它们。没有泡沫塑料干冰会很快消散

- 透明度很好的高啤酒杯
- 擦碗布
- 手电筒（LED）
- 手套

时间：10分钟，如果你准备好所有材料的话

地点：在一个黑屋子里面

（1）准备好所有物品，包括放射性矿物，戴上橡胶手套。

（2）云雾室在现在的研究中已经很少被用到，但这是一种令人印象深刻的仪器，它可以用一种非凡的方式展示原子层面的物质变化过程。人们也熟知类似情况，比如在喷射出的烟尘中“看到”手枪子弹。查尔斯·威尔逊就因为发明云雾室而获得1927年诺贝尔物理学奖。威尔逊的膨胀云雾室很快就在美国人亚历山大·朗斯多夫的扩散云雾室旁边修建起来了。

（3）在某些地方，即使没有放射性物质，云雾室也能工作。在这里起作用的是自然产生的放射性。这种现象在德国南部的许多地区就相当明显。如果在此期间那些冷冻的二氧化碳慢慢地消散了，人们就什么也看不到。这时，为实验准备一些有微弱放射性的物质就很重要，比如一小块（方糖大

小或再小些的）铌铁矿。

（4）如果你把所有材料都准备妥当，建造云雾室并不太难。首先你用勺子柄把一团棉球塞进啤酒杯里，并让棉球待在里面。然后把一杯烧酒倒进啤酒杯里，让棉球浸透酒精。把酒杯倒过来检查一下，看看棉球是不是太湿，太湿的话棉球就会从啤酒杯中掉下来。如果是这样，就把多余的酒倒掉，再次压紧棉球。放置一边待用。

（5）现在取来气泡水机，把它倒置并按下按键。喷嘴中会释放出雾状气体。用擦碗布做成一个小袋子，并用手紧紧压在喷嘴上。让二氧化碳喷射半分钟到一分钟。二氧化碳会挥发并产生烟雾。如果你小心地打开小袋子，会发现因为焦耳—汤姆森效应而产生一些二氧化碳的雪花。进行上述操作时，最好戴上手套。也有些实验手册会要求不能用手直接接触雪花，其实只要别长时间把雪花放在手里就好，因为那样的话会起水泡或产生冻疮。把洗碗布上的雪花和洗碗布一起放到泡沫塑料板上。把雪花抖落到洗碗布上并平铺开来，尽量形成平平的一层，但也不要太薄。把黑色塑料膜铺在上面，再把啤酒杯倒过来放在上面。如果依然不稳的话，就把它按住。遮蔽房间内的光源，用手电筒照明，照明方向和云雾室中薄膜方向平行。

（6）现在你需要一些耐心，你会看到时不时有一些直线出现，并在黑色背景上掠过，然后瞬间消失：这些直线大多数来自氡的裂变。氡会出现在很多地方，特别是地下室里。但云雾室只能显示很少一部分，或者不能正确显示，这就需要提供帮助了。把一小块铌铁矿放在塑料膜上，并再次把啤酒杯扣在上面。用手电筒水平地照射。

（7）冷却几分钟以后你就可以看到明显的云雾道，并直接穿过云雾室。这比先前的云雾室效果明显多了，如同烟火一般。这些弹道轨迹就是放射性裂变。

（8）你所看到的弹道其实是单个元素的小碎片。这些碎片比原子还要小。正是它们构成了原子。通过对弹道的精密观察可以确定这些碎片的种类，也能认识到它们的行为。云雾室因此在原子核物理学以及粒子物理学上扮演过很重要的角色。发明者查尔斯·威尔逊是一位苏格兰人，生活在一个云雾缭绕的地区，因为对云雾的成因非常感兴趣，他通过气象观察并借助雾滴计数器发明了云雾室。云雾室非常富有诗意，适合冥想，因为你可以观察稍纵即逝的隐秘轨迹，也因此参与到了物质的秘密生命之中。

（9）在实验完成后，你可以扔掉塑料膜和棉球。啤酒杯好好清洗以后还能用，它并没有受到污染。你可以把铌铁矿石保存在一个密闭的瓶子里。如果你不再需要，也不应该把它随便丢弃。如果你把矿石交给一位化学或物理老师，他应该会感到很开心。

79. 猕猴桃DNA

物质和物品：一个猕猴桃（软的），洗洁精（液体状的），食盐，一个叉子（或者料理棒），较深的容器或者碗，冰冷的烧酒（小心，可燃！），香槟杯，锅，咖啡滤纸

时间：30分钟

（1）把烧酒整瓶放冰箱里冷藏一个小时，让它变得很冷。千万别忘了！

（2）把猕猴桃切成小块放进一个较深的容器里，加入一饭勺量的洗洁精、一茶匙食盐和100毫升自来水。用料理棒小心地搅拌，注意尽量不要产生太多泡沫。未成年人请在家长协助下进行实验。猕猴桃非常软，你也可以用餐叉碾碎它。然后你把这些都放进碗里。

（3）准备好一口装有60℃热水的锅。为此你可以把同样体积的开水和冷自来水混合在一起。

（4）把装着猕猴桃、洗洁精、盐混合物的碗放进锅里，在热水中放置15分钟，偶尔搅拌一下。注意不能让碗侧翻。

（5）然后把一张咖啡滤纸小心地插入香槟杯，并把猕猴

桃、洗涤剂、盐的混合物倒进去。要想香槟杯中注满至少1/4体积的绿色猕猴桃汁，你得起码等15分钟。

（6）把滤纸小心地取出来，慢慢地倾斜香槟酒杯把冷烧酒倒在绿色果汁层上方，小心不要让这两种液体混合在一起。

（7）在这两种液体相接的地方，很快就会出现白色的黏性物质，你可以用餐叉小心地捞起来。这就是猕猴桃的DNA！虽然不是非常纯，却是用最简单的方法提取出来的。

80. 思维游戏

德国和美国化学家与物理学家在第二次世界大战中都曾致力于研发原子弹。美国研究者最终获得成功，并引爆了炸弹。

德国物理学家失败了。在战后，他们更愿意从道德层面看待这件事，并且认为其实他们并没有真的想要得到这种炸弹，所以结果也就没有成功。实际上，新研究表明德国核物理学家和核化学家们曾充满热情地投入了工作。卡尔·弗里德里希·冯·魏茨萨克尔早在1941年就取得了一项制作钚弹的秘密专利。

在讨论中，人们常说事件的参与者往往没有选择，他们必须去做那些事。没有选择的人也就没法按照道德标准行事。战争时期，人们的选择受限，置身于国家整体中个人的力量微不足道。但无论如何总还是有别的选择。

一位科学家的传记提到，他曾作出和同事们不同的选择。德国化学家弗里兹·斯特拉斯曼（1902—1980），这位曾和奥托·哈恩一起发现了核裂变的科学家就曾在家中藏匿了一位犹太女子，并拒绝为纳粹组织工作。他没有参与纳粹的原子弹计划。

致　谢

很多人的人生道路始于一件圣诞节礼物，而我对化学的浓厚兴趣是被一套玩具化学实验器材唤醒的。那以后，我在父母的大力支持下，从一名药学系学生那里购买了一台非常精致的小型实验室设备。让我永生难忘的经历发生在一天晚上，我的教母汉娜的老公恩斯特·施文努驱车来到我家。他听说我按照赫尔曼·洛佩的《成功的化学实验》的指示，如法炮制了一个小小的实验室，身为化学家的他对此大加赞赏。之前几个月的时间里，他悄悄购买了器材和化学药品，现在专程跑来送给我一套梦寐以求的实验室装备，里面有几只烧瓶、漏斗、研钵、成米长的玻璃管和许多煤气洗涤瓶、冷却器、燃烧器以及超过一百种适量的化学药品。回想起当年恩斯特给我的装着高浓度盐酸的深棕色大瓶、冒着烟的硝酸或者浓度90%的硫酸时，没有人指责他把这些玩意儿交到当时才12岁的小男孩手里。我非常感激他和一直信任我的父母，他们确信我会谨慎对待这些危险物质。

在本斯贝格尔的化学研究时光多么美好！我时常想起法兰克福那些杰出的教授，柯麦尔、海德曼、特洛枚、斯内普、巴德和其他人，他们对我们这些前来进修的老师十分亲切。当时为了一个关于元素周期表的口头报告，我前往葛梅林学院的艾德蒙德·冯·利普曼图书馆了解无机化学方面的内容，化学历史学家卡尔·荣普曼热情地为我讲解。他从书架上取下一本有关古老的炼金术的书放到我手上，随口评论了一下书中的拉丁文水平，我便一下子对化学史产生了浓厚兴趣。早在法兰克福求学时期，我就对马丁·瓦根舍因的以现象为导向的科学教育理念很入迷。在和物理学教学法研究者和哲学家、瓦根舍因的学生沃尔特·荣谈话和通信的过程中我了解了这种方法。这一教学法首先运用在物理学方面，当然在化学教学领域也适用。重要的是，由约翰·魏灵格和翰格·普福德特撰写的、基尔自然科学教育机构出版的课程教材《材料和材料转变》使得这个领域更加明确。这个研究所打开了我在化学教学法上的思路，也在很多其他方面给了我帮助。

攻读博士学位期间我研究的是物质概念，重点在哲学。另外，我和化学及化学史的联系始终很紧密。是的，我尝试把哲学上学到的知识运用在化学领域中。基尔的哲学家赫曼·施米茨向我传授的现象学成为我理解自然科学的一个重要出发点。在达姆斯塔特理工大学的格洛特·博穆老师那里，我找到了这方面的志同道合的友人，他们往往也都来自自然科学领域。那真是一段奇妙的美好时光！当我在巴西的戈亚尼亚和阿雷格里港做了一段时间自由记者和客座讲师后，瑞士化学家阿米里·瑞勒又把我邀请回德国，重新从事材料方面的研究。得益于他的启迪，奥格斯堡大学里的材料史重点研究项目才得以立项，通过几个研究项目我也为该领域的发展贡献了绵薄之力。阿米里为我的工作提供了源源不断的灵感，尤其在稀土元素方面。简·汉斯、艾格哈特·哈特曼、提姆·科勒、帕特里克·斯塔克、汉克·莫提纳特、玛利亚·胡伯、鲁特嘉德·玛莎、汤姆·格拉茨、阿拉丁·乌里希、托马斯·威尔海姆、克里斯托弗·基尔、约瑟夫·克瑞斯、罗伯特·默克勒、马文·科林格、菲利普·波特和许多其他人都为我提供了具体的建议、材料和思路。我也非常感激人文社科领域的同事们，因为他们给我提供了一幅明晰的化学在现代社会中所发挥的作用的全景图。科堡的化学家克劳茨·路德贝格把我带入了国际化学哲学家的圈子，为我打开了全新视野。在这方面我还要感谢艾尔弗雷德·诺德曼、阿斯特里德·施瓦茨和乌文·伏特。我在奥格斯堡也学会了一些新方法，尤其是化学家斯坦福·波舍通过社会科学引领我发现的方法。彼得·罗斯引领我进入古代语言领域，如果人们真的想仔细钻研炼金术的话，这将是一项不可缺少的能力。对于我来说，尤其重要的还有进一步仔细了解欧洲之外的物质转变传统。这方面我和巴西考古学家、亚马孙研究专家克劳斯·赫伯特多年以来合作开展一个研究项目，获得了许多启发。人类学家帮助我更好地理解欧洲以外的人是如何转变物质的。我尤其想要感谢汉斯·汉、莫拉·苏比尔、卡琳·弗格以及伽布里尔·施罗德公爵。

环境科学研究中心的团队给了我大量思路和实际帮助，尤其在查找文献和实验过程中。我要向茱莉亚·芬德特、司丹福·芬德特和迈克尔·赫格斯表达诚挚的谢意。我要特别感谢瑞吉娜·罗特和迈克尔·施伟格！大学图书馆团队为这本书中的材料和故事提供了很多帮助。我尤其感谢比勒女士、比勒先生和茨默曼先生。我也不能忘记奥格斯堡市立和国立图书馆，那里有大量古老的炼金术文献资源和古老的旅行文献。许多炼金术方面的书籍如今都已经数字化了，很容易获取，但它们绝不能完全代替原始文献，因为数字化的过程中很多插图都没有被收入。

现代高校留给人们做实验的时间太少，更别说思考和写作，这些都必须在家里进行。所以我对我的家人致以最衷心的谢意，谢谢克斯丁、亨利克和莫勒，他们不仅经历了这本书的成书过程，更参与其中。许多实验是我们共同完成的，这个过程也给了我新的灵感。

这本化学书能在彼得·哈默出版社出版，是一个标志，让它能和该社很多杰出的典范的儿童和家庭教育书籍摆在一起。我非常感谢彼得·哈默出版社对这部作品的精美呈现，编辑团队为这个项目投入了细心而热情的关照。

作者介绍

延斯·森特根

1967年生于德国本斯贝格，哲学博士。他曾在德国多所高校教授修辞学，多次以访问学者的身份到访巴西。自2002年起，森特根担任德国奥格斯堡大学环境科学研究中心主任。长久以来，他也是德国著名报纸《法兰克福汇报》的撰稿人。

维达利·康斯坦丁诺夫

1963年生于比萨拉比亚地区（今属摩尔多瓦共和国），在俄罗斯修读了艺术和建筑专业，在德国学习了设计、绘画和拜占庭艺术史。现今任职于汉堡应用科学大学，教授插画。他的作品多次荣获大奖，其中《不多见的书页》入选2009年“德国最美的书”。